防洪保护区洪水风险图编制及洪水风险区划关键技术

王铁锋 金正浩 马 军 主 编

黄河水利出版社
·郑州·

内 容 提 要

本书是中水东北勘测设计研究有限责任公司在洪水风险图编制与洪水风险区划领域的工程实践与理论探索过程中的总结与探讨,主要从三个方面对防洪保护区洪水风险图编制与洪水风险区划进行了研究和论述。第一章阐述洪水风险图编制及洪水风险区划国内外研究进展情况,包括洪水风险综述、洪水风险图编制情况和洪水风险区划研究现状;第二章论述了洪水风险图的分类与编制方法、防洪保护区洪水风险图编制的重点、难点及处理方法和防洪保护区洪水风险图编制实例及其推广应用;第三章探讨了洪水风险区划主要内容、防洪保护区洪水风险区划难点解析和防洪保护区洪水风险区划图编制实例及其推广应用。

本书着重于防洪保护区洪水风险图编制与洪水风险区划的方法及关键技术,可作为从事防洪规划、防汛抢险、国土规划和洪水保险等领域的工程技术人员和相关专业师生的参考用书。

图书在版编目(CIP)数据

防洪保护区洪水风险图编制及洪水风险区划关键技术/王铁锋,金正浩,马军主编 .—郑州:黄河水利出版社,2019.7

ISBN 978 – 7 – 5509 – 2448 – 2

Ⅰ.①防⋯　Ⅱ.①王⋯ ②金⋯ ③马⋯　Ⅲ.①洪水 – 水灾 – 风险管理 – 地图编绘②洪水 – 水灾 – 风险管理 – 区划　Ⅳ.①P426.616

中国版本图书馆 CIP 数据核字(2019)第 151522 号

出　版　社:黄河水利出版社
　　　地址:河南省郑州市顺河路黄委会综合楼14层　邮政编码:450003
发行单位:黄河水利出版社
　　　发行部电话:0371 – 66026940、66020550、66028024、66022620(传真)
　　　E-mail:hhslcbs@ 126. com
承印单位:河南瑞之光印刷股份有限公司
开本:787 mm × 1 092 mm　1/16
印张:16.25
字数:460 千字　　　　　　　　　　　印数:1—1 000
版次:2019 年 7 月第 1 版　　　　　　印次:2019 年 7 月第 1 次印刷
定价:96.00 元

编委会

前　言

作为季风气候国家,我国降水年内分布不均,受东南季风和西南季风控制区域的季节,洪涝灾害频发,虽然随着我国国力的增强,特别是在国务院 2005～2008 年间陆续批复了流域防洪规划后,各流域防洪体系建设日趋完善,七大江河干支流中下游主要防洪保护区均在现状枢纽工程调蓄和堤防保护下达到防洪标准,但因洪水的不确定性及堤防工程险工险段的存在,防洪度汛形势依然严峻,为进一步减少洪涝灾害的损失,加强防洪决策的科学性,2004～2013 年,国家防汛抗旱总指挥部办公室先后利用防汛资金和水利基建前期经费在全国范围内开展了三次洪水风险图编制试点工作;2013 年财政部、水利部正式启动了 2013～2015 年全国重点地区洪水风险图编制工作;2014 年始相继开展洪水风险区划研究。2005 年发布了《洪水风险图编制导则(试行)》,用于指导全国洪水风险图的编制工作;2010 年水利部发布了《洪水风险图编制导则》(SL 483—2010),2017 年对其进行了修编,发布了《洪水风险图编制导则》(SL 483—2017)。经过十几年的洪水风险图编制及洪水风险区划研究,初步完成了全国重点保护区、蓄滞洪区、主要江河洪泛区、半数以上重点城市的洪水风险图,为流域的防洪规划、防洪减灾、土地资源利用,以及今后洪水保险的实施提供了重要依据,是防洪减灾的重要非工程措施。

中水东北勘测设计研究有限责任公司早在 2005 全国洪水风险图编制试点工作时就开始了相关研究工作,完成了察尔森水库洪水风险图编制工作;2009 年在全国洪水风险图编制试点项目一期中,完成松干右岸哈尔滨以上三岔河至拉林河口防洪保护区洪水风险图编制、松花江流域 1998 年典型洪水淹没实况图编制;2011～2013 年全国洪水风险图编制试点项目二期间,完成松花江干流左岸二肇大堤防洪保护区洪水风险图、松花江干流右岸拉林河至哈尔滨防洪保护区洪水风险图、东辽河二龙山以下左岸防洪保护区洪水风险图、辽河左岸福德店至清河口防洪保护区洪水风险图等的编制工作;2013～2015 年全国重点地区洪水风险图编制项目期间,共完成嫩江、松花江、辽河、长春市、丹东市、牡丹江等 18 个项目防洪保护区洪水风险图的编制工作。在洪水风险图编制过程中,积累了丰富的经验,形成了较成熟的技术,基于防洪保护区洪水风险图编制原则、方法和目标,提出相关关键技术以及编制实例,为今后洪水风险图的进一步发展、研究,以及更新等提供有效的技术参考。

为了对洪水风险进行有效管理、预防损失的发生以及减少损失发生的影响程度,更好防控风险,同时推进洪水风险图成果的应用,按照水利部和国家防汛抗旱总指挥部办公室的部署,长江水利委员会、珠江水利委员会、松辽水利委员会及水利水电科学研究院等单位于 2014 年始相继开展了洪水风险区划研究工作,其中松辽水利委员会负责并组织开展防洪保护区洪水风险区划研究工作,受松辽水利委员会委托,中水东北勘测设计研究有限责任公司开展了辽浑、浑太防洪保护区洪水风险区划研究工作。在研究过程中,主要思路是在对洪水风险评价的基础上,对评价结果进行空间上宏观的定量分区,最终形成区划图。本书从灾害学观点出发,构建了防洪保护区洪水风险评价指标体系,提出了各评价指标相应于不同风险等级的划分标准,并以辽浑、浑太防洪保护区为例,在其已编制的洪水风险图基础上,采用层次分析法,对以风险源的危险性、承载体的易损性为准则的防洪工程的安全性、致灾因子的危险性、承载体的暴露性,以及应对灾害能力的指标权重进行计算划分,以洪水分析网格为基本单元,采用模糊综合评价法计算了研究区的风险等级,绘制了洪水风险区划图。研究结果表明,所建的洪水风险评价模型可以客观地识别出研究区的风险等级,洪水风险评价结果与实际情况基本吻合,鉴于目前洪水风险区划研究成果还没有十分成熟,本研究成果可为防洪保护区洪水风险区划提供思路和方法。

鉴于十余年洪水风险图编制及洪水风险区划研究实践,特编写《防洪保护区洪水风险图编制及洪水风险区划关键技术》一书,供同行及相关人员参考。

金正浩
2019 年 1 月

目 录

第一章　洪水风险图编制及洪水风险区划国内外研究进展

第一节　洪水风险综述

一、风险的定义和分类

（一）风险的定义

"风险"一词在英语中原为"Risque"，是从意大利语中的"Risco"经由法语词汇"Risque"演化而来的，最早出现于1661年出版的《布朗特词集》，指"危险"之意，后逐步演变为现代英语中的"Risk"。

不同的学科背景或研究角度对"风险"的内涵常有着不同的理解。《牛津英语词典》对风险的定义是面临伤害或损失的可能性；安全领域风险是指任何可能导致财产损失或人员伤亡的事件发生的概率；环境问题定义风险为对人类健康及环境造成不利影响的可能性。由此可见，学术界对风险并没有一个统一的定义，但可以归纳为以下几类。

1. 风险是未来结果的不确定性

Knight F H 把风险定义为可测度的不确定性；Magee J H 认为风险是某种不利的偶发事故发生的不确定性；Campbell S 认为风险等同于某种不利事件发生的可能性；Kirchsteiger C 定义风险为在特定的时间和环境下，由某一有害事件引起的特定后果的可能性；IRGC 组织认为风险是某一事件或行为造成的不确定的后果。

2. 风险是损失发生的不确定性

Haynes J 定义风险为某种伤害或损失发生的可能性；Hardy C O 与 Mehr R I 均认为风险是损失或伤害的不确定性；Verma M 等和 Willis H H 认为风险即是预期损失；联合国人道主义事务局在其1991年出版的《减轻自然灾害：现象、效果和选择》著作中指出，"自然灾害风险是特定地区在特定的时间内由于灾害的打击所造成的人员伤亡、财产破坏和经济活动中断的预期损失"。

3. 风险是未来事件发生概率与其可能造成后果的组合

目前，多数学者均认为风险应同时从发生概率和可能后果两个角度来定义。Kaplan S 等认为风险＝不确定性＋伤害；Aven T 认为风险等于某一事件的后果及其不确定性的二维组合；Aven E 等定义风险为结果与预期目标的偏离程度和不确定性的组合；国际标准化组织在 ISO 31000:2009 中将其定义为不确定性对目标的影响，并指出风险通常以事件后果和发生可能性的组合来表达。

由此可见，对于"风险"并没有统一的严格定义，但是其基本意义是相同或相近的，都含有与"损失（后果）"和"可能性（期望值）"类似的关键词。风险评估实际上就是要评估特定事件可能造成的损失，是特定事件对人类社会的一种可能的影响。

(二)风险的分类

风险分类的目的是便于识别风险和对不同类型风险采取相应的管理措施。国内外已有很多学者从不同的角度对风险进行了分类与评价,常用的几种风险分类方法如下:

(1)根据灾害类型分类。郭强等把灾害分为自然灾害、人为灾害和因人地关系不协调而引发的生态环境灾害三类;王劲峰以灾变理论为基础,根据致灾因子类型,将自然灾害分为地震、洪水、干旱、雪灾、水土流失、沙漠化、泥石流、滑坡、森林火灾、森林虫灾等10类,并对每种灾害进行了分级、分类和分度研究。1998年发布的《中华人民共和国减灾规划(1998~2010年)》将自然灾害分为大气圈和水圈灾害、地质和地震灾害、生物灾害、森林和草原火灾四大类。

(2)根据事件的发生过程、性质和机制分类。2006年,国务院发布了《国家突发公共事件总体应急预案》,根据风险事件的发生过程、性质和机制,将国内的突发公共事件主要分为自然灾害、事故灾难、公共卫生事件和社会安全事件,并按照各类突发公共事件的性质、严重程度、可控性和影响范围等因素,将其分为四级:Ⅰ级(特别重大)、Ⅱ级(重大)、Ⅲ级(较大)和Ⅳ级(一般)。

(3)根据风险信息的掌握程度分类。国际风险管理理事会(IRGC)提出可以基于不同国家对每种风险的认知,根据对信息掌握的程度把风险分为简单风险、复杂风险、不确定风险、模糊风险。

(4)按照风险造成的后果分类。这种方法将风险分为纯粹风险和投机风险。纯粹风险是指只有发生损失或不发生损失两种可能的风险,其后果只能对我们不利,或者让我们处于和事件发生前一样的情况。例如车祸、火灾、工伤等,这些风险都是无法获利的纯粹风险。投机风险是指既有损失可能,又有获利可能的风险。例如,购买股票、期货市场投资等行为均属投机风险。

(5)按照风险的控制角度分类。这种方法将风险分为可控风险和不可控风险。可控风险是指通过采取相关措施,可以进行防范、控制或管理的风险,如交易所的管理风险和技术风险等。不可控风险是指风险的产生与形成不能由风险承担者所控制的风险。

(6)其他风险分类方法。除以上分类方法外,风险按不同需求还有很多分类。例如,按照风险事件是否会带来经济损失,可将风险划分为经济风险与非经济风险;按照经济条件是否变化,可将风险划分为静态风险和动态风险;按照风险的承受能力,可将风险划分为可接受风险和不可接受风险。

二、洪水风险

参考风险的定义,可认为洪水风险是不同程度的洪水事件发生的可能性及其后果的组合。洪水风险研究的实质是探讨如何更为合理地处理人类与洪水的关系以及在与洪水相处的过程中人与人之间的关系。以下分别对洪水风险的特点、分类及洪水风险系统进行简要概述。

(一)洪水风险的特点

历史上,洪水曾经无数次给人类社会带来巨大的伤害,长期以来,人们总是希望能够一劳永逸地根治洪水。特别是当今社会,人类已经具备了大规模改造自然的能力,这种愿望也随之变得尤为强烈。但根治洪水既不经济,又不可能,更不合理。为了寻求与洪水的和谐共处之道,需要深入了解洪水的各种特性,程晓陶等从洪水风险的不确定性、可转移性和可管理性三个方面进行了论述。

1. 洪水风险的不确定性

洪水风险的不确定性包含了受益与受损两方面的不确定性。在人与洪水相处的过程中,既有遭受损失的可能性,又有获得利益的可能性。例如,为了减轻下游地区的洪水威胁,在河流上兴建了水库工程,虽然可以在一定程度上减轻下游的防洪负担,但是当上游来水超过水库的设防标准,或水库年久失修时,水库就可能溃决从而导致下游地区更大的人员伤亡和财产损失。

2. 洪水风险的可转移性

洪水风险可以在一定限度内合理地降低和转移,但是无法根除。所谓降低洪水风险,实际上是改变了风险的存在形式。风险形式的转变,可能在短期内是有利的,但在长时期内是不利的;可能对一个地区是有利的,但对另一个地区是不利的。

长期以来,人们通过不断修建加高堤防来扩大防护范围、提高防护标准,以减小洪水泛滥的概率,但是由于洪水失去了两岸天然的调蓄场所,使得洪峰流量增大、洪水水位抬高,相应增大了下游地区的洪水风险。河道上修建水库在一定程度上对下游有削峰、滞洪作用,但会引起水库上游一定范围内的水位抬高,造成淹没损失等。由此可见,洪水风险只能减轻和转移,无法避免。但是洪水风险的可转移性也说明了洪水风险的可管理性。通过加强风险管理,人们不仅可以达到减轻洪涝灾害的目的,还可以在洪水中谋得更大的利益。

3. 洪水风险的可管理性

洪水分析管理是指考虑洪水风险的不确定性和可转移性,通过采取积极的工程措施和非工程措施,尽可能地降低洪水风险,并获取合理的利益。

首先,就自然属性而言,洪水过程具有可预见性与可调控性。比如对任一区域:①利用现代化的雨、水情监测手段和计算方法,可以对即将发生的洪水过程进行实时预报;②利用计算机技术,可以预测各种条件下,不同量级洪水可能形成的淹没范围、水深等信息,并评估相应的洪灾损失;③根据洪水预测与灾损估算结果,可以科学地制订防洪措施与洪水调度方案,从而约束洪水的泛滥范围、削减洪峰流量与降低水位,达到减轻洪涝危害的目的。在此过程中,水情监测预警系统管理、洪涝灾害预测系统管理、防洪除涝工程系统管理、防洪调度决策系统管理等都将关系到洪水风险决策与洪水分析管理实施效果的成败。

其次,就社会属性而言,同等量级洪水可能造成的损失还与社会的防灾能力有关。社会的防灾能力主要体现为:①社会经济发展合理布局的规划与控制能力;②防洪工程的规划设计与建设能力;③发生洪水时的防汛抢险应急反应能力;④遭灾地区的损失分担与恢复重建能力;⑤增强群众水患意识与推广防灾自救措施的宣传教育能力。因此,洪泛区的土地利用规划管理、防洪工程的建设管理、避难救援系统管理、灾后恢复重建系统管理、防灾教育系统管理等,都关系到是否能够有效地减轻洪灾损失及其不利影响,为社会经济的稳定发展提供更高水平的安全保障。

洪水风险的可管理性表明,虽然洪水风险不可避免,但完全可以通过不断提高管理水平来减轻风险。人类没必要也无法根治洪水,而是应该在承受一定风险的同时,寻求与洪水的和谐共处之路,最终谋求更大也更为长远的利益。

（二）洪水风险分类

洪水风险管理的措施需要根据管理对象的具体特点来确定，洪水风险的分类有助于风险管理的深入研究。从不同的角度出发，洪水风险可以分成许多类型，包括积极风险与消极风险、短期风险与长期风险、可承受风险与不可承受风险、固有风险与附加风险、内部风险与外部风险、可控制风险与不可控风险、可回避风险与不可回避风险等。

1. 积极风险与消极风险

由于洪水事件本身具有利害两重性，因此可将洪水风险分为积极风险与消极风险两类。

（1）积极风险：①洪水事件产生的后果，本身具有利、害两重性。比如洪水泛滥，造成了财产损失，但同时可能补充水源、改良土壤、改善生态环境，对于半干旱地区，后者尤为重要。对于此类风险，关键不是消除洪水事件本身，而是如何趋利避害，比如通过控制洪水的淹没范围、淹没深度、淹没时间等，尽量减少损失。②非冒险不能得其利的风险。比如水库在考虑预报的条件下汛期超汛限水位蓄水，以防备未来水库上游来水减少的情况，以提高供水保证率，但可能由此而增加了水库应急避洪的概率。此时，风险越大，带来的利益越大，可能的损失也越大。因此，在这种情况下，不应以风险最小作为决策依据，而是需要在确保工程安全的前提下承担一定的风险，同时依靠流域的水情测报系统积极进行预报调度，从而获取相应的效益。

（2）消极风险：比如病险水库一旦溃坝会对下游造成毁灭性的后果，堤防溃决亦会造成保护区的灾害损失等。消极风险是必须全力预防、尽力消除的风险。

2. 短期风险与长期风险

（1）短期风险：①近期内存在的风险，后果可能较明确。比如施工期间的水库与大洪水遭遇的风险，需要有针对性地采取适当的防范措施。②事件发生之后，影响时间较短的风险。比如电力系统遭受水灾之后，立即会导致一定范围的停电，一旦险情与故障排除，供电即能恢复正常。对于短期风险，关键是对可能发生的情况做出充分的估计，做好应急预案，并采取适当的临时性防范措施。

（2）长期风险：①影响长期存在的风险。水库建设之后，水库上游库区土地面临新增的水库高水位蓄洪时受淹的风险。②影响在较长时间之后才可能显现出来的风险。事件可能发生在较远的未来，部分后果可能是明确的，如水利工程达到工程寿命或年久失修发生病险产生的风险。对于长期的风险，关键是探讨与风险共存的发展模式，有计划地采取永久性防范措施。

3. 可承受风险与不可承受风险

从洪水事件对承灾体影响的程度，可将洪水风险分为可承受风险与不可承受风险。

（1）可承受风险：小洪水或标准内洪水引起局部地区发生洪灾，洪水淹没范围、受灾人口、资产损失等占相应各项指标的比例较小，不至于引起社会动荡、金融波动、秩序混乱、企业破产、大量伤亡等。少量重灾区能够得到社会的有效援助，快速恢复重建。

（2）不可承受风险：特大洪水或超标准洪水发生时，灾害损失占家庭、企业与社会资产的比例过大，严重妨碍了正常的生产生活秩序，超出社会的救援能力，导致社会紊乱与经济波动，短期内无法消除洪灾的影响。

风险的可承受性是一个相对的概念。只有在发展经济的同时，加强防灾体系的建设，有效抑制洪灾损失急速增长的趋势，才可能提高洪水风险的承受能力。对于不可承受风险，则必须要考虑建立合理的风险分担机制,使得风险在时间上和空间上化解为可承受风险,以减少特大洪涝灾害对社会经济的冲击。

4. 固有风险与附加风险

根据区域间洪水风险的关系,可将洪水风险分为固有风险与附加风险。

(1)固有风险:是指区域本身可能面临的风险,如蓄滞洪区,历史上都是调蓄天然洪水的相对低洼地带。在没有分洪工程的情况下,本身就面临着受淹的可能。

(2)附加风险:指局部地区防洪标准提高后使得其他地区洪水风险加重的部分。例如,由于重要地区提高防洪安全而使得其他地区损失加重的部分风险。附加风险应得到收益地区的补偿。

固有风险应设法减轻到可承受限度的风险,附加风险则是应尽力避免的风险。重要的城市地区为了提高安全保障水平,在转移风险不可避免的情况下,在增大了附加风险的地区,应该考虑补偿。分洪区应用后,受益地区补偿给分洪区的应该是附加风险部分,而不是全部的损失。

5. 内部风险与外部风险

按照发展与防洪两大系统来说,洪水风险可分为内部风险与外部风险。

(1)内部风险:水利水电工程及防洪体系本身产生的风险,如溃坝风险、溃堤风险、洪水预报失误造成的风险、防汛抢险措施不当造成的风险、防洪调度指挥失误造成的风险等。

(2)外部风险:防洪体系所面对的自然系统、社会系统各方面存在的各类风险。

内部风险问题,主要通过本系统的管理、维护以及管理与技术人员的培训等方式解决;外部风险问题有赖于整个防灾系统的完善。

6. 可控风险与不可控风险

根据洪水的规模与控制的能力,洪水事件的风险可以区分为可控制风险与不可控风险。

(1)可控风险:在监测、预测、调度指挥及工程系统可靠的情况下,处于控制能力之内的风险。

(2)不可控风险:超标准风险与失去约束的风险。

风险的可控制性不仅与风险等级相关,而且还受制于控制能力的大小。防洪基础设施的建设与法制社会的逐步完善是提高控制能力的主要方向。

7. 可回避风险与不可回避风险

根据区域洪水的特性与成灾体的特性,洪水风险可以区分为可回避风险与不可回避风险。可回避风险是指通过采取必要的措施,在洪水期间可以回避的风险。不可回避风险是指在洪水期间无有效措施可供采取的无法回避的风险。

针对具体区域进行洪水风险的分析时,除上述七种特性外,还可以总结出更多的特性。然后进行树状分析,其结论可以帮助我们比较客观而理性地进行风险的选择和防范。

(三)洪水风险系统

从系统论角度来看洪水风险系统的组成和结构,首先必须存在风险源,即存在洪水事件;其次,必须有风险承载体(承灾体),即人类社会。洪水灾害是洪水超出承灾体的承受能力从而产生损失的事件。

洪水对承灾体的作用显然是非线性的,因此洪水风险(R)是洪水的危险性(h)和承灾体的易损性(v)的非线性函数:

$$R = f(h, \nu) \tag{1-1-1}$$

1. 风险源及其危险性

洪水风险产生和存在与否的第一个必要条件是要有风险源。风险源不但在根本上决定了洪水风险是否存在,而且还决定着洪水风险的大小。当一条河道洪水的量级达到某个临界值时,洪水风险便可能发生。这种洪水出现的频率越大,那么它给人类社会经济系统造成破坏的可能性就越大;洪水的量级越大,它对人类社会经济系统造成的破坏就可能越强烈。因此,人类社会经济系统承受的来自该风险源的洪水风险就可能越高。在学术界,对风险源的这种性质,通常用风险源的危险性来描述,或称为致灾危险性。

风险源的危险性可用风险源的灾变可能性和变异强度两个因素进行度量。变异强度则与致灾的物理条件、孕灾环境等因素有关。一般来说,风险源的变异强度越大、发生灾变的可能性越大,则该风险源的危险性越高。

2. 承灾体及其易损性

有风险源并不意味着风险就一定存在,因为风险是相对于人类及其社会经济活动而言的,只有风险源有可能危害承灾体后,风险承担者相对于该风险源才具有风险。对于洪水风险形成来说,承灾体不仅决定了洪水风险是否存在,承灾体的性质还决定着洪水风险的形式和大小。

承灾体易损性应当包括承灾体的暴露量和脆弱性两部分。承灾体暴露量越多,易损的数量越多,风险就越大;同样,承灾体脆弱性越大则易损性越大,反之亦然。

1) 承灾体的物理暴露

洪水风险首先取决于暴露在洪水中的承灾体的量(数量和价值量,亦称为物理暴露),物理暴露越大,风险就越大。

物理暴露是指暴露在洪水之下的人口、房屋、财产、农田、基础设施等的数量和价值量。人口和财产密度越大,暴露于洪水中的数量和价值量越多,洪水的风险就越大。

2) 承灾体的脆弱性

洪水风险又取决于承灾体的脆弱性。承灾体的脆弱性是风险载体遭受自然灾变打击时所表现出来的可能受到的影响和破坏的一种度量。一般来说,承灾体的脆弱性越低,则其遭受损失的可能性越小,反之则越大。对于同一风险源,不同承灾体的脆弱性是不同的。

承灾体的脆弱性高低,与影响它的风险源、承灾体本身以及两者间的相互作用方式都有关系。首先,各承灾体的脆弱性是相对一定风险源而言的,风险源种类不同,该承灾体的脆弱性也不同。其次,承灾体自身的性质是其脆弱性高低的内因和基础。对于同一承灾体而言,其自身的组成、结构等特点决定了对来自不同类型风险源的影响,具有不同程度的反应。最后,承灾体相对于某风险源的脆弱性高低,还与风险源与风险载体两者间的相互作用方式密切相关。

由于承灾体是指人类社会及其社会经济活动,人类社会从古代开始就采取积极的防灾减灾行动,以降低自然灾害可能产生的风险,因此承灾体脆弱性又可以分解为承灾体灾损敏感性和防灾减灾能力(适应于重建能力)。承灾体灾损敏感性是承灾体遭受自然灾变打击时所表现出来的可能受到的影响和破坏的一种度量。

根据上面的分析,可得到洪水风险系统构成如图 1-1-1 所示。

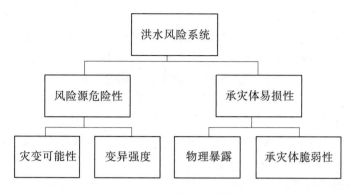

图 1-1-1　洪水风险系统构成

三、风险表达式

由于致灾危险性和承灾体易损性的组成元素异常复杂又具有不同的量纲,为了构造它们的表达式,各种元素的评估指标都应当归一化,从而引入风险度这个概念。

国际上常见的风险度表达式有以下几类:

$$风险度 = 危险度 + 易损度 \tag{1-1-2}$$

$$风险度 = 概率 + 易损度 \tag{1-1-3}$$

$$风险度 = (致灾因子 \times 脆弱性) - 减缓能力 \tag{1-1-4}$$

$$风险度 = 概率 \times 损失 \tag{1-1-5}$$

$$风险度 = 危险度 \times 结果 \tag{1-1-6}$$

$$风险度 = 发生概率 \times 不同影响强度 \tag{1-1-7}$$

$$风险度 = 致灾因子出现的概率 \tag{1-1-8}$$

$$风险度 = 危险度 \times 易损度 \tag{1-1-9}$$

由于自然灾害风险是风险源对承灾体的非线性作用产生的,将自然灾害危险度或发生概率与承灾体的易损度线性相加与实际情况不符,因此式(1-1-2)~式(1-1-4)是不合理的。另外,按照风险的定义——损失的可能性,式(1-1-5)、式(1-1-6)使用了"损失""结果"这样的词,显然与"风险"定义不符。式(1-1-7)中的风险度定义实际只包含了危险度,没有反映灾害对人类社会的影响。式(1-1-8)的定义只体现致灾因子出现的概率,没有反映致灾因子强度,更没有反映灾害对人类社会的影响。式(1-1-9)相对比较合理,即自然灾害的风险度由风险源的危险度和承灾体的易损度的乘积表示。

四、洪水风险评价内容

联合国"国际减灾战略"指出,自然灾害风险评估是对可能给生命、财产及人类赖以生存的环境等带来威胁或伤害的致灾因子和承灾体的易损性进行分析和评价,进而判定出风险的性质和范围。结合洪水风险系统的构成,可认为洪水风险评价应包括以下三项基本内容。

(一)风险源危险性评价

风险源的危险性包括风险源的灾变可能性和变异强度两个因素,一般可通过分析致灾因子的形成条件、活动频繁程度和强度来确定其发生的可能性和强度。风险源的危险性评价一般又可以分为三个评价部分。

（1）致灾因子强度评价。一般根据洪水的变异程度（如洪峰流量、洪量等）或受淹地区的洪水影响程度（如淹没水深、淹没历时、最大流速等）等属性指标确定。

（2）致灾因子发生概率评价。洪水的发生概率与其变异程度密切相关，强度越大，发生概率越小。对于受防洪工程保护的区域而言，洪水发生的概率则主要取决于防洪工程的等级与工程的修建质量。

（3）危险性综合评价。对评估区域致灾因子强度与发生概率的综合分析，评价结果一般为洪水危险性等级。

（二）承灾体易损性评价

承灾体易损性是由承灾体的物理暴露及脆弱性组成的，而脆弱性又包括了灾损敏感性与人类防灾减灾能力两部分内容，因此承灾体易损性评价应包括承灾体的物理暴露评价、灾损敏感性评价、防灾减灾能力评价和易损性综合评价四个部分。

（1）物理暴露评价。物理暴露是指暴露在自然灾害中的承灾体的数量和价值量，通常包括人口、房屋、财产、农作物、牲畜、基础设施等类型，一般用量化的统计指标表示。

（2）灾损敏感性评价。灾损敏感性是指不同承灾体对自然灾害的敏感程度，一般可用损失率来衡量反映。各类承灾体的敏感性可通过历史灾情数据、现场调查或实验模拟等方式获取。

（3）防灾减灾能力评价。防灾减灾能力包括应对能力与灾后恢复重建能力两方面的内容，主要用于反映人类社会在面对洪灾时所采取应对措施的有效程度和洪灾过后恢复至原有生产生活水平的能力。防灾减灾能力一般取决于防洪工程措施与非工程措施的有效程度、区域的经济与社会发展水平、洪水保险覆盖程度以及交通设施情况等多方面因素。

（4）易损性综合评价。对上述三个方面的内容进行综合分析评价，一般可用三者的特定函数形式加以表达。

（三）承灾体损失度评价

承灾体损失度评价即洪水风险综合评价，反映了评价区域各类承灾体在特定条件下的洪水风险，也就是洪灾损失的大小，这种损失的大小既可以用绝对量化的形式加以衡量（如死亡人口、死亡率、经济损失总量和经济损失占国内生产总值比例等），也可以用相对风险等级加以区分。

在上述各项风险评价中，风险源危险性评价和承灾体易损性评价是洪水风险评价的基础，而承灾体损失度评价则是洪水风险评价的核心，而最终的风险等级划分和风险制图则是风险评价的概括和提炼。

五、国内外风险评价模型

近年来，国内外的自然灾害风险评价正逐步趋于模型化和标准化。针对不同的风险评估需求，相关研究人员已提出了大至全球、小到社区等多种空间尺度的灾害风险评价模型与方法，以下仅就几种主要的风险评价模型（方法）进行概述。

（一）灾害风险指数系统

UNDP 研究的灾害风险指数系统（disaster risk index，DRI）是最具代表性的全球尺度灾害风险评价模型，侧重于研究国家发展与灾害风险的关系，主要用于度量灾害造成的死亡风险。该模型以 1980~2000 年的灾情资料为基础,可计算大、中尺度的地震、热带气旋和洪水所造成的各国的平均死亡风险,同时可以识别影响灾害致死风险的社会经济、环境因素,甚至可以揭示灾害风险的因果过程。

DRI 认为灾害风险是由致灾因子、物理暴露和脆弱性共同决定的,其评价模型如下:

$$R = H \cdot Pop \cdot Vul \tag{1-1-10}$$

式中　R——死亡风险;

　　　H——致灾因子,依赖于给定灾害的频率和强度;

　　　Pop——暴露区的人口数量;

　　　Vul——脆弱性,依赖于社会、政治、经济状况。

DRI 可用死亡人数、死亡率和受灾人口死亡率等多种指标来表征灾害风险;选择地震、热带气旋、洪水和干旱作为致灾因子;用绝对人口数量和相对人口数量表示物理暴露;从经济、经济活动类型、环境属性和质量、人口、健康和卫生条件、早期预警能力、教育、发展八个方面选取了 25 个变量来描述脆弱性。

DRI 评价模型能够评估各国自然灾害风险的高低,对于 UNDP 制订援助计划有一定的指导作用,但无法用于预测未来的灾害风险。

DRI 度量的是灾害造成的死亡风险,由于死亡数据相较于其他数据更准确且更易于获取,因此 DRI 在数据获取和计算精度上优势明显。但 DRI 计算的灾害风险只是大、中尺度的因灾致灾风险,没有包括灾害风险管理和减灾方面的指标,并且不能用来进行预测,因此存在一定的局限性。

(二)全球自然灾害风险热点地区研究计划

全球自然灾害风险热点地区研究计划(The Hotpots Projects)是世界银行和哥伦比亚大学联合发起的一个全球自然灾害风险分析研究项目。项目的主要目的是在国家和地区尺度上识别多种自然灾害的高风险区域,为制定降低自然灾害风险的政策和措施提供决策依据,可用于评价洪水、干旱、龙卷风、地震、滑坡、火山等 6 种自然灾害的死亡风险和经济损失风险。

The Hotpots Projects 的评价指标主要包括风险、灾害暴露和脆弱性三类,其中风险指标主要包括死亡率、经济损失总量和经济损失占国内生产总值比例三项指标;灾害暴露指标包括风力频率、极端洪水事件次数、火山活动次数等 6 类自然灾害的 7 项参数;脆弱性指标则是采用从 EM - DAT 获得的 1981~2000 年历史灾损数据计算的各类自然灾害的损失率。

风险评价包括死亡风险指数和经济损失风险指数两类,计算方法基本一致,下面以死亡风险指数为例介绍主要的风险评价过程。

(1)将人口密度低于 5 人/km² 以及没有明显农业活动的网格从世界地图中剔除,以减少此类地区数据对计算结果的不良影响。

(2)利用历史灾损数据计算各个地区不同经济水平下,每种灾害的死亡风险指标及其权重,计算公式如下:

$$M'_{hij} = r_{hj} \cdot W_{hi} \cdot P_i \tag{1-1-11}$$

$$M^*_{hij} = M'_{hij} \cdot M_{hj} / \sum_{i=1}^{n} M'_{hij} \tag{1-1-12}$$

式中　M'_{hij}——任意一个经济水平地区 j 中,第 i 格点的累计死亡人口;

P_i——第 i 格点 2000 年的人口总量；

W_{hi}——1981~2000 年期间，第 i 格点中某种灾害 h 发生的频次；

r_{hj}——第 j 个经济水平地区的第 h 种灾害的死亡率；

M_{hij}^*——任意一个经济水平地区 j 中，第 i 格点的加权累计死亡人口；

M_{hj}——第 j 个经济水平地区，灾害 h 的死亡人口数量；

n——受灾害 h 影响的格点数。

（3）进行风险等级分类，即将每一种灾害的风险指数数值序列平均分为 10 个等级，其中 8~10 级代表"相对风险较高"。

（4）根据计算的风险指数和风险等级划分标准即可绘制各类自然灾害的风险图，图中的灾害风险热点地区（8~10 级）是国际人道主义援助和世界银行紧急借贷资金再分配的重要依据。

The Hotpots Projects 的亚国家尺度风险图可以反映中等及以上等级自然灾害事件的风险水平，是目前全球尺度自然灾害风险研究领域中空间分辨率最高的一项研究成果。但是由于亚国家尺度上死亡人数和经济损失数据的缺失，使得研究结果的精确性较差。此外，由于各类灾害风险的等级划分是基于各类灾害自身的数据序列进行的，因此在不同灾害的风险之间缺乏可比性方面。

（三）欧洲多重风险评价方法

多重风险评价方法（multi-risk assessment）是欧洲空间规划观测网络（ESPON）项目提出的一种通过综合所有由自然和技术致灾因素引发的所有相关风险来评价一个特定地区的潜在风险的方法。该方法包含致灾因子、潜在危害、脆弱性和风险四个部分，其中脆弱性是风险的关键因素，包括风险暴露程度和应对能力两个要素，评估的主要输出结果包括综合致灾因子图、综合脆弱性图和综合风险图。该方法最初被应用于超国家的区域尺度风险评价，主要是评估扩大的欧盟约 1 500 个区域。

1. 单一致灾因子图

单一致灾因子图用来显示该类致灾因子发生的地区和强度，其中致灾因子的强度依据发生的频率和量级被分成 5 个等级。不同致灾因子的相对重要性应用 Delphi 法根据专家的意见确定。

2. 综合致灾因子图

综合致灾因子图将所有单个致灾因子的信息综合在一张图上，用以反映各个地区所有灾害发生的可能性。综合的方法则是对所有单个致灾因子的强度按照其相对重要性加权求和。

3. 综合脆弱性图

将灾害暴露和应对能力的信息结合起来即可得到每一地区的综合脆弱性图。灾害暴露由地区人均国内生产总值、人口密度和自然区的破碎化程度三个指标进行度量，权重分别为 0.1、0.3、0.1；应对能力采用人均国内生产总值表征，权重为 0.5。把灾害暴露和应对能力综合为一个脆弱性指标后，亦可将其划分为 5 个等级。

4. 综合风险图

将综合致灾因子图的强度等级和综合脆弱性图的脆弱性指标等级相加，就可以得到每个地区的综合风险图。

多重风险评估方法虽然比依赖于单一灾害的风险评估方法更具优势,但也存在很多问题,如权重确定存在一定的主观性、部分指标无法定量计算以及未来构成风险的参数发生变化等问题。

(四)灾害风险管理指标系统

灾害风险管理指标系统(system of indicators for disaster risk management)是哥伦比亚大学和美洲发展银行共同研究的成果。该指标系统在进行灾害风险度量方面,不仅可以考虑预期的损失、死亡和等价的经济损失,还包括了社会、组织和制度因子,比如经济、环境、住宅供给、基础设施、农业、健康等,可以代表每个国家当前的脆弱性和风险管理状态。该指标系统主要用来对美洲国家1980~2000年灾害管理的相关方面进行系统定量的评价,识别出经济和社会领域的关键问题,有助于建立国家风险管理标准,以提高管理效率。

灾害风险管理指标系统共有灾害赤字指数(disaster deficit index,DDI)、地方灾害指数(local disaster index,LDI)、通用脆弱性指数(prevalent vulnerability index,PVI)和风险管理指数(risk management index,RMI)4个综合指标。DDI主要从宏观经济和财政角度,度量发生巨大灾害时国家的可能风险;LDI用来识别强度较小的灾害事件所导致的社会、环境风险;PVI由反映一般性脆弱性条件(包括暴露、社会经济弱点和缺乏社会恢复力)的多个指标组成的;RMI是由一组度量国家风险管理表现的指标组成的,反映了在降低脆弱性和减少损失、恢复能力方面的组织、发展、能力和制度行为。下文仅介绍其中的LDI和PVI两个指标。

LDI是用来识别一个地区发生频次较高、强度相对较小的灾害事件所导致的社会环境风险。该指标描述了一个地区遭受小尺度灾害事件的倾向性和对当地发展造成的累积影响,反映了一个地区风险的空间差异性。通过对局地灾害的持续、累积影响的评估,该指标可以为政策制定、区域规划和风险管理提供科学依据。LDI的计算公式如下:

$$LDI = LDI_{Deaths} + LDI_{Affected} + LDI_{Losses} \tag{1-1-13}$$

式中　LDI_{Deaths}、$LDI_{Affected}$、LDI_{Losses}——死亡人数、环境影响和经济损失,可依据每个地区的灾害事件资料进行计算。

PVI用于评价一个地区的脆弱性状态,从而确定该地区的主要脆弱性因素。该指标系统可度量一个灾害事件的直接、间接及潜在的影响,能够促进有效地实施预防、缓解、准备、风险转移和减灾措施。PVI的计算公式如下:

$$PVI = (PVI_{ES} + PVI_{SF} + PVI_{LR})/3 \tag{1-1-14}$$

式中　PVI_{ES}——表征人类和物质物理暴露程度的易损性指数;

　　　PVI_{SF}——表征贫困、失业、环境恶化等因素的社会经济脆弱性指数;

　　　PVI_{LR}——表征恢复能力缺乏程度的恢复指数。

灾害风险管理指标系统虽然从不同的角度较为全面地考虑了自然灾害的综合风险,但计算方法烦琐,部分定性指标的数值需要由专家给定,且指标权重的确定有一定的主观性。

(五)美国灾害评价模型

美国灾害评价模型(HAZUS)是美国联邦应急管理署(The Federal Emergency Management Agency,FEMA)和国家建筑科学院(The National Institute of Building Sciences,NIBS)共同的研究成果。HAZUS模型是一个标准化的,以现有的关于地震、洪水和飓风等灾害影响的科学和工程技术知识为基础,建立在GIS平台上的多灾种损失估算软件包,可用于评估地震、洪水、飓风所造成的建筑物、基础设施、交通运输设施、公共设施、人口、机动车和农作物等的潜在破坏和损失,以用于改良计划、建筑实践和备灾措施,支持减灾、应急管理、抗灾及灾后恢复的国家计划,并最终降低自然灾害和人为灾害造成的人员伤亡和财产损失。

HAZUS 软件包有七个模块:

(1)潜在致灾因子:评价地震、洪水、飓风三种致灾因子的可能强度。

(2)暴露数据库:包括全国范围内建筑物、关键设备、交通系统和生命线设施等暴露基础数据。

(3)直接损失:以致灾因子强度、暴露水平和结构脆弱性为基础评价财产损失。

(4)间接损失:评估由灾害事件所造成的次生损失,如地震引起的火灾等。

(5)社会损失:评估人员伤亡、转移家庭、暂时性避难所的需求等。

(6)直接经济损失:评估重新安置成本、商品存货损失、资本损失、工资收入损失、租金损失等。

(7)间接经济损失:评估地震、洪水和飓风所影响的区域范围和对区域经济的长期影响。

HAZUS 模型可以评估和预测地震、洪水、飓风三种自然灾害所造成的灾害损失,计算结果的精度主要取决于基本资料的精度和模型参数的合理性,是一个比较完善的自然灾害风险评价方法。

(六)社区灾害风险指数

社区灾害风险指数(community-based risk index)是一个全面的评价指标系统,能够收集重要的地方灾害风险数据并识别与社区相关的主要风险。该指标系统的建立采用问卷调查方法,最终得出的指标体系包含致灾因子、暴露性、脆弱性以及能力和措施 4 个因子总共 47 种独立指标以及一个综合的风险指数,主要计算步骤如下:

(1)指标归一化处理。将全部指标均划分为低、中、高 3 个级别,并分别赋值为 1、2 或 3,没有被采用的指标赋值为 0。

(2)确定指标权重。依据本地区具体情形确定各项指标的权重。

(3)根据各项指标的等级及其权重分别计算致灾因子指数、暴露性指数、脆弱性指数以及能力和措施指数。

(4)将 4 个主要因子的分值综合为灾害风险指数,即

$$R = 0.33H + 0.33E + 0.33V - 0.33C \tag{1-1-15}$$

式中　R——某社区总的灾害风险指数;

　　H、E、V、C——致灾因子、暴露、脆弱性以及能力和措施指数的得分。

社区灾害风险指数可以评价中、小尺度地区的灾害风险,指标系统较为全面,但指标权重确定的主观性较强,对评价结果有一定的影响。

(七)国内外灾害风险评价模型总体评述

国内外灾害风险评价模型归纳起来有三种类型:第一种是线性模型,第二种是指数模型,第三种是基于灾害预报的风险评价模型。

1.线性模型

线性模型最典型的代表是 Blaikie 等提出的"损失不确定性"表达式:

$$R_\mathrm{d} = H + V \tag{1-1-16}$$

式中　R_d——风险度;

H——致灾因子危险性;

V——承灾体脆弱性。

目前最为流行的线性模型是:

$$R_d = w_1 \times H + w_2 \times E + w_3 \times V + w_4 \times C \qquad (1\text{-}1\text{-}17)$$

式中　R_d——风险度;

　　　H——致灾因子危险性;

　　　E——承灾体暴露量;

　　　V——承灾体脆弱性;

　　　C——防灾减灾能力;

　　　w_1、w_2、w_3、w_4——指数。

国外风险评价模型中,欧洲多重风险评价方法、社区灾害风险指数等都属于线性模型。线性模型首先分析自然灾害危险性和承灾体易损性(包括物理暴露、承灾体脆弱性和防灾减灾能力三方面)所涵盖的各项指标;其次分析各项指标的权重系数,将各项指标加权求和得到自然灾害危险性与承灾体易损性指数;最后确定危险性指数与易损性指数的权重,并将其加权求和得到评价区域自然灾害的风险等级。

线性模型可以计算出评价区域某种自然灾害的风险指数或等级,即评价一个地区灾害风险的大小。但是自然灾害风险是致灾因子对承灾体非线性作用的结果,风险表达式不能采用危险性和易损性线性相加的方法,因此线性模型的计算结果可能与实际情况有较大出入。此外,线性模型的评价结果是一个常数,因此无法用于实时风险评价。

2. 指数模型

指数模型最典型的代表是 Davidson R A 和 Lamber K B 提出的模型,国外风险评价模型中世界银行和哥伦比亚大学的全球自然灾害风险热点地区研究计划即属于指数模型,典型表达式是:

$$R_d = H^{WH} E^{WE} V^{WV} [a + (1-a)(1-C_d)] \qquad (1\text{-}1\text{-}18)$$

式中　R_d——风险度;

　　　H——致灾危险性;

　　　E——承灾体暴露量;

　　　V——承灾体脆弱性;

　　　a——承灾体不可防御的灾害;

　　　C_d——防灾减灾能力;

　　　WH、WE、WV——指数。

指数模型的计算流程与线性模型基本相似,区别主要在于将线性模型中各项指数的加权求和变成了加权相乘。指数模型解决了线性模型中致灾因子危险性与承灾体易损性线性相加的不合理性问题,可以得到评价区域的某种自然灾害的风险指数或等级,即评价一个地区灾害风险的大小,但是该模型的合理性也未能从理论上加以证明,并且同样无法用于实时风险评价。

3. 基于灾害预报的风险评价模型

基于灾害预报的风险评价模型的典型代表是美国的 HAZUS 模型。该模型是建立在GIS 平台上的一种全面的风险分析软件工具,允许用户根据基本资料和评估精度的需求,进行三个层次的风险评价。

第一层次:基本损失估计。根据 HAZUS 模型附带的基础数据库和内置的分析参数,外加少量的 DEM 等附加数据,即可进行基本损失估计。该层次的损失评价可以满足减灾规划的需求。

第二层次:中等精度损失估计。除基础数据外,还需要补充评价区域近期相对详细的地方数据,如建筑物清单、公用设施和交通设施数据等。该层次的损失评价可以提供详细的区域损失数据。

第三层次:高精度损失估计。此层次的评价需要使用第二层次评价所用的数据,是由高级用户进行的面向用户专门问题的损失评估,评价结果可以提供建筑物内更为详细的损失数据。

HAZUS 模型是一个比较完善的自然灾害风险评价方法,既可以用于预测灾害事件,又可以用于评价灾害造成的损失,是未来风险评价模型发展的一个方向。但该模型对基础资料的数量和精度要求较高,一般条件下很难满足。

第二节　洪水风险图编制情况

一、洪水风险图简介

洪水风险图是指融合洪水特征信息、地理信息、社会经济信息,通过调查、计算和风险判别,以图表形式直观地反映洪水威胁区域发生某量级洪水后,可能淹没的范围、水深、流速等洪水要素,以及不同量级洪水可能造成的灾害风险和对社会经济的损害程度的专题地图。作为防洪减灾的重要技术支撑,洪水风险图是制定流域防洪规划、规范洪泛平原开发管理、部署防洪工程及非工程措施、开展洪水保险和防汛抢险救灾等工作的重要依据,同时,在增强全民防洪减灾意识、推动减灾行为社会化等方面也有着十分重要的作用。

国外很多国家较早地开展了洪水风险图编制工作,如美国从 20 世纪五六十年代就开始制作洪水风险图,之后英国、德国等欧洲国家,以及日本、韩国等亚洲国家也相继开展了洪水风险图的编制工作。洪水风险图编制成果已经在洪水保险、洪泛区管理、国土开发、公众应急避险等方面广泛应用并发挥了巨大的经济效益和社会效益。

我国 80 年代中期开始开展洪水风险研究。1997 年国家防汛抗旱总指挥部办公室(简称国家防总)提出了全国洪水风险图绘制分三步走的大思路,并开展了典型区试点研究。2004 ~ 2013 年,国家防总先后利用防汛资金和水利基建前期经费在全国范围内开展了三次洪水风险图编制试点工作。2013 年财政部、水利部正式启动了全国重点地区洪水风险图编制项目,截至 2016 年,已编制完成了全国重点防护保护区、蓄滞洪区、主要江河洪泛区、半数以上重点城市的洪水风险图,初步具备了在编制区域推行洪水风险管理的条件。

二、国外洪水风险图编制情况

(一)美国洪水风险图

美国是世界上最早研究和推广洪水风险图的国家,其编制的背景、推进的过程、制作方法和技术手段的探索、各领域的应用等被其他国家广泛地学习和借鉴。

1. 编制背景

美国地广人稀、国土辽阔,孕育了密西西比河、科罗拉多河等河流水系,江河洪水较为频繁。美国海岸线长,沿海地区受飓风及地震的影响,风暴潮、海啸比较严重。美国受洪水威胁的面积约占国土总面积的7%,影响人口约3 000万(约占总人口的9%)。洪水灾害是受美国联邦政府关注的自然灾害,主要原因:一是因为洪灾损失占各种自然灾害损失的比例巨大,二是因为洪水灾害影响范围广,往往涉及数个州,防洪活动需要美国联邦政府出面协调,并予以大量的人力、物力、财力的支持。

在20世纪50年代以前,美国针对洪水灾害采取的措施总体上仅限于修建工程,如大坝、堤防和海堤,这些防洪工程所取得的防洪效益毋庸置疑,但水灾损失与政府的灾害救济费用仍呈增长趋势。损失增长的主要原因是洪泛区土地的无序利用以及其中人口、资产密度的提高,又缺乏必要的防洪减灾措施,而且公众也不能从保险公司购买涵盖洪水风险的保险。

面对持续增长的水灾损失,以及不断增加的灾害救助支出,为稳定社会生产秩序、减轻国家负担,美国陆续制定了一系列的法规和计划,美国国会于1956年通过了《联邦洪水保险法》,1968年通过了《国家洪水保险法》,并开始推行《国家洪水保险计划》。在1973的《洪水灾害防治法》和1994年修订的《国家洪水保险法》,以及其他的立法措施中,国会都对洪水保险计划进行扩展和修订。

2. 发展过程

为与《联邦洪水保险法》相配合,美国内务部地质调查局从1959年起开始确认洪水风险区,陆续绘制了许多地区的洪水风险区边界图。1960年的《防洪法》提出后,为了合理利用洪泛区和控制洪水风险,陆军工程兵团又开始为各地区绘制洪水灾害地图及编制洪泛区信息通报。这些图基本上是根据历史洪水资料或加上水文资料分析确定的洪水淹没范围图。

要合理确定洪水保险费率,仅有洪水淹没范围图还不够,还需要组织详细的洪水风险研究及根据洪水风险分布绘制出社区的洪水保险率图。为此,FEMA制定了洪水风险研究与洪水保险率图的统一规范,以指导洪水保险研究及洪水风险图绘制,经多次更新完善,目前最新版本是2003年4月发布的洪水风险制图导则及合作伙伴指南(Guidelines and Specifications for Flood Hazard Mapping Partners)。

FEMA成为洪水保险计划的管理机构以来,投入了大量的人力、物力进行洪水风险辨识并在以社区为基础的风险图上展示洪水风险信息。目前,FEMA统一印制的洪水保险率图已覆盖全国,并仍不断根据环境与防洪工程条件的变化进行修改。自1968年以来,美国绘制全国洪水保险率图的费用累计已超过了100亿美元。

3. 编制方法

首先,根据历史洪水资料绘制洪水风险区边界图,用于确定一个社区的特定洪水风险区域。图中用阴影区表示100年一遇洪水的淹没范围,标示出淹没范围内的街道、资产限度及河流,但是不显示等高线、水深或洪水水位。在NFIP的应急计划中,该图可直接用于洪泛区管理和洪水保险的目的。

在利用洪水风险区边界图大致确定一个社区的洪水风险范围后,通过更为详细的水文、水力学计算,确定特定洪水风险区域内的水位、水深分布,据此进行洪水风险区划,再用于确定洪水保险费率。

表 1-2-1 和表 1-2-2 列举了美国认证推荐的可用于全国尺度洪水风险图的水文学和水力学模型。

表 1-2-1　水文学模型

独立洪水事件	C－1 4.0.1	陆军工程兵团
	HEC－HMS 1	陆军工程兵团
	TR－20 Win	农业部、自然保护局
	WinTR－55	农业部、自然保护局
	SWMM 5	环保局
	MIKE 11 UHM	DHI 水与环境公司
	PondPack v. 8	Bentley Systems 公司
	XP－SWMM	XP 软件公司
	Xpstorm	XP 软件公司
连续洪水事件	HSPF	环保局、地质调查局
	MIKE 11 RR	DHI 水与环境公司
	PRMS	地质调查局

表 1-2-2　水力学模型

一维恒定流模型	HEC－RAS	陆军工程兵团
	HEC－2	陆军工程兵团
	WSPRO	地质调查局，联邦高速路管理局
	QUICK－2	联邦应急管理署
	HY8	交通部、联邦高速路管理局
	WSPGW	洛杉矶防洪区与 Joseph E. Bonadiman 公司
	StormCAD	Bentley Systems 公司
	PondPack	Bentley Systems 公司
	Culvert Master	Bentley Systems 公司
	XP－SWMM	XP 软件公司
	Xpstorm	XP 软件公司
一维非恒定流模型	HEC－RAS	陆军工程兵团
	FEQ 与 FEQUTL	Delbert 等
	ICPR	Streamline 技术公司
	SWMM	环保局
	UNET	陆军工程兵团
	FLDWAV	国家气象服务局
	MIKE 11 HD	DHI 水与环境公司
	FLO－2D	O'Brien 等
	XP－SWMM	XP 软件公司
	Xpstorm	XP 软件公司
二维恒定/非恒定流模型	TABS	陆军工程兵团
	FESWMS 2DH	地质调查局
	FLO－2D	O'Brien 等
	MIKE Flood HD	DHI 水与环境公司

4. 洪水风险图成果

美国的洪水风险图以城镇、社区、郡（Town，Community，County）为基本单位，早期分为洪水淹没边界及洪泛区地图（flood boundaryand floodway map，FBFM）和洪水保险费率图（flood insurance rate map）两种地图，其中，洪水淹没边界及洪泛区地图主要标示100年一遇及500年一遇洪水淹没边界，以用于洪泛平原管理，之后将两种地图进行综合，形成了现在的洪水保险费率图，见图1-2-1。

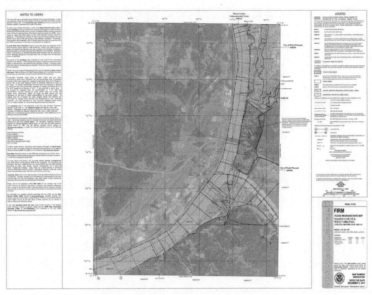

图1-2-1 美国某社区洪水保险费率图

洪水保险费率图是FEMA提供的用于开展洪水保险和实施洪泛平原管理的地图，基于详细或近似的分析，该图用于标示一个社区内可能遭受100年一遇洪水淹没的区域。同时图上还显示洪水保险等级区，用于精算洪水保险费率。在开展了详细洪水风险分析研究的区域，洪水保险费率图还会标示基准洪水位，反映100年一遇洪水的水位信息。对于开展详细分析的社区，洪水保险费率图上还会标示500年一遇洪水淹没区域边界以及调节性洪水通道区域。

美国洪水风险图的主要应用目标是开展洪水保险，因此洪水保险风险区是风险图的主要内容，主要用于确定某一社区内财产的保险费率，洪水保险费率图（flood insurane rate map）是对社区进行洪水风险评价（flood risk assessment）和洪水保险研究（flood insurance study）后的产物。

5. 洪水风险图的更新

洪水风险图的绘制不是一劳永逸的。在以往的洪水风险分析中，由于资料不足或选用的研究方法不当，可能出现计算上的误差；由于环境的变化或水利工程的兴建等，也可能引起洪水风险分布的变化。对于现行的洪水保险率图，FEMA提供了三种修改的途径：

（1）资产拥有者向FIA（联邦保险管理局）提供足够的科技资料证明其资产被错误地划在特定洪水风险区内。FIA通过审查，确认其言之有理后，发给其风险图修改证书，证明其资产不在特定洪水风险区内。

（2）地方政府向FEMA提出修改洪水保险费率图的要求，如改变洪水风险区划、洪泛区与行政区的界线、洪水水位等,FEMA 确认地方政府要求合理后,将安排修订洪水保险率图,发给地方政府风险图修订证书。

(3)在一个区域由于工程建设等使洪水风险分布发生显著变化的情况下,FEMA 将重新研究绘制该区域的洪水保险费率图,发行新版本来代替老版本。

6.洪水风险图的应用

美国的洪水保险率图的应用十分广泛。在参加了洪水保险计划的社区,保险机构可利用该图确定各类资产的洪水保险费率,资产拥有者们可根据洪水保险费率图确定是否需要购买洪水保险;新的投资者根据该图可以回避洪水高风险区;洪泛区中已有的单位可以根据该图选择采取适当的防洪保护措施。政府部门可根据该图进行洪泛区管理,如在行洪区内禁止修建阻水建筑、洪泛区内新的建筑的基础高程必须高于 100 年一遇洪水水位;应急指挥部门可以根据洪水量级的预报,由该图估计洪水可能的淹没范围,结合社会经济信息,评估灾害的损失,判断救灾的对象和规模等;洪泛区内的居民可以根据该图选择合理的避难撤离路径和避难地点等。

7.应用效果

美国的国家洪水保险计划通过社区、金融、保险业的共同参与,每年减少洪灾损失大约 8 亿美元。此外,按照国家洪水保险计划的建筑标准建造的建筑物要比不遵守该标准的建筑物遭受的损失减少 77%,而且每付出 3 美元的洪水保险索赔,就可节约 1 美元的灾害补助支出。在平常年份,国家洪水保险计划是自负盈亏的,也就是说,该计划的运行费用和洪水保险索赔不是由纳税人支付,而是通过洪水保险单筹集的保险金来维持。

(二)日本洪水风险图

1.编制背景

日本抗洪的脆弱性源于其自然条件,如地形和天气,约 50%的人口和 75%的资产集中在冲击平原洪水易发区,而这些地区仅占全国领土的 10%。近些年来,随着城市范围的扩张和人口的增长,在洪水易发区增加了大量未经历过洪水的新居民,而曾经经历过洪水的居民,随着时间的流逝,也慢慢地忘却了那段经历,致使居民对洪水危害的潜意识在慢慢消退。

洪灾意识的淡化,导致在紧急情况下,突发洪水或堤坝垮塌可能造成大量生命和财产损失,极大地破坏社会经济,如 1999 年的梅雨锋导致的福冈市大水,2000 年的东海暴雨,2004 年的新泻、福岛、富士暴雨以及第 23 号台风等造成的洪水。

要减缓这种类型的洪水破坏,需采取工程措施,如兴建洪水控制工程,包括堤防工程、水库等,同时需采取非工程措施以传达灾害信息和推广疏散指导。然而作为非工程措施的一部分,自 1994 年起,土地资源、基础设施、交通和旅游局指导和帮助各市制定及颁布洪水风险图。2001 年 6 月,日本对《防汛法》进行了修订,将洪水预报预警和洪水风险图编制列为法定内容。

2.发展过程

日本关于洪水风险图的编制工作正式开始于 1994 年 6 月,建设省提出了编制一级河川洪水风险图的要求。关于洪水风险图的要求是:以市、町、村为单位,在洪水风险图上需简明易懂地标明在决堤泛滥时洪水淹没范围内的洪水信息、避难路线等,据此采取相应措施,将洪水灾害损失控制在最小范围内。

日本关于洪水风险图的编制工作可分为以下几个阶段:

前期(1975～1993年):从1975年开始要求各地公布历史洪水实况。1990年以后,要求用数值模拟方法编制洪水风险图,网格的大小要求不大于500 m。到1993年为止编制完成全部一级河川的风险图。

第一期(1994～1995年):1994年建设省发布了《洪水风险图制作要领》,由建设省治水课牵头,要求各市、町、村负责编制洪水风险图。在1994～1995年间,各地先后完成了本地区数值模型的建模工作,有些地方完成编制工作。

试行期(1996～1998年):1996年建设省将洪水风险图的编制工作移交给河流情报中心,在总结了前期工作的基础上,对以前颁发的《洪水风险图制作要领》进行了修订,在1997年1月由河流情报中心发布了《关于洪水风险图制作要领的解释及其应用》。先后有38个市、町、村完成并公布了洪水风险图。

推广期(1998年至今):1998年8～9月,日本阿部伍隈川发生大洪水,共动员11 148户,2万余居民避难,由于在当年的春季已向居民发布了洪水风险图,避难进展顺利。这一事例显示了洪水风险图的效益,推动了以后工作的进展。同时由于数值模拟技术的进步,对洪水的模拟精度有了较大提高,可以精确计算出在决堤后洪水随时间的变化过程。到2000年10月已有87个市、町、村完成并公布了洪水风险图,编制的范围也由一级河川扩大到二级河川。

3.编制目的和表现内容

日本洪水风险图编制的目的主要包括两个方面:从居民的角度来看,其目的是使居民事先了解居住区的洪水风险,提高居民的水忧患意识,以便在出现洪水警报或洪水灾害时指导居民安全避难;从行政管理的角度来看,其目的是为制订流域防洪规划和洪水应急预案、洪水发生时进行实时洪水调度以及指导防汛避难提供科学可靠的决策依据。

根据这两方面的要求,日本洪水风险图主要包括以下内容:

(1)制图单位和时间;

(2)洪水淹没范围和水深;

(3)淹没范围内的人口、房屋数、资产、洪灾损失评价结果等;

(4)洪水信息传达通道;

(5)避难场所的名称和位置;

(6)地下空间的分布;

(7)避难时的心理准备和必备物品;

(8)防汛机构、医疗机构以及生命线管理机构的所在地和紧急联络方式。

日本的洪水风险图分为洪水泛滥危险区域图和洪水危险图两类。前者的表现内容只包括上述8个方面中的前3个方面,后者的表现内容包括所有8个方面。

4.组织单位

洪水泛滥危险区域图仅供流域机构在制订防洪规划和预案及指挥防汛避难时使用,因此由国土交通省或都道府县下属的各个流域机构负责编制。洪水危险图需要与各个地区的整体防灾规划(包括地震、水灾、火灾等)结合起来,主要用于洪灾避难,由地方政府(市、镇和村)部门负责编制。

5.编制基本条件

日本洪水风险图的编制必须具备4个基本条件:流域地面高程和土地利用数据、社会经济数据、洪灾损失率和洪灾损失评价标准,以及洪水泛滥模拟仿真数学模型。

1)流域地面高程和土地利用数据

日本国土地理院首先按经度和纬度方向将整个日本国土划分成许多个边长为 80 km 的正方形网格,称为一次网格。然后将一次网格进行 8 等份分割,得到 10 km 的正方形网格,称为二次网格。同样,将二次网格进行 10 等份分割,得到 1 km 的正方形网格,称为三次网格。最后利用地形图,将三次网格中的每个 50 m 正方形网格的标高按一定的格式输入计算机。任何人均可以购买这种 50 m 网格标高数据的光盘。

因为一次网格、二次网格和三次网格都有各自的编号,所以很容易确定研究对象区域的一次、二次、三次网格的编号。然后利用相应编号的三次网格中的 50 m 网格标高数据,计算出任意地点的标高。

另外,日本国土地理院已经将日本整个国土中的土地利用面积(即建筑物、道路、水田、旱田、果树园、森林、荒地、湖泊、河川、海滨、海水域的面积)输入到边长为 10 m 的正方形网格,利用这些数据可以计算任意 10 m 以上网格内的土地利用面积。

2)社会经济数据

定量把握洪泛区内的资产状况能够为计算洪灾损失提供依据,也有助于了解流域内的人口、产业、经济及土地利用的变化,从而为制定流域防洪规划和防洪抢险预案提供准确的决策信息。

日本对资产的构成的定义如图 1-2-2 所示。

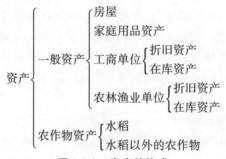

图 1-2-2　资产的构成

日本每隔 4 年进行国力调查(家庭人口、住房面积、工作单位和性质、农作物的产量、农林渔业单位的数量等项目的调查)和工商业统计,日本国土地理院将这些调查和统计的数据按一定的格式输入到每个三次网格(1 km 网格)中。利用这些资产数量、日本政府每年公布的资产单价以及土地利用面积的分布,可以计算出任何 10 m 以上网格内和整个洪泛区内的资产。

3)洪灾损失率和洪灾损失评价标准

日本国土交通省根据洪灾损失的调查统计结果,公布了洪水淹没深度与洪灾损失率的关系。例如,洪水淹没深度在 50~99 cm 时,房屋的损失率为 7.2% 。如果知道每个网格内的资产,通过洪水泛滥数学模型计算出每个网格的淹没水深就可以很容易得到每个网格内的洪灾损失,从而可以得到整个洪泛区内的洪灾损失。

4)洪水泛滥模拟仿真数学模型

日本土木研究所制定了洪水泛滥模拟仿真数学模型的指南和使用手册,对数学模型的选定、流域内各种阻水建筑物对水流的影响、溃堤地点及形状的设定、溃堤流量的计算方法、流域内糙率系数的率定方法等做了详细说明。

6. 编制步骤

洪水风险图的编制步骤如图 1-2-3 所示,其中"洪水风险图的普及"指的是向居民分发"洪水风险图"和进行洪灾演习。

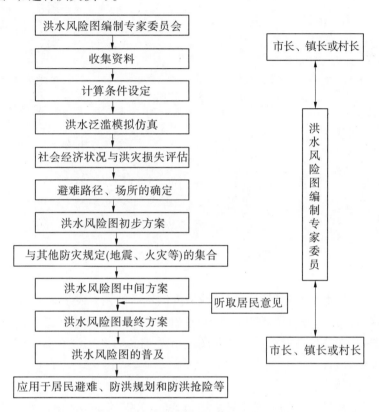

图 1-2-3　日本洪水风险图的编制步骤

洪水泛滥风险区域图的编制包括编制专家委员会的成立、收集资料、计算条件设定、洪水泛滥模拟仿真、社会经济状况与洪灾损失评估、洪水泛滥风险区域图的确定等 6 个步骤。

在制作洪水风险图时,一般先假设若干堤防溃决点(如每 5 km 设置一个溃口),根据每个溃决点的淹没范围,计算出最大的可能包络范围,作为假想的洪水淹没区的边界,具体计算时选用的是一、二维非恒定流水动力学模型,计算区域被划分为 250 m × 250 m 的矩形网格,为了保证地形条件的精度,在确定地面高程时通常采用 50 m 网格的国家数字高程模型。

在完成易受洪水淹没区的绘制后,进一步建立避难规划和避难警告发布标准,具体包括选择避难场所、方式、距离、时间、路线等,建立弱势群体的援助计划及确定通信联系渠道等,如图 1-2-4 所示。

7. 完成情况

到 2004 年底,日本国土交通省河川局直接管辖的 193 条河流中,已有 180 条河流完成了洪水泛滥危险区域图的编制,完成率达到了 93%。这 193 条直辖河流的流域中有 1 100 个市、镇和村,已有 297 个市、镇和村完成了洪水风险图的编制,完成率为 27%。到 2010 年,基本完成了全国洪水风险图编制。

图 1-2-4　福山市避洪转移图

8. 应用效果

对 1998 年 8 月日本东北地区的阿武隈流域大洪水后的调查发现:大多数居民根据洪水风险图中的避难所的指示进行了正确的避难;参看了洪水风险图进行避难的居民数是没有参看洪水风险图的 1. 5 倍;参看了洪水风险图进行避难的居民比没有参看洪水风险图进行避难的居民快 1 h。

（三）欧洲洪水风险图

在欧洲,洪水也是最严重的自然灾害之一,1986～2006 年间,河道洪水灾害造成了约 1 000 亿欧元的损失。20 世纪 90 年代后期,伴随着几场大洪水的发生,欧洲各国开始了较大规模的洪水风险图绘制活动。

欧洲的河流大多流经多个国家,因此需要建立多国家的协调机制进行共同管理。在经过多轮讨论后,欧盟于 2007 年 10 月通过了洪水风险管理与评估的共同协议。其目的在于管理洪水,并通过洪水风险图的方式提高人们对风险的认识,减少洪水对生命、健康、环境、财产和经济活动的损失,措施包括初步的洪水风险评估、洪水风险图编制及洪水管理计划等三部分。主要过程如下:

2011 年 11 月:欧盟各会员国完成洪水风险评估,包括重新确定流域边界、收集洪灾历史资料,评估洪灾发生的概率与影响结果,并将洪灾风险进行分类。

2013 年 12 月:各会员国完成洪水风险图的编制,包括绘制洪水风险区内的人口、基础设施、环境要素等,将洪水发生的概率分为高、中、低三级予以公布。

2015 年 12 月:各会员国完成境内和跨国洪水管理计划,包括保护标准、实施计划、风险图、灾后管理计划、灾后评估等内容。

欧洲各国的洪水风险图编制工作进展不尽相同,下面以发展水平较高的英国为例进行介绍。

1. 英国洪水风险概况

英国是个岛国,其洪水风险管理工作已经比较完善。英国洪水主要包括四种类型:河流型洪水、山洪、河口型洪水及海岸型洪水。河流型洪水主要由降雨及融雪形成;山洪一般为突发性,由局地强降雨引起;河口型洪水往往由海上强风暴导致的巨浪和内陆暴雨引起的河道洪水共同作用形成;海岸型洪水的发生则可能源于飓风、海上强风暴、海啸等。虽然各种类型的洪水都可能出现,但英国主要的洪水威胁来自河流及海岸型洪水。由于英国城市化程度很高,城镇局部洪水也经常发生。造成这种局部洪水的原因很多,如雨水汇集后无排放渠道、地表饱和、下水道或地下排水系统堵塞,以及因容量有限无法排放超额水量等。

英国的洪水管理包括综合的风险管理、风险评估、规划、防洪工程、水库安全、预报和预警、洪水保险、前瞻研究和洪水风险图等,而洪水风险图是其中一个核心的支撑信息。

2. 英国洪水风险图发展过程

从最初的局部热点地区手绘图到2013年发布最新版的洪水风险图,英国洪水风险图的发展因应用需求和编制、展示技术的提高,大致经历了4个阶段。第1阶段,以英国1998年大洪水为界,洪水风险图开始由局部手绘向全国性电子化图发展,1999年制作了指示性洪水风险图,并于2000年在互联网上公开。第2阶段,2002年英国环保署发布了用于战略规划的洪水风险分区图制作方法,于2004年在互联网上公开该类型的图,经不断完善沿用至今。第3阶段,受2007年大洪水影响,英国政府再次要求英国环保署制作河道和沿海洪水的全国性洪水风险图,并采纳皮特报告的建议,于2008年发布了易受降水淹没区域图,此为第1代内涝洪水风险图。第4阶段,2009年,英国政府根据欧盟洪水指令的要求颁布了《洪水风险条例》和《洪水风险条例(跨边境区域)》,要求英国环保署和地方洪水主管机构开始制作新的洪水风险图,针对河道与沿海洪水普遍考虑防洪工程的影响。同时,按照2010年发布的《什么是内涝洪水风险图》,制作了第2代内涝洪水风险图,又按照2012年发布的《地方洪水主管机构内涝洪水风险图编制导则》,制作了第3代内涝洪水风险图。2013年至今,由英国环保署发布了所有最新制作的洪水风险图,即第4阶段的洪水风险图。

3. 英国洪水风险图的分类

英国主要受河道洪水、沿海风暴潮、区域地表降水,以及水库漫溢或溃决等的影响,洪水风险图编制所考虑的洪水源也限制在这4类中。按洪水分类,2009年后编制的洪水风险图分为3类,分别为:河道和沿海洪水风险图,编制由河道、风暴潮洪水及其组合造成的风险;水库洪水风险图,编制因水库漫溢或溃决洪水造成的风险;内涝洪水风险图,编制因降水未能经过正常排水系统排出,或者渗入地下,但又流至地面的洪水造成的风险。

4. 英国洪水风险图的编制内容

英国4个阶段编制的洪水风险图内容有所不同,图上要素也因编制类型、用途和成果的表现形式而有所差异。

1)河道和沿海洪水风险图

河道和沿海洪水风险图的编制在1998年前便已开始,但形式和内容较为简单。1999年制作的指示性洪水风险图仅为针对100年一遇河道洪水和200年一遇沿海洪水的安全和风险区域划分的栅格图。2002年开始编制的洪水风险分区图,将洪水标准调整为100年一遇到1 000年一遇河道洪水或200年一遇到1 000年一遇海洋洪水,并根据洪水淹没情况进行风险分区,见表1-2-3,为保证与规划部门的衔接,该分区标准也被写入《国家规划政策框架》及其技术指南中。

表 1-2-3　风险分区与洪水标准对应关系

序号	风险区分级	洪水标准
1	1	高于 1 000 年一遇
2	2	100 年一遇到 1 000 年一遇河道洪水或 200 年一遇到 1 000 年一遇海洋洪水
3	3	低于 100 年一遇河道洪水或低于 200 年一遇海洋洪水

　　第 4 阶段的洪水风险图能够对洪水风险管理等提供更有效支持,图中反映的信息更为丰富,洪水分级也发生了变化,见表 1-2-4。洪水风险图被分为灾害信息图和风险统计信息图两类,其中,灾害信息图主要反映洪水危险性,确定洪水危险区域,图上展示可能洪水的可能淹没范围、水位、水深、流速、方向,每一可能洪水发生的可能性(很低、低、中、高)等。风险统计信息图主要反映与洪水影响相关的内容,包括危险区域内可能受洪水影响的人、经济活动类型,受洪水影响后可能增加区域污染的工业类型,以及针对人员健康、经济活动和环境、遗产等影响的相关信息。

表 1-2-4　洪水风险等级与洪水标准对应关系

序号	风险分级	洪水标准
1	高	低于 30 年一遇
2	中	30 年一遇到 100 年一遇
3	低	100 年一遇到 1 000 年一遇
4	很低	高于 1 000 年一遇

　　2) 内涝洪水风险图

　　内涝洪水风险图的编制起步较晚,但发展过程快,约 6 年时间编制了 3 代洪水风险图,编制内容增多,复杂度逐步提高。3 代内涝洪水风险图均以基于 5 km 规则网格上的降雨作为主要洪水源,但每一代的降雨标准不同,第 1 代为 200 年一遇,降雨历时为 6.25 h;第 2 代为 30 年一遇、200 年一遇,降雨历时均为 1.1 h;第 3 代为 30 年一遇、100 年一遇和 1 000 年一遇,降雨历时均按 1 h、3 h、6 h 三种情况,见表 1-2-5。洪水分析模拟内容和计算方式也不相同,第 1 代、第 2 代基于扩散波方程求解,第 3 代选用了求解完整浅水方程的模型。洪水分析内容上,第 1 代未考虑管网排水和降雨下渗,第 2 代、第 3 代则同时考虑这两项,综合模拟了降雨产流、地表与河道汇流和地下排水。为反映建筑物的影响,洪水分析模型选用了较小的网格尺寸,第 1 代、第 2 代为 5 m×5 m,第 3 代减小为 2 m×2 m。图的分类和成果展示方面,第 3 代洪水风险图遵循《洪水风险条例》的规定,也编制了灾害信息图和风险信息统计图,与河道和沿海洪水风险图相同。

　　3) 水库洪水风险图

　　针对水库洪水风险图,在前期编制时,只要求反映水库溃决洪水的最大淹没范围,在《洪水风险条例》中未做详细规定。

表 1-2-5　内涝洪水风险图编制内容对比

序号	编制阶段	降雨标准	分析内容	网格尺寸
1	第 1 代	6.25 h,200 年一遇	地表汇流	5 m×5 m
2	第 2 代	1.1 h,30 年一遇、200 年一遇	地表汇流、渗流、管网排水	5 m×5 m
3	第 3 代	1 h、3 h 和 6 h,30 年一遇、100 年一遇和 1 000 年一遇	地表汇流、渗流、管网排水	2 m×2 m

5.英国洪水风险图的发布

编制完成的洪水风险图分为两种形式,在互联网上共享、公开,一种为可下载的电子洪水风险图(pdf 格式),为完整版洪水风险图;另一种为基于 Web 开发的洪水风险图查询系统,相比前一种,Web 版洪水风险图的图上要素大量减少。如洪水风险分区图,查询系统中只包括河流或海洋洪水引起的自然洪泛区范围(不考虑防洪工程的作用),超标准洪水(超过 1 000 年一遇)的淹没范围,最近 5 年内修建的防洪工程,100 年一遇河道洪水、200 年一遇海洋洪水下防洪工程的保护范围,查询系统中的河道和海洋洪水风险图、内涝洪水风险图只展示洪水风险高、中、低和很低的分级,行政分区以及河流水系等基本信息。

6.英国洪水风险图的应用

1)洪水保险与再保险

与美国一样,洪水保险业已成为英国非工程防洪措施的重要组成部分。英国约有98%的居民、90% ~95%的企业购买了洪水保险。英国在房屋买卖中,也需要由律师向环保署申请当地洪水风险图,确定交易房屋的洪水风险时,并告知买卖双方。

洪水风险图是英国开展洪水保险的基础。英国的洪水保险采取完全市场化的运作模式,自负盈亏。保险公司按照承保标的的实际风险确定保险费率,并负责保单的销售和提供相关的服务等经营管理工作,而承保标的的风险状况直接由洪水风险图确定,为此,保险公司投入大量资金,编制洪水风险图以了解每座建筑物的洪水风险。

受气候变化、部分洪泛区不合理开发等因素影响,由洪水风险图反映的承保标的洪水风险增大,保险公司不断提高保费,使得民众无法承担。再保险机制解决了这一矛盾,再保险公司由议会授权成立,以对保险行业的税收作为主要资金来源,支付保险公司的部分理赔数额。保险公司仍按较低的保费对民众承保,并将部分保单按规定分割至再保险公司,由再保险公司分担风险。目前这一举措已使 50 万户民众受益,其中,保单分割的基础仍是洪水风险图。

2)国土发展与规划

英国政府通过发布和持续更新规划政策,以及针对规划政策的实践指南等,明确在国土发展与规划时需要考虑洪水风险。英国政府在 2010 年发布的《规划政策声明 25:发展与洪水风险》及更早的版本均有对不同洪水分区内发展的限制和处理规定。2012 年,英国政府发布了《国家规划政策框架》,在内容上包涵并替代了《规划政策声明 25:发展与洪水风险》,框架强调发展规划应该考虑洪水风险和气候变化,并在第 100 条中明确规定,通过指导远离高洪水风险区域,避免不合理发展规划,对于确有必要的发展,应该确保不增加任何区域的洪水风险,发展规划需要获得洪水风险评估的支持,应对所有洪水造成的风险,并且考虑环保署和其他洪水风险管理部门的建议。发展规划还需要对比评估开发前后的风险变化,保证不增加对人和任何居民房屋等的洪水风险。在《国家规划政策框架实践指南》中,明确了该框架第100条中的洪水风险区域,对于河流和海洋洪水,主要指洪水风险分区图中的区域2和区域3,也包括区域1中环保署已经通知当地规划局有严重排水问题的区域。

3)防洪工程规划建设

当前英国采取财政紧缩政策,通过效益分析控制各行业的财政投资,尤其是水利工程,只有成本效益比达到1:5~1:8才能得到政府青睐。利用未考虑防洪工程影响的洪水风险分区图,将工程规划前后的洪水淹没区域做比较,收集保护区内的经济数据,分析工程生命周期内的防洪效益,控制工程的规划建设。

4)洪水预警、预报

英格兰、威尔士已将洪水风险图应用于洪水预警、预报业务和相关系统当中。洪水预警被分为洪水告知、洪水预警和严重洪水预警3级,分别表示:可能发生洪水,民众需要做好准备;会发生洪水,民众需要立即采取行动;会发生严重洪水,将危及民众生命安全3个等级。洪水预警、预报的依据为实时观测到的河道水位和雨量站数据,各预报站的预警阈值由历史洪水、洪水风险图中洪水源分级等综合确定。当预报站水位将要达到某一水位阈值时,通过对应洪水风险图上可能的淹没范围,确定预警发布的范围。环保署还利用国家洪水预报系统开展洪水预报工作,向系统中输入情景降雨数据,实时计算确定情景降雨时的洪水情况,然后利用峰值预报绘制实时洪水风险图,确定对房屋、财产等的影响,并在部门间共享该信息,确定洪水预警等级,并决策。

5)编制和实施洪水风险管理规划

洪水风险图是环保署、地方洪水主管机构编制和实施洪水风险管理规划的重要依据。《洪水风险条例》规定环保署需要针对由河道和海洋洪水、水库洪水引起的洪水风险制定洪水风险管理规划,地方洪水主管机构需要针对当地洪水(一般为强降雨)引起的洪水风险制定洪水风险管理规划,由环保署在2015年12月22日前发布,并且做定期检查和更新。

洪水风险图的作用主要表现为:一确定洪水风险管理的对象,即为环保署和地方洪水主管机构确定的高洪水风险区域;二辅助确定洪水风险管理的目标,在洪水风险管理规划中需要列出针对高洪水风险区域的风险管理目标,提出达到该目标需要采取的措施等;三制定洪水风险管理规划提供基础信息,依据《洪水风险条例》,洪水风险管理规划必须包含减少洪水针对人员健康、经济活动和环境的影响等内容,这些信息主要从洪水风险图上获取;四制定洪水风险管理规划提供素材,洪水风险管理规划的一项重要内容是洪水风险分区图,并根据洪水灾害信息图和风险统计信息做出结论性总结等。

6)提高民众的风险意识和减灾能力

英国通过环保署和部分社会公司的网站共享、公开洪水风险图编制成果。如环保署网站上提供了基于Web的简单查询方式,民众通过输入邮政编码和地址等进行查询,确定所关心区域的洪水风险状况。民众还能以电子邮件的形式通过提供房屋地址、反映位置的地图、地址或电话号码等信息,免费查询历史洪水情况。洪水风险信息的公开使民众能够及时了解当地和所关心区域的洪水风险信息,帮助民众在日常生活、经济活动中充分利用这些信息规避风险,如处于风险区域的民众可通过购买洪水保险转移洪水可能造成的灾害,通过在环保署等网站上免费订阅洪水预警信息,及时做到灾前准备。

三、国内洪水风险图编制情况

洪水灾害是我国频繁发生和严重威胁国民安全及制约经济社会发展的自然灾害之一,据统计,中华人民共和国成立以前两千年的历史文明中,长江流域共发生 163 次洪涝灾害,黄河泛滥 1 593 次,松花江流域洪涝灾害频繁,1901 ~ 2014 年,共发生水灾 48 次。1931 年的长江洪水灾害较为严重,受灾范围波及江西、安徽、湖北、湖南、江苏 5 省,受灾面积多达 8 万 km²,经济损失达 13 亿元;1983 年汉江发生洪水,导致安康经济损失超过 5 亿元;1998 年特大洪水,全国财产损失达到 3 000 多亿元。1998 年松花江流域特大洪水,是东北地区中华人民共和国成立以来最为严重的一场洪灾,受灾区域主要位于黑龙江、吉林两省的西部及内蒙古自治区东部,受灾县、市 88 个,受灾人口 1 733.06 万,直接经济损失达 480 亿元。

中华人民共和国成立后,我国政府一直十分重视防洪工程的建设,在全国范围内基本形成了完整的防洪工程体系。大江大河依靠现有的水库和堤防可以防御 20 ~ 50 年一遇的常遇洪水,考虑蓄滞洪区后,可以达到 50 ~ 100 年一遇的防洪标准,大中城市防洪标准可达到 100 ~ 200 年。发达国家的经验表明,防洪标准达到一定程度后,要逐步将重点放在非工程措施上。1998 年在长江、松花江和嫩江发生大洪水后,基于国内外长期的防洪减灾经验和教训,并结合我国的国情和流域特征,我国政府及时调整了治水策略,提出了从控制洪水到洪水管理这一新的治水理念,强调了防洪减灾措施由工程措施和非工程措施组成,明确了非工程措施在防洪减灾中的重要地位。

洪水风险图是我国非工程措施的重要手段之一,它在合理布置防洪工程、科学管理洪泛区、指导防汛抢险等工作中可以发挥十分重要的作用,同时在规范土地利用、提高国民的防洪减灾意识等方面也具有非常重要的意义。

(一)发展过程

1984 年,中国水利水电科学研究院与水利部海河水利委员会合作开发了永定河洪泛区二维非恒定流洪水数值模拟模型,进行了永定河洪泛区洪水演进计算和分析,并据此绘制了我国第一张洪水风险图。此后随着计算方法和洪水模拟技术的不断改进及完善,在水利部和地方政府的支持下,有关研究、规划和设计单位,开展了防洪保护区、洪泛区、城市、水库溃坝等各种类型洪水风险图编制的研究和探索。

1997 年,国家防总提出了编制洪水风险图的路线图:首先根据历史洪水(主要是 20 世纪发生的大洪水)资料勾画出各流域洪水风险(淹没)区域;其次进行洪水数值模拟计算,据此绘制我国防洪区相对精细的洪水风险图;在此基础上,针对各类洪水建立不同尺度的洪水仿真模型,以便针对变化的情况随时更新信息,对洪水风险信息进行动态管理,并为防汛决策提供实时洪水分析和洪水演进动态展示服务。为给全国洪水风险图制作提供范本,作为路线图第二阶段工作的组成部分之一,1997 年国家防总选择了两个典型区域:北江大堤保护区和荆江分洪区,开展试点研究,以形成洪水风险图制作的成套技术,包括建立基础数据库,研制数据前后处理模块、规范的洪水分析模型、损失评估模型,开发洪水风险的电子展示技术,设计避难方案,研建避难系统等。

与此同时,为规范全国洪水风险图的制作,国家防总于 1997 年发布了《洪水风险图制作纲要》,要求各地在洪水风险图制作工作中参照执行。

1999 年组织编写了《洪水风险图推广计划大纲》,明确了编制范围,组织形式,经费预算,推广步骤,审查、颁布与更新、管理和使用等事项。但因根据初步测算,全国洪水风险图制作的总成本约 20 亿元,在当时条件下难以筹措,使得该推广计划暂时搁浅。

1998 年开始的新一轮防洪规划正式将洪水风险概念用于防洪工作实际。规划中,各流域都不同程度地进行了现状和规划水平年的洪水风险估算,一些流域还粗略勾画了以淹没频率表征的现状和未来的洪水淹没范围图。

进入 21 世纪,随着洪水风险管理理念的确立,国家防总在总结我国 20 年洪水风险图制作经验的基础上,于 2005 年发布了《洪水风险图编制导则(试行)》,用于指导全国洪水风险图的编制工作。

2004 ~ 2013 年,国家防总先后利用防汛资金和水利基建前期经费在全国范围内开展了三次洪水风险图编制试点,与此同时,部分省、直辖市,例如浙江省、福建省、湖北省、北京市、上海市等,也陆续开展了洪水风险图编制的探索和应用实践,取得了如下成果:①建立了以水利部、流域和省(自治区、直辖市)防办为主体的洪水风险图编制组织管理体系;②基本形成了以《洪水风险图编制导则》、《洪水风险图编制技术细则(试行)》、《洪水风险图编制费用测算方法》、《洪水风险图管理办法》等为主体的规范制度体系;③建立了以洪水分析模型、洪水损失评估模型、洪水风险图绘制系统和管理系统为核心的标准化的技术体系;④开展了防洪(潮)保护区、蓄滞洪区、洪泛区、城市、山丘区、水库等各种类型洪水风险图的编制实践,探索了适合我国国情和实际需要的洪水风险图编制方法、程序、表现形式和具体应用,为全面开展洪水风险图编制和应用工作积累了丰富经验;⑤初步形成了洪水风险图编制技术力量。2011 年,国务院常务会议通过《全国中小河流治理和病险水库除险加固、山洪地质灾害防御和综合整治总体规划》(简称《总体规划》),明确要求"选择基础条件较好的防洪保护区、蓄滞洪区及重点防洪城市,编制不同量级洪水的洪水风险图,开展洪水风险区划研究;编制洪水避难转移图,开展洪水风险意识宣传和培训"。按照上述《总体规划》,2013 年水利部、财政部下发《全国山洪灾害防治项目实施方案(2013 ~ 2015 年)》,要求进一步完善洪水风险图编制与应用的技术、规范和制度,编制防洪重点地区洪水风险图及避洪转移图,开展洪水风险区划图试点,标志着我国洪水风险图编制工作正式开始。

(二)编制方法

根据《洪水风险图编制导则》和《洪水风险图编制技术细则(试行)》,我国洪水风险图编制的一般工作流程包括:确定计算范围、基本资料收集整理、资料整编与评估、洪水分析、洪水影响分析、洪水风险图绘制及更新、修订等 7 个步骤(见图 1-2-5)。

(三)洪水分析方法

目前,国内进行洪水风险分析主要采用 3 种方法,即水力学法、水文学法和历史水灾法。

1. 水力学法

通过数值求解一维或二维水动力学方程进行洪水分析,获得水位、流量、流速及其随时间的变化过程。河道洪水可采用一维或二维水力学法分析,泛滥洪水采用二维水力学法分析。

2. 水文学法

水文学法主要包括降雨产汇流计算方法、河道洪水演算方法和计算封闭区域淹没范围、水深的水量平衡方法等。

(1)降雨产汇流计算方法可用于暴雨内涝洪水的分析计算。在无设计洪水成果时,降

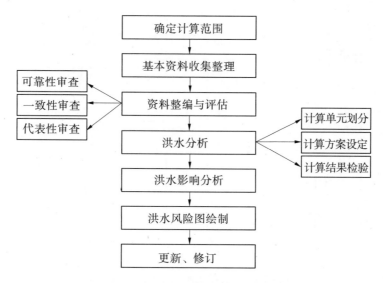

图 1-2-5　洪水风险图编制工作流程

雨产汇流计算方法也可用于计算河道上游入流点的洪水过程,作为河道洪水水力学法或水文学法计算的上边界条件。

（2）河道洪水演算方法推荐采用马斯京根方法推求流量,并通过水位流量关系获得河道水面线,以此沿程在垂直于河道水流方向水平外延至陆地或挡水建筑物得到洪水淹没范围。该方法适用于山丘区河道和平原河道两堤之间的洪水淹没范围的确定。

（3）当已知入封闭区域的水量或流量过程（通常需要采用河道洪水水力学计算得到）时,可根据水量平衡原理,结合区域地形分析,得到封闭区域内的淹没范围和水深分布情况。该方法适用于面积较小的封闭区域。

3. 历史水灾法

对于发生过实际水灾的区域,则可通过分析淹没区曾经发生的系列洪水淹没资料（包括实际洪水的标准、淹没范围、特征点水深等）,结合淹没区地形分析,得到系列洪水淹没资料所覆盖频率范围内的典型频率（如 10 年一遇、20 年一遇、50 年一遇等）洪水的淹没情况。

相对而言,水文学法和历史水灾法是两种简化方法,当河道横断面、流域 DEM 数据、水文资料等不完整或缺乏时,可以使用这两种方法。在资料齐全的情况下,采用水力学法通常能够更客观地反映实际情况,更精确地模拟洪水在河道以及泛滥后的洪泛区内的演进过程。

（四）洪水风险图分类

我国目前对洪水风险图有两种平行的分类方式:其一是根据表现信息的特点将洪水风险图分为两种,即表现洪水风险特征的基本图和表现洪水管理措施的专题图;其二是根据受洪水威胁区域的特征将洪水风险图分为防洪（潮）保护区、蓄滞洪区、洪泛区、水库、城市等洪水风险图（见图 1-2-6）。

（五）洪水风险图编制相关成果

截至 2016 年,已编制或修订的规范性技术及管理文件包括《洪水风险图编制导则》《洪水风险图编制技术细则》《避洪转移图编制技术要求》《洪水风险图地图数据分类、编码与数据表结构》《洪水风险图制图技术要求》《洪水风险图成果提交要求》《洪水风险图成果汇总集成规范》《流域、省级洪水风险图管理与应用系统技术要求》《洪水风险图地图服务接口规

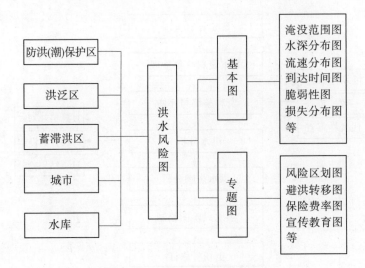

图 1-2-6　我国洪水风险图的分类

范》《洪水风险图编制费用测算方法(试行)》《洪水风险图应用与管理办法》等,并形成了涵盖河道洪水、溃坝洪水、内涝和风暴潮等多种洪涝类型的通用化洪水分析软件,开发了洪水影响分析与洪水损失评估模型和基于 GIS 数据模型驱动的洪水风险图绘制通用系统,采用水力学方法编制了重点防洪保护区、重要及一般蓄滞洪区、主要江河洪泛区、部分重要及重点城市的洪水风险图,覆盖面积 50 万 km²,约占我国全部防洪区面积的 48%,初步具备了在上述区域推行洪水风险管理的风险信息条件。

（六）预期应用方向

目前,我国的洪水风险图已可以提供不同尺度、不同风险信息的专业型地图,各级防汛指挥部门、水利规划部门、城建及土地规划管理部门等可以根据具体工作的需要,再叠加上不同类型、不同尺度的相关信息,即可得到一系列不同用途的防洪工作业务图,为防洪减灾决策服务。

1. 为防汛指挥系统决策科学化、规范化服务

防汛指挥决策涉及面广,影响因素多,是一项复杂的系统工程。我国基层防汛组织目前决策辅助手段落后,大多还处于经验型决策阶段。洪水风险图在防汛指挥决策的许多环节上可以发挥重要的作用。

(1)为制定防洪应急预案服务:由于洪水风险图提供了在当前地形与防洪工程条件下不同规模洪水的淹没范围、水深分布等与致灾能力有关的信息,从而可为制订和调整防洪应急预案提供科学的依据。

(2)为洪水预报预警服务:将实时洪水预报信息与洪水风险图结合,可以快速判断洪水泛滥后可能的淹没范围,提早洪水预见期,明确洪水警报的发布范围,为及时、准确发布洪水警报服务。

(3)为防汛决策会商服务:我国防汛工作实行地方行政首长负责制,洪水风险图及配套的各种防洪工作业务图表,可以使决策者们直观迅速地了解当地防洪形势,总揽全局,明确重点,便于协调指挥抢险救灾。

2. 用于洪涝灾害损失评估

减轻洪水灾害损失,是防汛工作的出发点,也是评价防汛工作成效的基本指标。切实掌握灾情是实现防灾、抗灾、救灾决策科学化的重要基础。但是长期以来,我国洪水灾害损失的评估与统计,缺少科学的依据和手段,普遍存在虚报、瞒报、漏报、重报等问题。灾情核实也往往无据可依。洪水风险图可广泛应用于灾前水灾损失预评估、灾中水灾损失快速评估与灾后水灾损失统计核实等各个环节。

(1)灾前水灾损失预评估:根据不同设计频率洪水的淹没范围和水深分布,结合分区分类的资产调查和损失率关系,可估算不同频率洪水灾害损失的期望值,并对其影响进行评价。

(2)灾中水灾损失快速评估:灾中根据实际测报的洪水水情信息,快速评定洪水量级和可能的淹没范围,比较灾前估算的水灾损失期望值,结合上报的灾情加以修正,可以对实际洪水的水灾损失进行快速评估,为抢险救灾指挥提供依据。

(3)灾后水灾损失统计核实:灾后与典型调查相结合,可以对基层上报的水灾损失进行核实。一般来说,由于条件变化等因素,实际统计的水灾损失与灾前预估的损失期望值总有差距,需进行核对验证。防汛抢险救灾决策指挥得力,可减轻水灾损失。

3. 用于防洪、城建、土地利用等各类规划的分析和制定

洪水风险图反映了区域洪水风险分布的统计规律,为防洪、城建、土地利用等各类规划的分析和制定提供了依据。顺其自然,因势利导,不仅可以提高各类规划的科学合理性,而且能够预先从防洪的需要出发,采取适当的减灾措施,大大避免和减轻灾害损失。

(1)反映人口及各类资产空间分布特征的社会经济资料结合,可以判断不同量级洪水可能造成的受灾人口与经济损失,计算实施各种防洪措施的经济效益。

(2)根据人口、资产集中区域的风险大小,合理确定不同的工程防护标准,为防洪工程规划的制定与调整提供依据。

(3)与水库、堤防、道路、抢险物资、抢险队伍等信息结合,可以预先针对不同量级洪水制定出若干应急方案,为防汛抢险救灾指挥提供依据,减少紧急情况下的慌乱与失误。

(4)与避难对象、避难路径及避难目的地等信息结合,以便合理建立、评价居民避难系统,保证在大洪水发生时及时将居民由风险大的地方转移到安全地方。

(5)与保险业结合,可以为合理确定保险费率提供依据,并有助于保险公司在灾前督促投保单位采取适宜的自救措施,减轻灾害损失。

(6)与土地类型、利用方式等信息结合,可以帮助制定或调整土地利用规划、城市发展规划等,如将重点投资及居民点放在风险相对较小的地方,避免在风险大的地方出现人口、资产过于集中的现象。

(7)与建筑设计部门结合,可为合理确定建筑物的形式,采取合理的抗淹措施提供依据,保证建筑物在遭受洪水袭击后不被损坏,减轻灾后重建家园的压力。

(七)实际应用情况

我国目前正处于洪水风险图的管理与应用的推进阶段,洪水风险图编制成果已在部分行业、部分地区发挥了重要作用。

(1)在防洪规划中的应用:在最新一轮全国防洪规划中,各流域根据历史洪水淹没资料,结合现状洪水特性和防洪能力,编制了防御对象洪水的淹没状况图,在此基础上水规总院编制了洪水淹没区单位面积洪水期望损失图,以此支撑防洪工程措施和非工程措施的选择、布局和安排。

（2）在防洪宣传方面的应用：2010 年世博会期间，上海市公示了世博园区的洪水风险图，为世博会的管理者和观众了解该区域可能的洪水风险，以及一旦发生洪水，如何采取合理的应急行动提供参考依据。

（3）在抗洪抢险方面的应用：2010 年江西抚河唱凯堤溃决后应急绘制的淹没范围图，为管理人员和有关部门了解洪水情况，部署救灾工作提供了支持；2010 年青海格尔木河温泉水库发生险情后，给出了水库下游的洪水淹没情况，为可能的危险区采取应急抢护和群众转移提供了依据；2013 年黑龙江干流溃堤后，成为灾民安置和制订返迁计划的基础之一；2016年湖北省运用长江干流水力学模型仿真模拟再遇 1998 年、1954 年洪水，长江中游江湖洪水行进、泛滥情况；运用武汉市城市内涝洪水风险图指导武汉市汛前准备、汛中防御、汛后总结反思等防洪减灾全过程；将荆江分洪区、洪湖分蓄洪区、杜家台分蓄洪区洪水风险图成果运用到相应分蓄洪区分洪转移预案编制，以及指导荆州城市防洪规划等方面。

虽然全国重点地区、主要河流防洪保护区已基本完成了洪水风险图的编制工作，并且已在诸多方面有所应用，然而，由于具体目的不明确并缺乏相应的法规支撑，使得我国洪水风险图针对性不够强，洪水风险图编制的可持续性难以保证，洪水风险图应用的法律依据不足，应用深度和广度都受到严重制约。

第三节　洪水风险区划研究现状

一、洪水区划的研究目的

洪水灾害是我国主要的自然灾害，洪水治理历来是中华民族安民兴邦的大事，关系到国民经济和社会发展全局。1998 年长江、松花江流域大洪水以后，中央政府迅速出台了具有指导意义的"封山育林，退耕还林；平垸行洪，退田还湖；移民建镇，以工代赈；全线固堤，疏浚河道"32 字方针。这标志着我国防洪战略的重大调整，建立并完善以防御洪水灾害和减轻洪水损失为双重目的的工程措施与非工程措施相结合的防洪减灾体系，已经成为治水工作者的共识。综观全球，世界各国也在不断进行着洪水治理政策的调整。美国的洪水治理是从以修建堤防为主的遏制洪水于河道之中开始，后来又调整为以修建水库、开辟蓄滞洪区等采用水库堤防联合调度的方法来"控制"洪水的减灾对策。然而，事实说明洪水既没有完全遏制在河道之中，更不可能完全控制住洪水，美国 1993 年的大洪水就说明了这一点，美国经过这次大洪水以后，开始实施国家洪泛区管理统一规划，最终选择了"制定更全面、更协调的措施，保护并管理人与自然构成的系统，以确保长期的经济与生态环境的可持续发展"、以"管理"洪泛区开发为主的新型治水道路。从中美洪水防御政策的调整可以看出，从洪水控制到洪水管理，是当代防洪减灾战略转移的重要标志。

洪水管理是人类按照可持续发展的要求，以协调人与洪水的关系为目的，理性规范洪水调控行为与增强自适应能力等一系列活动的总称。洪水风险分析和管理是洪水管理的重要方面。洪水是一种自然的随机水文现象，当其作用于人类社会及其生存环境时，有可能产生不利影响，洪水风险是洪水事件对人类社会及其生存环境所造成危害或不利影响的可能性及不确定性的描述。洪水风险是客观存在的，对洪水风险进行有效管理，预防损失的发生以及减少损失发生的影响程度，以保证获得最大的利益。洪水风险区划可有效地为洪水威胁区防御洪水灾害和减轻洪水损失、对土地资源利用、区域发展提供依据。1998 年洪水以后，我国水利建设再次形成了新的高潮，各级政府成倍增加了治水的投入，在治水方略上前所未有地加大了调整人与自然关系的力度。我国正处在经济发展的新时期，面临着人多地少、基础欠强、环境脆弱、城市化进程加速和适应经济全球化的多重压力，洪水风险区划更显得迫切、重要。

二、国外洪水风险区划研究现状

(一)美国的洪水保险政策

美国政府于 1968 年通过《全国洪水保险法》，在 1973 年制定《洪水保险改革法》等，建立了联邦政府保险计划与州政府保险计划两种类型，在 1982 年颁布了《THE FRENCH NAT SYSTEM》法案，建立了自然灾害保障体系。1979 年，美国政府组建了联邦应急管理署，其业务范围涵盖了灾害预防、保护、反应、恢复和减灾等各个领域，以保护国家免受各种灾难，减少财产和人员损失。

美国的洪水风险区划主要用于制定洪水保险费率。根据洪水淹没概率的大小，洪水保险费率图中的区域被分成重要风险区、中等风险区和低风险区三类。重要风险区是指 100 年一遇洪水(基准洪水)可能淹没的区域，在洪水费率图中被标记为 A、AO、AH、A1 – A30、AE、A99、AR、AR/AE、AR/AO、AR/A1 – A30、AR/A、V、VE 和 V1 – V30。中等风险区是指洪水费率图中处于基准洪水位和 500 年一遇洪水位之间的区域，被标记为 B 或 X(有阴影)。低风险区是指洪水费率图中地面高程超过 500 年一遇洪水位的区域，被标记为 C 或 X(无阴影)。常见区域代码的具体含义见表 1-3-1。

表 1-3-1　FEMA 洪水保险区划表

区域代号	区域含义
A	100 年一遇洪水范围，BFEs 未定，洪泛区用近似方法确定
AE	100 年一遇洪水范围，BFEs 用详细方法确定
AH	100 年一遇洪水的浅水区，水面高程一定，水深 1 ~ 3 ft(折合 30.5 – 91.4 cm)，BFE 用详细方法确定
AO	100 年一遇洪水的浅水区，通常为斜面地形，水深 1 ~ 3 ft，水深(ft)与流速(ft)的积小于 15
A1 – A30	100 年一遇洪水范围，BFEs 用详细方法确定，新版图中用 AE 代替
A99	100 年一遇洪水范围，正在兴建防洪保护工程 BFEs 不定
B	100 年一遇与 500 年一遇洪水之间的区域，或 100 年一遇洪水范围中水深小于 1 ft(30.5 cm)区域；或集雨范围小于 1 ft²(实地面积 2.6 km²)，或超过 100 年一遇防洪标准的堤防的保护区域
C	极少发生洪水的区域，在 500 年一遇洪水淹没范围之外的区域
D	尚未研究的区域，洪水有可能发生，但风险未定
VO	沿海 100 年一遇洪水范围，具有流速(波浪作用)，BFEs 已定。新版图中用 VE 代替

续表 1-3-1

区域代号	区域含义
X 有阴影	100 年一遇洪水范围之外,500 年一遇洪水的区域;或 100 年一遇洪水范围中平均水深小于 1 ft(30.5 cm)的区域;或集雨范围小于 1ft²(实地面积 2.6 km²),达到 100 年一遇防洪标准的堤防的保护区域,不标注 BFEs 和水深。新版图中用于代替 B 区
X 无阴影	500 年一遇洪水范围之外的区域,不标注 BEFs 和水深,新版图中用于代替 C 区
M	重要泥石流、滑坡灾害区域
N	轻度泥石流、滑坡灾害区域
C	极少泥石流、滑坡灾害区域
P	未确定,但是可能会发生泥石流、滑坡灾害的区域

注:BFEs—用于计算保险费率的基于基础洪水淹没高程的预期计算高程。

(二)欧盟的洪水风险管理

在欧盟境内,占很大比例的人口居住或工作在临近河流、湖泊、海洋的地区,这些地区存在着显著的洪水风险。洪水威胁着人类健康和生命、环境、文化遗产以及经济活动,因此洪水可能导致严重的经济损失和社会混乱。过去 10 年中,欧洲发生多起重大破坏性洪水。2002 年夏天,多瑙河和易北河发生了百年一遇的灾难性洪水,造成数十人死亡,损失达数十亿欧元。2010 年 2 月,发生了一场特大暴雨,导致法国艾吉永市的海堤毁坏,许多人因此丧生。旨在减轻欧盟境内因洪水而造成的对人类健康、环境、文化遗产和经济活动的不利后果,建立了一个评估和管理洪水风险的框架,2007 年 11 月欧盟发布了《关于评价和管理洪水风险的指令》。

水框架指令为欧盟在水政策领域的行动提供了一个整体框架。它规定每个流域都要制定流域管理规划,以实现良好生态环境。此外,它也有助于减轻洪水影响。然而,减少洪水风险并非水框架指令的主要目标,水框架指令也没有考虑气候变化导致的未来洪水风险的变化。

因此,欧盟已根据辅助性原则制订了一个采取措施的框架。欧盟也认识到洪水常常是一个跨界问题。洪水指令将洪水淹没区定义为洪水临时覆盖,但通常没有被水淹没的土地,洪水指令认识到,洪水有不同类型,如河流洪水、山洪、城市洪水以及沿海地区发生的海洋洪水。它同时也认识到,洪水事件造成的破坏在欧盟境内的不同国家和不同地区会有所不同。各成员国也需要根据本地方和本区域的条件,确定各自的洪水风险管理目标,以形成因地制宜的方案。洪水指令采用洪水风险方法。洪水风险是一个洪水事件的发生概率与其对人类健康、环境、文化遗产和经济活动造成的不利后果的组合。成员国要制定洪水风险管理规划。这些规划应考虑所有相关方面,如成本和效益、洪水范围、洪水路径和蓄滞可能性、环境、水土管理、空间规划及基础设施。欧盟境内某些地区的洪水风险可能被认为不大,如人口稀少区或无人区,经济财产或生态价值有限的地区。

根据水框架指令要求而制定的流域管理规划和根据洪水指令要求而制定的洪水风险管理规划,都是流域综合管理的要素。因此,两个过程应在考虑水框架指令关于实现良好生态状态和化学状态这一目标以及确保有效合理利用资源的前提下,探讨协同增效的可能。然而,在洪水指令实施框架中,成员国可指定与水框架指令下不同的主管机构,也可以将特定沿海区域或特定流域作为管理单元,从而与水框架指令下的管理单元不同。成员国应对其在跨界流域内的洪水风险管理活动进行协调,包括与第三方国家进行协调,还应从团结角度出发不采取任何可能增加邻国洪水风险的措施。成员国应考虑长远的一些趋势,包括气候变化和可持续土地利用做法。

所有评估、地图和规划都向公众公开。

洪水指令要求成员国分 3 个阶段推进洪水风险管理。

(1)成员国应在 2011 年前对其境内的流域和相关沿海区域进行一次初步洪水风险评估,确定可能存在重大洪水风险的区域。

(2)如果某些地区确实存在遭受洪水破坏的风险,那么成员国必须于 2013 年前为这些地区绘制洪水灾害图和洪水风险图。这些地图将分别确定那些会受到中等概率洪水(至少 100 年一遇)影响的区域和受到极端洪水或小概率洪水影响的区域,同时要标明预计的水深。对于确定为处于风险之中的区域,应标明可能处于风险之中的居民的人数、经济活动的信息和可能造成的环境破坏。

(3)最后,到 2015 年,必须为这些地区制定洪水风险管理规划。这些规划将包括降低洪水概率及损失的措施。规划将涉及洪水风险管理周期的各个阶段,但重在预防(也就是说,通过避免在当前和未来易受洪水影响地区建房和发展工业,或通过使未来发展适应洪水风险,来预防洪水造成的破坏)、保护(通过采取措施,来降低一个具体地方的洪水概率或影响,如恢复洪泛平原和湿地)和准备(如在洪水发生时向公众提供如何应对的指导)。要对这些过程进行审议,(如有必要)要在与水框架指令实施周期相协调的周期内,每 6 年更新一次。洪水指令中的洪水风险管理周期见图 1-3-1。

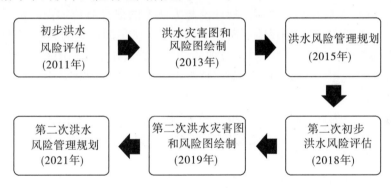

图 1-3-1 洪水指令中的洪水风险管理周期

三、国内洪水风险区划研究现状

20 世纪 80 年代,我国各流域机构和省水利部门以省或流域为单位得到的亩(1 亩 = 1/15 hm^2,下同)均损失数据已具有洪水灾害风险区划的性质,但这种区划是根据一次洪水的灾害损失划分的,没有考虑洪水发生频率的影响,且由于基本区划单元大,提供的信息粗略。姜付仁等指出以洪水期望损失指标进行区划是现阶段洪水风险区划的最高层次,洪水期望损失以单位面积的期望损失表示。进行洪水灾害风险区划,除需确定不同频率洪水的淹没范围及相应的洪水致灾特性外,还要确定不同频率洪水淹没区内的人口、资产分布及其易损性(通常用损失率表示),由此计算得出死亡人数期望值和财产损失期望值。李吉顺等根据历史暴雨洪涝灾害分省灾情资料,通过构建"综合危险度"和"相对危险度"两种无量纲指标,对全国暴雨洪涝灾害进行区划。赵士鹏根据综合分析、发生学和减灾服务原则对全国山洪灾害进行定性区划。王劲峰等采用中国各县洪水强度、洪水频率、地形地质条件、国民经济总产值、人口、抗灾的工程措施和交通运输条件等因素进行中国洪灾危险程度评价,但限于资料和研究的程度,仅将全国划分为危险、比较危险和不太危险3大区域,在此基础上按洪灾所属流域或地区进一步划分,从而得到中国洪灾类型区划图。周成虎等提出基于地理信息系统的洪灾风险区划指标模型,得出辽河流域洪灾风险综合区划。张行南等对中国洪水灾害危险程度进行区划研究,将全国分作5 000余个多边形图层,通过单元网格划分,依据地形、降雨和径流3项指标,采用模糊聚类模型,由每个单元格的隶属度属性生成洪水危险区划图;依据每个多边形平均耕地和人口,生成分县的社会经济隶属度图;由洪水危险区划图和社会经济隶属度图叠置而生成洪水危险程度区划图。刘敏等在分析湖北省雨涝灾害孕灾环境、致灾因子、承灾体密度、经济发展水平以及承灾体的抗灾能力的基础上,综合评价了湖北省雨涝灾害风险程度的地域差异,以能综合体现风险程度的风险指数作为指标,将湖北省雨涝灾害分为极重度、重度、中度和轻度四个风险区。谭徐明等利用近300年水灾资料序列及当前自然和社会经济基础数据,采用统计学和模糊聚类的方法,在数据库和GIS技术支持下,完成了区域洪水风险分析及全国洪水风险区划图的绘制,建立了自然、社会经济数据、工程防洪标准、历史洪水指标体系;在以县为单元的2 400个分析样本基础上,以模糊类聚法建立区域洪水风险评价模型,实现以县为边界的一级区分界。全国共分为4区:重点风险区、一般风险区、低风险区和无风险区。总体来说,目前对洪灾风险区划的研究还不系统,对区划的尺度、风险分析的基本单元、区划的目的与原则、区划方法、区划的实用性等方面缺少深入研究,今后在洪灾风险区划理论与方法上的研究有待加强。黄崇福等针对风险值估不准的客观现实,把模糊风险的研究引入自然灾害风险区划的编制,提出了自然灾害软风险区划图的思想和初步样式。科学合理的自然灾害软风险区划图有望对产生新一代自然灾害风险区划理论和方法做出应有贡献,将来在洪灾风险区划研究中可以尝试引入自然灾害软风险区划图。

洪水风险区划所依据的指标不同,得到的区划结果也不同。目前国内已编制完成的流域范围的洪水风险区划图为姜付仁等以河道洪水淹没可能性(概率)为指标进行洪水风险区划。

(一)长江流域洪水风险区划

在现有防洪工程体系下,以河道洪水淹没可能性(概率)衡量,长江中下游受洪水威胁地区大致可划分为5级风险区。第一级风险区淹没概率最高,实际防洪能力在10年一遇洪水以下,多为当地农民自发围筑的圩垸,包括洲滩民垸和湖区规划外的圩垸(当地称之为"巴垸"),总面积1 000多 km²,遇较大洪水,这些地区首当其冲,最先失守淹没。第二级风险区为普通民垸,防洪能力大致为10~20年一遇,多为农业地区,经济欠发达,集中在湖区,是防洪规划中防洪标准最低的层次,洲滩民垸和巴垸失守后,若洪水位进一步上涨,一般而言,一些民垸将相继失守。第三级风险区为蓄滞洪区,总面积1.18万 km²,当洪水大到危及确保垸、省级甚至国家级防洪保护区时,根据防洪规划的规定,将主动启用相应的蓄滞洪区。使用概率大致在20~50年一遇,对特别重要的蓄滞洪区,例如荆江分洪区和洪湖分蓄洪区,即使确保垸即将失守,从防洪全局上考虑,通常也不会启用。第四级风险区为确保垸和省级重点保护区(大致为Ⅱ级堤防保护范围)。在规划的蓄滞洪区启用后,若洪水继续上涨,一些确保垸或省级保护区将会失守。从流域总体防洪能力上衡量,其淹没风险多在 50～100 年一遇,视来水情况和调度方式不同,有些区域可能会在遇 50 年一遇以下洪水时淹没。第五级风险区为国家级防洪保护区(Ⅰ级堤防保护区),包括荆江大堤、无为大堤、汉江遥堤、南线大堤、武汉市堤和南京市堤等 11 个重点城市堤防,这些地区受淹的概率很小,在现有防洪工程体系下,若调度合理(上述风险区渐次放弃),其失守的可能性多在 100 年一遇以下。

(二)海河流域洪水风险区划

在现有防洪工程体系下,以河道洪水淹没可能性(概率)衡量,海河平原地区受洪水威胁地区大致可划分为 5 级风险区。第一级风险区为海河各水系位于山前洪积、坡积平原地区的 2 级以上支流,防洪标准在 10 年一遇以下。第二级风险区为山前洪积、坡积平原地区的 1 级支流和一些低标准蓄滞洪洼淀,防洪标准在 10～20 年一遇。第三级风险区为各水系下游平原地区的 1 级支流和个别干流(例如卫河)及部分中小城市,防洪标准在 20～50 年一遇。第四级风险区为各水系干流次要堤防和某些主要堤防保护范围及部分重点防洪城市,防洪标准在 50～100 年一遇。第五级风险区为特别重要堤防的保护范围及北京、天津等重要城市,防洪标准在 100 年一遇以上,其中北京市更达到 10 000 年一遇标准。

(三)黄河流域洪水风险区划

黄河是举世闻名的"地上悬河",洪水灾害威胁历来为世人所瞩目,国家历来也非常重视黄河流域的防洪建设。在现有防洪工程体系下,以河道洪水淹没可能性(概率)衡量,黄河流域受洪水威胁地区大致可划分为 5 级风险区。第一级风险区为黄河下游两岸大堤之间广阔的滩地,这些行洪滩区既是行洪排沙的通道,又是滞洪滞沙的重要区域,现状洪水上滩的概率基本上在 10 年一遇以下。第二级风险区为黄河中上游的 1 级支流和部分干流河段受凌汛威胁的地区,防洪标准在 10～20 年一遇。第三级风险区为上游宁蒙河段、沁河下游、东平湖分洪区等周边地区,防洪标准在 20～50 年一遇。第四级风险区为北金堤滞洪区。小浪底建成后规划作为处理稀遇洪水的临时分洪措施。但由于本地区已成为经济较为发达的地区,启用的概率已非常小,可能成为以后被废弃的对象,防洪标准可认为在 50～100 年一遇间。第五级风险区为黄河出山口以下广大的黄淮海平原。在不发生重大改道的条件下,黄河北决可能影响到海河流域南部平原地区,南决可能影响到淮河流域沙颍河以东淮河以北的广大地区,涉及面积约 12 万 km²。由于本地区在我国国民经济中占有特别重要的地位,总体上讲防洪标准在 100 年一遇以上,经三门峡、小浪底、陆浑、故县水库调节后,防洪标准近 1 000 年一遇。

(四)珠江流域洪水风险区划

珠江流域以热带、亚热带气候为主体,降水强度大,是全国雨量最丰沛的地区。本区域由于丘陵较大,受洪水威胁的地区主要分布在中下游的河谷平原、下游三角洲及南盘江中上游。在现有防洪工程体系下,以河道洪水淹没可能性(概率)衡量,大致可划分为 5 级风险区。第一级风险区为西江、北江各水系位于河谷平原地区的 1 级以上支流,防洪标准在 10 年一遇以下。第二级风险区为 1 级支流干流次要堤防和某些主要堤防保护范围,防洪标准在 10～20 年一遇。第三级风险区为各水系交汇处的洪积、冲积平原地区主要堤防保护范围,如浔江、西江、红柳黔三江汇流地带等防洪区,防洪标准在 20～50 年一遇。第四级风险区为除北江大堤保护区外的,包括西江、北江、东江下游平原和三角洲河网的广大地区,是我国城市化水平最高的地区,防洪标准在 50～100 年一遇。第五级风险区为北江大堤保护区,涉及广州等重要城市,防洪标准在 100 年一遇以上,实际上已具备防御北江 200 年一遇洪水的能力。

(五)太湖流域洪水风险区划

太湖流域以亚热带气候为主体,梅雨时间长,台风频繁,雨量丰沛。本区域以平原和湖泊洼地为主,受洪水威胁的地区主要分布中东部的平原圩区。本地区地势低洼,水情复杂。在现有防洪工程体系下,以河道洪水淹没可能性(概率)衡量,大致可划分为 4 级风险区。第一级风险区为西部迎风坡的中小支流,防洪标准在 10 年一遇以下。第二级风险区涉及东部平原圩区的绝大部分,地势低洼,水情复杂,排水出路不畅,防洪标准基本上在 10～20 年一遇。第三级风险区为一些经济比较发达的中小城市,防洪标准在 20～50 年一遇。由于太湖流域地势低洼,水情复杂,治太骨干工程尚未结束,本次区划没有圈定出第四级风险区的范围。第五级风险区为上海市区,是我国特别需要保护的特大城市,防洪水位设防标准在1 000年一遇以上。

(六)松花江流域洪水风险区划

松花江流域地处北温带季风气候区,防洪的重点是干支流两岸的城市和松嫩平原。在现有防洪工程体系下,以河道洪水淹没可能性(概率)衡量,大致可划分为 5 级风险区。第一级风险区为松花江、嫩江各水系 1 级以上支流,防洪标准在 10 年一遇以下。第二级风险区为第二松花江干流和嫩江干流次要堤防和某些主要提防保护范围及部分中小城市,防洪标准在 10～20 年一遇。第三级风险区为松花江干流、第二松花江干流和嫩江干流主要堤防范围及部分重点防洪城市,如大庆油田及其周边地区、佳木斯周边地区等,防洪标准在 20～50 年一遇。第四级风险区为齐齐哈尔、牡丹江、吉林等重点城市堤防,这些堤防防洪标准较高,是我国重要的工业城市,防洪标准在 50～100 年一遇。第五级风险区为哈尔滨、长春主城区,在现有工程体系的条件下,若调度合理,基本上不会失守,防洪标准在 100 年一遇以上。

第二章 防洪保护区洪水风险图编制关键技术

第一节 洪水风险图分类

一、洪水风险图定义

洪水风险是不同程度的洪水事件发生的可能性及其后果的组合(一般由洪水频率与洪灾损失的乘积表示)。因此,为了减小洪水风险,应同时设法降低洪灾发生的频率和减少洪灾损失,这需要将工程措施和非工程措施结合起来。非工程措施主要包括科学的洪泛区管理、合理的土地利用规划、耐淹型基础设施(包括建筑物、供水、供电、通信、重要交通和地下设施等)的推广应用、洪水保险、洪水预报和预警、紧急疏散和避难、灾后救援和重建系统的建设,以及有关防洪减灾法律、法规的制定和完善等。非工程措施不能改变洪灾发生的频率,但可以有效地减小潜在的洪灾损失。

中华人民共和国成立后,我国政府一直十分重视防洪工程的建设,在全国范围内基本形成了完整的防洪工程体系。大江大河依靠现有的水库和堤防可以防御20~50年一遇的常遇洪水,考虑蓄滞洪区后,可以达到50~100年一遇的防洪标准。尽管如此,这样的防洪标准与发达国家相比还比较低,因此仍然需要继续加强防洪工程建设,但并非防洪标准越高越好。发达国家的经验表明,防洪标准达到一定程度后,要逐步将重点放在非工程措施上。1998年在长江、松花江和嫩江发生大洪水后,基于国内外长期的防洪减灾经验和教训,并结合我国的国情和流域特征,我国政府及时调整了治水策略,提出了从控制洪水到洪水管理这一新的治水理念,强调了防洪减灾措施由工程措施和非工程措施组成,明确了非工程措施在防洪减灾中的重要地位。

洪水风险图是直观反映洪水可能淹没区域洪水风险要素空间分布特征或洪水风险管理信息的地图。洪水风险图能反映研究区域洪涝灾害成因、洪水量级、洪水演进特性、危害区域及程度,可以为防汛部门提前做出应对策略、优化防汛方案提供重要数据、技术支持,目前已成为国内防洪减灾工作中重要的非工程类措施之一。洪水风险图在合理布置防洪工程、科学管理洪泛区、指导防汛抢险等工作中可以发挥十分重要的作用,同时在规范土地利用、提高国民的防洪减灾意识等方面也具有非常重要的意义。

二、洪水风险图分类

《洪水风险图编制导则》中,根据编制对象的不同,将洪水风险图分为4类:江河湖泊洪水风险图(根据分析区域不同又可分为防洪(潮)保护区、洪泛区洪水风险图)、蓄滞洪区洪水风险图、水库洪水风险图和城市洪水风险图。

伴随着洪水风险分析技术的不断发展和洪水风险图应用范围的推广,在基本风险图基础上,针对不同应用对象又产生了专题风险图。《洪水风险图编制导则》中,调整了原导则中洪水风险图的分类结构和内容,根据洪水风险图表现的信息和用途,将洪水风险图分为基本洪水风险图和专题洪水风险图两类。其中,基本洪水风险图指反映洪水风险要素信息空间分布的地图,包括洪水淹没范围图、淹没水深图、淹没历时图、到达时间图、洪水承载体脆弱性图、洪水损失图等;专题洪水风险图指在基本洪水风险图的基础上,根据不同行业需要表现特定洪水风险管理信息的地图,根据其用途分为避洪转移图、洪水风险区划图、洪水保险图等。

第二节　洪水风险图编制方法

洪水风险图编制往往因编制区域的洪水特性、洪水风险图类别、工程情况及基础资料情况等差别,不同项目类型的洪水风险图在编制方法上有所差别,但洪水风险图编制的工作流程总体上是一致的。

洪水风险图编制的工作流程可分解为:洪水分析范围确定,基本资料收集、分析处理与外业调查,洪水来源分析、计算分区划分、设计洪水分析等计算方案设定,洪水分析模拟建立及洪水分析,灾情统计和损失评估、洪水影响分析、避洪转移分析、洪水风险图绘制等步骤。洪水风险图编制的总体思路框架见图2-2-1。

一、防洪保护区洪水风险图编制方法

(一)洪水分析范围确定

洪水分析范围是开展洪水风险图编制各项工作的基础,洪水分析范围确定是否合适,将影响风险图编制成果的进度和质量。如果洪水分析范围偏小,一方面,可能遗漏对编制区域影响较大的风险来源、影响洪水分析模型建立的边界条件,影响成果质量;另一方面,导致基础资料收集不全面,补充开展资料收集分析处理工作量大,影响编制工作进度。因此,开展洪水风险图编制工作时,需首先确定适宜的洪水分析范围。

由于开始进行洪水风险图编制工作时,掌握的资料条件不够全面具体,洪水分析范围确定时按适当偏大原则确定。

首先,了解清楚编制区域的河流水系分布、相关水利水电工程分布,收集相关流域的规划或河流治理资料、地形图资料,初步分析确定可能影响到编制区域的所有洪水来源。

其次,根据可能洪水来源情况,参考流域相关规划或河道治理的水面线计算成果,按编制区域需考虑的最大洪水量级的设计水面线成果,结合已收集地形图资料的等高距,在河道沿程各断面的设计水位上适当加高一定的水位,形成最高水位线,按最高水位线向河道两侧平推至陆地,并外包连接,形成洪水可能影响的区域外包线。

最后,根据洪水可能影响的区域,结合对区域内洪水有影响的水利水电工程分布、拟采用洪水分析方法可能涉及的边界条件、区域内泛滥洪水可能的回归河道地点、泛滥洪水跨省区可能影响范围等,综合分析确定洪水分析范围。

(二)基本资料收集、分析处理与外业调查

1.基本要求

编制洪水风险图要重视基础资料的收集和分析整理,应根据各类洪水风险图编制要求收集、整理和分析洪水风险图编制对象范围内的有关基本资料,包括基础地理、水文与洪水、

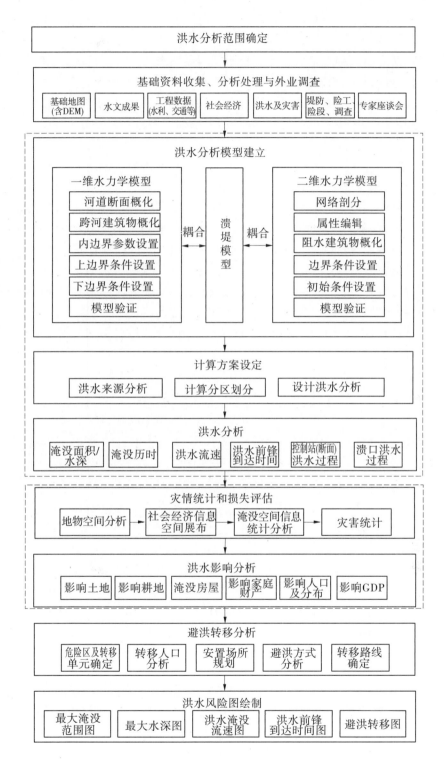

图 2-2-1　洪水风险图编制的总体思路框架

构筑物及其调度规则、社会经济和洪涝灾害资料等。

各项基础资料都应满足可靠性、合理性、一致性和时效性要求。对洪水风险图编制主要依据的基本资料,应着重进行系统分析,对其合理性和可靠程度做出评价,并应根据风险图编制要求进行格式标准化。资料不足的应设法进行补充收集。

地形地貌、河道断面和土地利用等资料不能满足洪水计算分析精度要求时,应进行现场查勘、遥感影像解译,补充测量必要的高程点、断面、线状物和地形等。

缺乏设计洪水时,应根据相关规范进行设计洪水计算。当江河水文情势有明显变化且现有设计洪水成果未做相应的修正时,应对水文系列资料进行一致性修正,复核设计洪水成果。

2. 基础地理资料

基础地理资料主要包括分析区域的地形地貌、河流水系、行政区划、交通路网资料及基础地理信息地图等。收集各类资料时应尽量收集最新资料,基础地理信息地图尽量利用国家测绘出版的成果,若受测量时间限制,基础地理信息地图未能反映区域下垫面显著变化的,应收集相关资料或进行调查加以补充和修正,确有必要时可专门测绘。

地理信息数据应包括以下内容:等高线、高程点、DEM 数据、行政区划、居民点、道路交通、土地利用,以及河流水系的主要干流、支流。若缺乏基础地理信息电子地图,需用相应的纸质图进行数字化处理,获取所需的地理信息。

基础地理资料对洪水风险图编制成果的质量有重要影响,《洪水风险图编制技术细则》中对各类洪水风险图制作区域的基础底图最小比例尺要求做了规定。《洪水风险图编制导则》中,对洪水风险图编制区域的基础底图比例尺要求进行了调整,见表 2-2-1。

表 2-2-1　基础地理信息电子地图最小比例尺要求

洪水风险区域类型	基础底图最小比例尺	
	技术细则	洪水风险图编制导则 (SL 483—2017)
防洪保护区	1∶10 000	1∶10 000
洪泛区(含滩区)	1∶50 000	1∶10 000
蓄滞洪区	1∶10 000	1∶10 000
城市	1∶2 000～1∶5 000	1∶2 000
水库库区	1∶5 000～1∶10 000	1∶10 000
水库下游影响区	1∶50 000	1∶10 000
河道断面和河道水下地形图	—	1∶2 000
深海区海图	—	1∶25 000
浅海区海图	—	1∶10 000

注:为分析内涝积水、避险转移等,局部区域(如立交桥、地下空间、应急避难场所等)地图比例尺要求更高,应按分析计算的实际需要确定局部区域套用的地图比例尺。

3. 水文及洪水资料

水文及洪水资料主要包括反映水文、洪水特性的有关特征数据,具体可分为以下几部分:

(1)降雨、水位、流量、潮汐等实测及调查资料,其资料系列年限应符合有关规范的要求。

（2）反映河道、湖泊、水库和蓄滞洪区蓄泄特征的地形资料、河道纵横断面资料、河道泄流能力、河道槽蓄曲线、控制断面水位—流量关系、水位—面积关系以及水位—容积关系等资料。在收集河道断面数据时应包括各断面的位置坐标，每一断面各测点的高程及其与测量起点的距离等。

（3）暴雨洪水特性、历史上曾出现的典型大暴雨、大洪水和特大暴雨、特大洪水资料，以及设计暴雨、设计洪水、设计潮位等成果资料。对于易涝区域和城市，应收集区域内或其周边雨量站的设计暴雨和典型降雨资料。对尚无设计洪水成果的河流，应收集实测洪水和降雨资料，按有关规范进行设计洪水计算。

（4）应详尽地收集编制区域历史洪水淹没情况，特别是近期大洪水的堤防溃决情况（溃决原因、溃决水位、溃决流量、溃口发展时间、最终决口形态等）、淹没范围和淹没水深（水位）等相关数据。

（5）收集与洪水风险图编制相关的水文站、水位站、潮位站和雨量站的空间位置信息。

4. 社会经济资料

社会经济资料主要包括编制区域范围内的有关人口、耕地面积、生产总值等基本统计指标，具体指标主要有面积、总人口、城镇人口和农业人口、耕地面积、地区生产总值、工业总产值、农业总产值以及风险图编制区域的行政区划图、重要基础设施、城市生命线工程、重点防洪保护对象及其防护措施资料等。同时应注意收集编制区域国民经济和社会发展的有关规划资料。

防洪（潮）保护区、水库库区及下游影响区、洪泛区的社会经济统计数据以乡镇为最小统计单元。社会经济数据应采用权威机构发布的最新统计资料，包括县级以上统计部门刊布的统计年鉴和有关部门刊布的统计资料、年报等，所有社会经济数据统计年份应一致，并注明统计年份。

5. 构筑物及工程调度资料

构筑物资料主要包括编制区域内的水库、堤防、蓄滞洪区、分洪道、分洪退水闸、挡潮闸和主要桥梁、涵洞、渠道等工程及高出原地面 0.5 m 以上的线状地物（公路、铁路）的基本参数和位置（坐标）等资料。

工程调度资料主要包括各类工程的防洪标准、河道或堤防的防洪特征水位、河道安全泄量、水库流域洪水调度方案、蓄滞洪区运用条件和调度方案、经批准的防御洪水方案、主要闸站特征水位、运用条件及过流能力等。

6. 洪涝灾害资料

洪涝灾害资料主要包括编制区域历史上各次典型大洪水、暴雨内涝、风暴潮造成的灾害损失情况等。重点收集洪水淹没范围、淹没水深、淹没历时等淹没特征，以及淹没耕地面积、农作物损失、人员伤亡、工业交通基础设施和水利工程受损情况等资料数据。

历史洪涝灾害资料以文档、表格、图片、图像、多媒体资料等形式存储，可通过受灾区域的民政部门或水利部门历史灾情统计和调查资料，历史水灾出版文献及保险部门的赔偿记录等获取。

（三）计算方案设定

计算方案指进行洪水分析时所设定的计算条件，一般包括计算分区划分、洪源选择、洪水量级、洪水组合方案、设计洪水(暴雨)、溃口设计方案等,对于有多种洪水来源(河道洪水、内涝、风暴潮等)威胁的编制对象,应分别针对每一种洪水来源设定计算方案。

1. 计算分区划分

根据编制区域主要水系、地形地貌和地物情况,分析计算分区划分的必要性,如有必要开展计算分区的应进行计算分区划分。计算分区一般可按主要水系、堤防以及地貌、地物分割情况等划分成若干相对独立的区域。

如图 2-2-2 所示是某防洪保护区范围和外河、主要内河位置示意图。该防洪保护区主要受到 1 条外河和 3 条内河的洪水威胁,外河和 3 条内河两岸均筑有堤防。按照内河洪水的影响范围,将该防洪保护区划分为 A、B、C、D 四个计算分区。

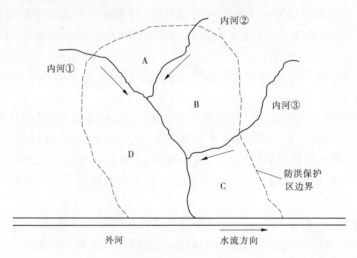

图 2-2-2　某防洪保护区计算分区划分示意

2. 洪源选择

开展洪水风险图编制工作首先要明确需考虑的洪水来源。应根据编制区域周边和内部的河流水系、湖泊分布情况,分析主要流经编制区域的河道洪水及其受相关水利水电工程的控制影响、当地暴雨特征、风暴潮影响等,包括各来源洪水的特征、历史洪水灾害情况,以及可能影响的范围、程度和致灾频率,根据洪水影响程度分析成果,选择主要的洪水来源和可能造成较大灾害的洪水作为洪水风险分析需考虑的洪源因素。

3. 洪水量级

洪水淹没范围大小是洪水致灾因子中反映灾害规模的重要因素,洪水风险图编制中需反映不同频率或量级洪水的淹没范围。

洪水风险分析中主要针对设计标准以内设计洪水与超标准设计洪水开展。设计标准以内设计洪水是指防洪工程和防洪保护对象相应的设计标准设计洪水及小于该标准一个等级的洪水。超标准设计洪水采用各流域防洪规划确定的超标准洪水,当流域防洪规划没有明确超标准洪水时,采用比防洪标准高出一个或若干等级的设计洪水,水库则采用校核洪水作为超标准洪水。

洪水量级需根据洪水风险图类型特点和编制对象、淹没区域特点等综合分析确定。无防洪排涝工程的编制区域,宜选取 5 年、10 年、20 年、50 年、100 年一遇洪水(暴雨、风暴潮)

量级。有防洪排涝工程的编制区域,宜选取现状防洪标准、规划防洪标准和超规划防洪标准所对应的洪水量级。必要时,可根据编制区域情况,选取历史典型洪水作为洪水量级之一。

4. 洪水组合方案

洪水风险图编制区域有多种洪水来源(如受河道洪水、内涝、风暴潮等共同影响)或多个洪水来源(如受多条河道洪水影响)时,应分别针对每一种洪水来源设定计算方案。在进行某一来源洪水的分析时,需明确其他来源洪水与其组合方案。常见的洪水组合方式有以下几种情况:

(1)编制区域受多条河道洪水影响,需考虑河道洪水的组合,可采用同频率地区组成或同频率设计洪水遭遇。

(2)编制区域受河道洪水和内涝洪水影响,需考虑河道洪水和内涝洪水的组合,可采用同频率组合或以水位(或流量)年最大值的多年平均值(或设计值)与其组合。

(3)编制区域受河道洪水和风暴潮洪水影响,需考虑河道洪水和风暴潮洪水的组合,可采用同频率组合或以水位(或流量)年最大值的多年平均值(或设计值)与其组合。

(4)编制区域受内涝洪水和风暴潮洪水影响,需考虑内涝洪水和风暴潮洪水的组合,可采用同频率组合或以水位(或流量)年最大值的多年平均值(或设计值)与其组合。

(5)编制区域受河道洪水、内涝洪水和风暴潮洪水影响,需考虑河道洪水、内涝洪水和风暴潮洪水的组合,可采用同频率组合或以水位(或流量)年最大值的多年平均值(或设计值)与其组合。

5. 溃口设计方案

溃口设置是防洪保护区开展河道洪水分析计算的重要依据条件,对编制区域的洪水淹没范围、淹没水深、淹没历时和洪水流速等风险要素有重要影响。开展洪水风险图编制工作时,要合理进行溃口方案设置。溃口方案设置的内容主要包括溃口位置、溃口宽度和形态、溃决时机等。

溃口位置的选择主要考虑河道险工险段、砂基砂堤、穿堤建筑物、堤防溃决后洪灾损失较大等情况。溃口选择依据"可能""不利"和"关注"三个原则,"可能"溃口选取以临水堤防、处于水流顶冲位置、大洪水时水流容易淘涮的险工险段为主,由于这些位置的堤防比较薄弱,最有可能在洪水的作用下造成工程失事而形成溃口;"不利"溃口选取可能淹没重要的城镇、工商业所处位置的堤防段,不同溃口的淹没范围可以相互衔接,表征保护区从下游至下游完整的风险区域,可以由此预估出最严重的灾害影响,即影响大;"关注"溃口可以选取以前发生过溃口的位置,即历史出险位置,以及近年来洪水发生时抗洪抢险比较危险的位置。溃口数量及其位置的沿程分布应以计算淹没范围能覆盖可能的淹没范围为原则确定。

溃口宽度可根据流经编制区域河流的历史大洪水堤防溃决情况调查结果(包括溃决时河道洪水流量、溃口宽度、当时的堤防筑堤材料和质量等)、经验公式计算溃口宽度成果和现有堤防工程安全分析成果等综合分析确定。溃口初始形态和最终形态可选择为矩形或梯形,溃口的底高程一般取溃口所在段保护区临堤地面高程,溃口形成时间根据调查成果和经验公式分析确定。

堤防溃决时机可根据下述原则确定:若河道最高洪水位高于或等于防洪保证水位,溃决时机取溃口所在位置的洪水位达到防洪保证水位的时刻;若河道最高洪水位低于防洪保证水位,溃决时机取溃口所在位置的洪水位达到最高水位的时刻。

（四）洪水分析

1. 洪水分析方法简介

洪水分析是洪水风险图编制的一个重要环节,通过洪水分析确定洪水淹没范围、淹没水深、到达时间等洪水风险要素,进而绘制成洪水风险图。目前,进行洪水风险分析常采用的方法有水文学法、水力学法和实际水灾法。

1) 水文学法

水文学法主要包括降雨产汇流计算方法、河道洪水演算方法和计算封闭区域淹没范围、水深的水量平衡方法等。

降雨产汇流计算方法可用于暴雨内涝洪水的分析计算。在无设计洪水成果时,降雨产汇流计算方法也可用于计算河道上游入流点的洪水过程,作为河道洪水水力学法或水文学法计算的上边界条件。

河道洪水演算方法推荐采用马斯京根方法推求流量,并通过水位—流量关系获得河道水面线,以此沿程在垂直于河道水流方向水平外延至陆地或挡水建筑物(如堤防)得到洪水淹没范围。该方法适用于山丘区河道和平原河道两堤之间的洪水淹没范围的确定。

当已知流入封闭区域的水量或流量过程(通常需要采用河道洪水水力学计算得到)时,可根据水量平衡原理,结合区域地形分析,得到封闭区域内的淹没范围和水深分布情况。该方法适用于面积较小的封闭区域。

洪水分析常用的水文学方法主要有马斯京根洪水演算法、非均匀流模型、蓄水函数模型、河道特征水位两侧外延法、破堤淹没计算法、水量平衡计算法以及产流计算模型等。

2) 水力学法

水力学法通过数值求解一维或二维水动力学方程进行洪水分析,获得水位、流量、流速及其随时间的变化过程。河道洪水一般采用一维水力学法分析,洪泛区洪水采用二维水力学法分析。

(1) 一维水力学法。一维非恒定流水动力学模拟基于圣·维南(Saint - Venant)方程组,公式如下。

连续方程:

$$\frac{\partial A}{\partial t} + \frac{\partial Q}{\partial x} = q \tag{2-2-1}$$

动量方程:

$$\frac{\partial Q}{\partial t} + \frac{\partial}{\partial x}\left(\alpha \frac{Q^2}{A}\right) + gA\left(\frac{\partial y}{\partial x}\right) + gAS_f - u \cdot q = 0 \tag{2-2-2}$$

式中　A——河道过水面积;

Q——流量;

u——侧向来流在河道方向的流速;

t——时间;

x——沿水流方向的水平坐标;

q——河道的侧向来流量;

α——动量修正系数;

g——重力加速度;

　　y——水位；

　　S_f——摩阻坡降，其计算方法见式(2-2-3)：

$$S_f = \frac{Q|Q|}{K^2} = \frac{n^2 u |u|}{R^{\frac{4}{3}}} \tag{2-2-3}$$

　　在河道交会处通过水量平衡关系连接各河段，公式如下：

$$Q_m^{n+1} + \sum_{j=1}^{L(m)} Q_{m,j}^{n+1} = \Delta V \quad (m = 1,2,\cdots,M) \tag{2-2-4}$$

式中　$L(m)$——连接到节点 m 的河段数；

　　　M——节点总数；

　　　Q_m^{n+1}——$n+1$ 时段流入节点 m 的外加流量；

　　　$Q_{m,j}^{n+1}$——$n+1$ 时段河段 j 流入节点 m 的流量；

　　　V——河道交会点蓄水量。

　　（2）二维水力学法。与一维水力学数学模型相比，二维水力学数学模型能够提供更加详细的水情信息，随着数值计算方法和计算机技术的快速发展，二维水力学模型已经成为水利工程界分析河道洪水、溃堤洪水和溃坝洪水时的常用技术手段。

　　二维水动力学模型的控制方程如下所示。

　　连续方程：

$$\frac{\partial h}{\partial t} + \frac{\partial (hu)}{\partial x} + \frac{\partial (hv)}{\partial y} = q \tag{2-2-5}$$

　　动量方程：

$$\frac{\partial (hu)}{\partial t} + \frac{\partial (hu^2)}{\partial x} + \frac{\partial (huv)}{\partial y} + gh\frac{\partial Z}{\partial x} + g\frac{n^2 u \sqrt{u^2 + v^2}}{h^{1/3}} = 0 \tag{2-2-6}$$

$$\frac{\partial (hv)}{\partial t} + \frac{\partial (huv)}{\partial x} + \frac{\partial (hv^2)}{\partial y} + gh\frac{\partial Z}{\partial y} + g\frac{n^2 v \sqrt{u^2 + v^2}}{h^{1/3}} = 0 \tag{2-2-7}$$

式中　h——水深，m；

　　　Z——水位，m；

　　　u、v——x、y 方向沿垂线平均的水平流速分量，m/s；

　　　g——重力加速度，m/s^2；

　　　n——糙率；

　　　q——源汇项，m/s。

　　3）实际水灾法

　　实际水灾法是基于水灾是自然与社会成因共同作用的后果，以区域洪水的自然特征和洪水重现规律为基础，根据区域的社会、经济、防洪工程建设等背景，通过典型场次水灾的水文分析、灾害特性指标分析，获取不同频率洪水发生时的风险信息，完成风险图的绘制。

　　实际水灾法绘制洪水风险图有两部分内容：一是还原当时洪水发生时的灾害情况，二是还原当时洪水在当今社会经济分布、工程建设等基本背景下的洪水风险情况。前者主要是绘制典型场次洪水的淹没范围，根据色差表示不同淹没水深的分布情况，标示洪水淹没特征点等，即历史洪水的重现。后者主要是根据历史洪水灾害调查，建立洪水灾害序列，对降雨、洪水等进行频率分析，根据编制的洪水风险图类型和当地洪水灾害的成因，以降雨或洪水频率为依据,综合考虑当年的洪水灾害损失情况,还原不同频率历史洪水的洪水淹没等风险信息,根据当前的社会经济分布、防洪工程修建、防洪调度预案的实施情况等,局部修正历史洪水的淹没范围、水深分布等,使重现的典型场次洪水淹没范围反映当前的洪水风险信息。

实际水灾法反映了实际发生的洪水灾害,适合于风暴潮、内涝的洪水风险分析;重要河段或堤防段防洪工程失事后极端情况的风险分析,适合于利用水文学法、水力学法分析洪水风险时的参数率定和洪水风险分析结果的校正。

2.洪水分析方法选择

洪水分析常用方法中,水文学法是通过洪水频率分析,在取得不同的洪水频率的水位、流量和河段洪量的基础上,依据河道及周边区域地形地貌描绘不同频率洪水的淹没范围、淹没水深;水力学法一般是通过数学模型,求解连续方程和运动方程,利用有限差分的方法求解各运动时刻的流速、流向和水深等水力要素;实际水灾法是依据历史洪水系列计算相应的洪水频率、洪量等,在此基础上,提取相应于洪水频率的典型场次洪水的洪水淹没范围、水深等。

不同洪水分析方法所需基础资料条件、洪水分析成果精度不同,编制洪水风险图所采用的分析计算方法应根据洪水风险图编制对象特点和基本资料条件进行比选后合理确定。分析方法要与各类洪水风险图的编制要求、基础资料条件相匹配,要优先应用精度高的计算方法和模型。水力学法要求的基础资料条件详细,当资料条件具备时,应优先选择水力学法。资料条件不能满足水力学法计算要求,且水文学法能够满足洪水风险图编制精度要求时可采用水文学法。对于确定设计标准洪水比较困难的地区或需分析典型历史洪水淹没情况的,可采用实际水灾法。

根据《洪水风险图编制技术细则》和《洪水风险图编制导则》,洪水分析方法选择时应遵循以下基本原则:

(1)防洪(潮)保护区,优先采用水力学法进行洪水分析。

(2)河道洪水编制区域的洪水流向与河道走向基本一致时,宜采用一维水力学法;洪水流向与河道走向不一致时,宜采用一维、二维耦合或整体二维水力学分析法;面积小于20 km² 且封闭的河道洪水淹没区,可采用一维水力学法和水量平衡法相结合的方法。

(3)内涝计算宜采用水文学法、水力学法相结合的分析方法。面积小于5 km² 且封闭的农田内涝编制区域可采用水文学和水量平衡相结合的方法。

(4)风暴潮编制区域的洪水计算应采用二维水力学法。潮位资料不足的区域,应采用海域风暴潮分析模型与陆地二维水力学模型耦合的方法。

(5)因缺乏河道实测水文和区域实测降雨资料,难以采用水文学法、水力学法计算,而保护区发生过若干量级的实际洪水淹没,且历史洪水资料可靠、记载翔实,可以考虑采用实际水灾法编制典型历史洪水淹没图。

3.洪水分析的基本技术要求

根据《洪水风险图编制技术细则》开展洪水分析时,应遵循以下基本技术要求:

(1)计算单元指根据计算需要在计算范围内划分的满足计算精度要求的最小单元。因计算方法和计算模型不同,计算单元的划分也不相同。

①二维水力学模型的计算单元面积一般不超过1 km²,重要地区、地形、构筑物附近和平面形态变化较大地区的计算单元要适当加密。

②城市洪水分析的计算单元根据市区道路及地形地貌确定,不宜太大,一般平面尺度控制在数十米到数百米。

③水文学法计算单元的划分有两种用途:一种是运用水量平衡原理确定计算单元的淹没范围和平均淹没水深;另一种是在无设计洪水的河道,根据设计暴雨推求设计洪水,为洪水分析提供边界条件。

a.水文学法的计算单元一般不宜大于 500 km²,重要地段和坡度较大的山丘区等地形变化较大的部位,计算单元以不产生大的附加比降为原则适当缩小或加密。

b.用于水量平衡计算,不做汇流计算的计算单元原则上不宜超过 100 km²。

c.同时进行水量平衡和汇流计算的计算单元,要求每一个计算单元内设计暴雨分布相对均匀。

④对于被地形、水系堤防、公路、铁路等分割为若干相对封闭单元的区域,水文学法计算单元取为各封闭单元。

⑤山丘区,建议按照霍顿(Hortom)流域水系级别定义划分计算单元,即从水系源头开始,按照河流级别逐级往下游扩展集水面积,直至下游干流,作为水文学法计算单元,这种嵌套式计算单元,以 500～1 000 km² 为宜。

⑥平原水网区,原则上以圩区作为水文学法的计算单元,计算破圩后圩内淹没范围和水深。

⑦沿海洪潮区,原则上按海塘(海堤)保护区划分适当大小的分区作为水文学法的计算单元。

(2)水文学法包括马斯京根洪水演算法、非均匀流模型和蓄水函数模型、河道特征水位两侧外延法、破堤淹没计算法、水量平衡计算法以及产流计算模型等。具体方法有如下不同的技术要求:

①含有洪水演算功能的马斯京根法、非均匀流模型和蓄水函数模型等水文学方法根据上游洪水过程线,计算出下游出口断面的出流过程,进而根据上、下游断面水位—流量关系曲线求得水位过程。据此得到不同量级流量相应的河段水面线,从而确定相应的淹没范围与水深。

②不含洪水演算功能的河道特征水位两侧外延、破堤淹没计算、水量平衡计算等水文学方法,主要是根据河道特征水位外延确定淹没范围和水深,或者是根据破堤、分洪洪量计算封闭区淹没范围和水深。

③产流计算模型主要用于由降水推算计算范围(区域)的入流边界条件。应根据研究区域的自然地理和水文气象条件,选择适宜的计算模型。

(3)洪水分析的水力学法应具备河网计算的功能,紧临河道汇流处应设置相应的断面。

(4)对于一维水力学模型:

①河道洪水的计算断面间距应与河宽相匹配,对于河宽小于 500 m 的河流,其计算断面间距不宜超过 500 m。超过的部分以及河道形态变化显著的河段和有工程(桥、闸、坝、堰等)的位置,应采用上、下相邻两断面的数据插值加密,获得虚拟的中间断面。

②应能处理急流和缓流两种流态,并具备侧向水流交换(如侧向分洪闸、堰、溃口、泵站、沿程入流等)的计算功能和处理河道内影响或控制行洪的工程(桥、堰、闸、坝等)的功能。

③河道糙率应选用两场以上实际洪水资料,通过模型调试计算率定;对于没有实际洪水资料的河道,可采用其他经过率定的同一流域内类似河道的糙率,并在以后有实测资料时,补充率定验证,以保证洪水计算结果的可靠性和精度。

④应记录所有断面(在有溃口或分洪的情况下,还应记录溃口或分洪口门处)的水位和流量过程的计算结果,提取水位和流量的最大值,插值计算整时刻(1 h、2 h、3 h…)的水位和流量值。

⑤对于二维水力学模型:

a.可采用规则网格或不规则网格,对于规则网格,边长不宜超过 500 m;对于不规则网格,最大网格面积不宜超过 1 km²,重要地点、地形变化显著的部分、城市区域应适当加密网格。

b.分析区域内有高于原地面的连续线状工程(公路、铁路路基,堤防等)时,应将其作为挡水或导流建筑物考虑。当线状建筑物沿程有缺口或桥涵时,在洪水未漫过其顶部时,应采用堰流公式或孔口出流公式计算线状建筑物两侧的水流交换过程。区域内的河渠也应做相应的合理处理。

c.二维水力学模型应具备水量平衡检验功能,以避免因计算误差或其他原因造成总水量的异常增加或减少。

d.应记录所有网格的水位(水深)过程、流速、洪水到达时间、淹没历时等计算结果,提取网格水位(水深)、流速的最大值,插值计算网格整时刻的水位(水深)值。

⑥实际水灾法主要用于典型历史洪水淹没实况图以及在河道或区域内可能影响洪水运动特性的工程以及下垫面情况基本无明显变化的情况下,结合地形图分析历史洪水再现时的淹没范围和水深分布。

4.洪水分析模型构建

水力学法具有计算精度较高、各类风险要素信息易于提取等优点,是国内目前洪水风险图编制中采用最多的洪水分析方法。水力学洪水分析模型应尽可能选择比较成熟、精度已得到验证的专业软件。虽然不同模型软件在模型构建的细节处理上有所差异,但模型构建的总体步骤基本一致。

1)一维水动力模型构建步骤

(1)根据编制区域特点确定计算范围,其原则是各边界点有比较好的边界条件支持。如果是上游边界点,则最好有控制性水库或有明确调度规则以及流量监测记录的闸门,或者是水文模型流量计算成果较好的站点,以能获得尽可能详细准确的入流流量数据为目标。对于下游的边界点,理想情况是水位比较稳定的大型水体(大型湖泊、海面等),其次也可以是水位与流量对应关系良好且较为稳定的监测站点,如果这两个条件都不具备,可以考虑选取能获得下泄流量时间过程的站点。

(2)通过实地测量或者断面数据图纸获取河道计算范围内沿程断面形状的数值化描述。

(3)对计算范围内的河道进行概化,确定中心线、交会点、拓扑连接关系等信息,然后按照标准化软件平台的要求将数据输入并完成拓扑连接,形成模型概化图。

(4)根据河道断面归属的河道中心线以及其具体的位置在模型概化图上进行绘制定位。

（5）将收集到的河道断面形状数据分别输入到模型概化图中对应的断面位置上。

（6）将收集的上、下游各边界点的数据资料或水力学要素对应关系赋值到模型概化图中的对应位置。

（7）根据现场实地考察或者已经掌握的数据资料对各个河道断面进行糙率赋值，并选择实际洪水资料进行模型参数率定。

（8）将闸门、泵站、取水口等防洪工程按照其具体位置添加到模型概化图中。

（9）设置各防洪工程的具体参数，如闸门孔数、闸门尺寸、调度规则、闸门类型、抽排水情况等。

（10）设定运行时间步长、起始时间等水动力学模拟控制性参数，完成模型建立。

（11）选择至少两场以上的历史洪水事件的完整数据以及重点监测站点的水位—流量过程，在所有边界节点上输入历史洪水事件中实测记录的水位和流量数据，根据计算结果中监测站点处的模拟值与实测值比较来对模型的准确度进行验证，如果验证成果相差较大则需反复对水动力学模拟参数进行调节，直至多场历史洪水事件中监测点的模拟值与实测值都符合较好。模型验证的具体要求如下：

①河道计算洪水与实际洪水的最大水位误差（实测水位与计算水位之差绝对值的最大值）≤20 cm，计算水位—流量过程与实测水位和流量过程的相位差不大于1 h。

②河道洪水最大流量相对误差（实测流量与计算流量之差/实测流量）≤10%，最大1 d、3 d、7 d洪量的相对误差（实测洪量与计算洪量之差/实测洪量）≤5%。

③对于河道或风暴潮洪水淹没区，70%以上的实测点或调查点水位与相应位置计算水位之差小于或等于20 cm，实测与计算淹没范围的相对误差（实际淹没面积与计算淹没面积之差/实际淹没面积）≤5%。

④缺乏实测洪水资料的河道或区域，可参考采用其他类似河流或区域率定合格的参数，待该河道或区域有实测洪水资料后，对相关参数进行补充率定和验证工作。

（12）启动计算，提取河道沿程水面线、关键站点水力学要素时间过程、峰现时间、最大流量、最大过水范围等特征值与统计信息。

2）二维水动力学模型构建步骤

（1）根据洪水可能波及的区域确定计算范围边界。计算范围边界可综合历史洪水淹没情况、水利工程及其他建筑物的布置图、地形图图上作业初步分析等综合分析确定。

（2）分析确定计算边界条件。不同类型的洪水来源其边界条件各不相同，同一类型洪水因基础资料的差异其边界条件的表现形式也不尽相同。

①外边界条件：河道洪水的上边界条件宜采用计算区域所在河流上游距离最近的水文站的实际洪水流量过程或设计洪水流量过程，当上游有控制工程时，采用其设计的下泄流量过程；溃坝洪水的上边界条件则需通过计算确定坝址的溃坝流量过程；当地降雨内涝计算的上边界条件为设计暴雨或实测暴雨过程。下边界条件可以是下游距离最近的水文站的水位—流量关系，或大水体，例如湖泊、水库、海洋的水位、水位过程，控制性水利工程的调度规则等，在无上述资料时，可在计算区域下游河道至少五个断面距离以外近似采用曼宁公式计算的水位—流量关系曲线作为下边界条件。

②内边界条件：计算区域内可人为调节水流运动的工程设施为内边界条件，包括闸、坝、泵，例如蓄滞洪区的分洪闸，淹没区内的泵站等。对于这类工程设施，需明确其调度原则和

运行方式,并据此计算其对洪水运动过程的影响。

(3)在所确定的计算域内,基于 GIS 进行网格剖分,网格拓扑关系检查,并形成网格数据;添加各个单元网格的属性(包括编号、类型、高程、糙率、面积修正率等)。

(4)分析计算区域内的阻水或导水建筑物,并形成相应的概化数据;添加阻水或导水建筑物的属性(包括高程、宽度、深度等)。

(5)将闸门、泵站、涵洞等防洪工程按照其具体位置添加到模型概化图中。设置各防洪工程的具体参数,如闸门孔数、闸门尺寸、调度规则、闸门类型、抽排水情况等。

(6)将收集的上、下游各边界点的数据资料或水力学要素对应关系赋值到模型概化图中的对应位置,形成边界条件。

(7)按溃口设置方案成果,设定相关堤防溃口参数。

(8)根据现场实地考察或者已经掌握的数据资料对各计算网格进行糙率赋值,并选择实际洪水资料进行模型参数率定。

(9)设置运行时间步长、起始时间、模型糙率等水动力学模拟控制性参数,完成模型建立。

(10)选择至少两场以上的历史洪水事件的完整数据以及重点监测站点的水位—流量过程,对模型的准确度进行验证,如果验证成果相差较大则需反复对水动力学模型参数进行调节,直至多场历史洪水事件中监测点的模拟值与实测值都符合较好。具体验证要与一维水动力模型要求相同。

(11)启动计算,提取淹没范围、最大水深分布、淹没历时分布、水头到达时间、任意单元网格水位过程等特征值与统计信息。

5.洪水分析计算

洪水分析计算包括洪水过程计算、洪水风险图制图要素提取和计算成果合理性分析。

洪水过程计算指通过水文学法或水力学法计算获得风险图制作范围内洪水特征值(流速、流量、水位等)随时间的变化过程。它包括河道内洪水过程计算、分洪洪水过程计算、水库最大泄量过程计算、溃坝洪水过程计算和泛滥洪水淹没区域的洪水过程计算等。

洪水过程计算完成后,根据洪水风险图制图的需要,提取淹没范围、淹没水深等各种洪水风险要素信息。

(1)对于采用二维模型或水量平衡方法计算得到的河道或风暴潮洪水淹没成果,提取淹没水深大于 0.05 m 的所有网格得到淹没范围;所有网格的最大水深值(大于 0.05 m)的集合形成最大水深分布,连接相同水深值得到水深等值线;统计各网格开始进水时刻与积水退至 0.05 m 的时刻,得到淹没历时分布;统计同一时刻所有淹没水深大于 0.05 m 的被淹没网格及其水深值,得到某一时刻洪水淹没范围和淹没水深分布。

(2)对于采用一维模型计算得到的河道洪水淹没成果,先提取所有断面的最高水位值,连接各最高水位,得到沿程最高水位线;将该水位线分别向两岸平推至与陆地相交,得到洪水淹没水面与淹没范围;计算水面高程与淹没水面下地形高程之差,得到淹没水深分布;统计淹没水面下淹没区各位置洪水淹没时间间隔,得到淹没历时分布。

(3)对于农田内涝,应根据编制区域种植结构,确定作物耐涝水深和耐涝时间,以此作为水深和淹没历时下限阈值,提取内涝计算结果中大于该阈值的水深和淹没历时,得到淹没水深和淹没历时分布。

（4）对于城市内涝，可按照《室外排水设计规范》（GB 50014—2006）中对城市内涝水深阈值的界定，提取计算结果中大于 0.15 m 的所有网格的水深值，得到内涝积水水深分布。

（5）对于堤防溃决（溃坝）洪水或依照调度原则分洪的洪水，某一位置的洪水到达时间为从溃决时刻或分洪运用时刻开始，随着洪水演进，洪水前锋抵达该位置所需的时间。提取所有网格的洪水到达时间，得到洪水前锋到达时间分布图。

（6）若同一计算方案两个及两个以上洪水来源的洪水淹没范围有重叠，应取其中最危险值反映重叠部分的洪水淹没特性。

根据洪水分析计算结果，统计汇总各计算方案的淹没面积、淹没水深、淹没历时、洪水流速等洪水风险要素信息，并对计算成果从溃口流量过程、水量平衡、洪水风险要素对比、洪水演进过程等进行合理性分析。

（五）洪水影响分析

统计不同量级洪水各级水深淹没区域内的经济和社会指标，可在一定程度上反映出洪水风险程度。洪水影响分析主要包括淹没范围和各级淹没水深区域内社会经济指标的统计分析和洪灾损失评估等。

洪水影响统计分析包括社会影响和经济影响。洪水社会影响通过受影响人口的统计值反映；洪水经济影响通过受淹面积、受淹耕地面积、受淹房屋面积、受淹家庭财产、受淹交通干线（省级以上公路、铁路）里程、受影响重点单位数量以及受影响国内生产总值等统计值反映。统计单元为不同级别（县、乡镇等）的行政区域，统计时遵循以下原则：

（1）当最小统计单元完全位于某级水深淹没区内时，其有关指标可直接统计；

（2）当最小统计单元的行政区域与淹没范围不一致时，当落在某级洪水淹没范围内时，则以单位面积指标值乘以落在该级水深淹没范围内的面积，得到该部分的相应统计值。

洪水影响统计分析主要利用 GIS 等分析工具，将洪水淹没特征分布图层和与社会经济数据库关联基础地理图层通过空间地理关系进行叠加分析，统计分析洪水淹没范围内各级淹没水深、不同行政区的各类社会经济指标统计值。确定各类承灾体的受淹程度、灾前价值后，建立不同淹没水深区域与各类财产洪灾损失率关系，评估不同计算方案的洪灾损失。

进行洪水影响分析时，选用淹没水深作为参数进行不同淹没水深级的风险要素统计分析，淹没水深分级一般划分为 <0.5 m、0.5~1.0 m、1.0~2.0 m、2.0~3.0 m、>3.0 m 五个分级。

中国水利水电科学研究院在遵循我国洪水风险图编制规范的基础上，基于自主研发的 GIS 平台，已开发了通用性较好的洪涝灾情分析模型，洪水影响可采用该模型进行分析。

（六）避洪转移分析

避洪转移分析是在洪水分析的基础上，结合编制区域现有的洪水调度方案、避洪转移预案等，按特定频率洪水的淹没范围、水深、到达时间等风险信息，通过对受淹居民区位置、人口数量、设施、道路、安置区域等信息的综合分析，获得保护区内危险区、转移（避洪）单元、转移人口数量、安置区，以及转移路线、方向等信息，确定居民区避洪转移安置方案和转移安置最优路径。

1.避洪转移分析工作主要内容

避洪转移分析工作主要内容包括危险区与转移单元确定、资料收集和现场调查、避洪转移人口分析、避洪方式选择、安置区划定、转移路线确定、检验核实、避洪转移图件绘制等内容。避洪转移分析的工作流程如图 2-2-3 所示。

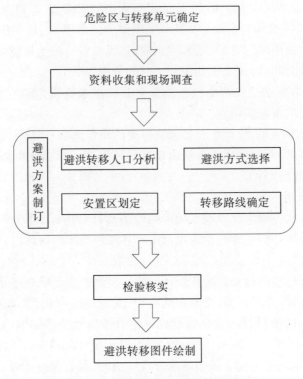

图 2-2-3　避洪转移分析的工作流程

2. 主要内容的分析方法

1) 危险区确定

对于防洪保护区,危险区原则上可分为现状防洪标准危险区和最大量级洪水危险区,分别按照所有计算方案的淹没外包范围确定。对于蓄滞洪区、洪泛区,危险区一般根据洪水分析中的最大量级洪水的淹没范围确定。

危险区包含两块区域:一是可能被洪水淹没,需采取避洪转移措施的区域;二是可能被洪水围困,需采取避洪转移措施的区域。避洪转移分析时,以各计算方案洪水分析成果为基础,利用淹没水深、流速、淹没历时等条件结合分析区域内的地形特征,提取可能被洪水淹没区域范围及可能被洪水围困区域范围,最终确定危险区。

2) 转移单元确定

避洪转移一般以某一范围内的需转移人员作为一个整体转移单元进行分析和实施,主要根据转移居民区的行政隶属关系确定转移单元。蓄滞洪区、洪泛区等区域的转移单元不大于自然村,防洪保护区转移单元不大于乡镇,如危险区面积小于 1 000 km²,转移单元不大于行政村。避洪转移分析时,依据确定的危险区范围,利用防洪保护区内居民地分布数据,通过叠加分析得出需要转移的人员空间分布,进而确定转移单元。

3) 避洪转移人口分析

避险转移是以人员的安全转移为前提的,因而对受淹区域人口的分析是避险转移分析的核心环节。避洪转移人口数量及分布通过居民点数据、有关统计和调查数据及危险区范围分析确定。当某个转移单元存在部分区域处于淹没区域内、部分区域处于淹没区域外时,考虑避洪转移要考虑一定安全余度,可将该转移单元人口全部纳入避洪转移人口中。

4)避洪方式选择

避洪方式分为就地安置和转移安置两类。同时满足水深小于 1.0 m、流速小于 0.5 m/s 且具有可容纳该区域人口的安全场所和设施的,原则上采用就地安置方式。不满足以上条件的区域可采用转移安置方式。如区域面积较大、洪水峰前到达时间超过 24 h,可按洪水峰前到达时间 <12 h、12~24 h 和 >24 h 三个区间划定分批转移分区。

5)安置区划定

避洪转移安置区一般选择不受洪水影响且能够提供一定生活保障设施的公园、学校运动场等开阔空旷的区域。根据洪水淹没情况,结合安置区的布局、现有安置预案及容纳能力,以能充分容纳可能转移的最大人口数为衡量标准,沿可能最大淹没水深包络范围周边选择转移安置区。安置区选择遵循以下基本原则:

(1)就近安置。安置区应多选在距离居民房屋或住处不远的地方。根据转移单元的分布和人口数量,兼顾行政隶属关系,按照就近原则,确定转移单元与安置区的对应关系。

(2)地面高程适宜。安置区应免于洪水危害,根据历史灾情信息及调查资料,选择高于历史洪水水位、场面高程适宜的区域。地势相对较高,但不宜过高,以方便救灾物资的运输、发放和避险设施的建设。一般安置区的地面高程比附近的最高洪水位高出设计的安全超高即视为安全。

(3)避洪场所资源共享。从经济和资源有效利用的角度出发,应做到一地多用,节约土地资源及劳动成本。安置区应尽量选择在学校、广场等空旷地区。这些地区人口容量大,当灾害发生时,仅添置救灾必须设备,就可为灾民提供紧急避难场所。

(4)安全性。安置区应选择具有生活保障和医疗卫生保障设施的周围,且应远离高大建筑物、易燃易爆化工厂和洪水风险区。此外,应根据地质条件,远离易发生坍塌的低劣地基岩土分布区,尽可能选择地势平坦易于搭建临时住处的地方。安置区应与上述危险区域保持适宜的缓冲距离。

(5)道路畅通性。安置区应选择在道路可通畅达到的地方。安置区应考虑受灾居民易到达的地点,尽量靠近公路和铁路,以利避难转移,且应保证不同安置区之间具有较为良好的道路通行能力,保证灾民再次转移等需求。

(6)容纳能力。安置区容纳能力按人均面积计算。单个临时避险场所设置不宜偏大,室内按建筑物内人均面积 3 m² 估算,城市广场、农村广场、体育场等露天区域按人均 8 m² 估算。安置区设计容纳能力主要取决于安置区避难设施的数量(避难设施一般与安置区的大小成正比),如果需避难转移的人数超过了所选安置区的设计容纳能力,则应考虑向其他安置区合理分流。

6)转移路线确定

转移路线指从转移单元到达安置区距离最近或时间最短的路径,可以帮助危险区内需转移人口在洪水到来时选择最合理的避险路线,防止危急之下盲目慌乱,以最快速度从危险区域转移,为防洪预案制订和抗洪抢险提供参考依据,最大程度减小洪灾损失。

转移路线确定属多源点和多目标点的网络流问题。在转移过程中,计算从转移点到安置点的最佳转移路线,不仅需考虑路网中距离最短的路线,还要考虑路网中道路的通行能力。最佳转移路径选择分为路径最短寻优和时间最短寻优两种方法。前者属静态最佳路径分析,仅与交通网结构相关。后者属动态最佳路径分析,与实时交通状况有关,需建立起路径分析模型,才能分析计算,从而优化路径。转移路径确定需根据编制区域实际条件确定,转移单元与安置区对应关系确定后,按以下方法确定转移路线:

(1)路网数据完备但不具备道路通量信息时,一般按照最短路径原则确定转移路线。

(2)路网数据完备且具备道路通量信息时,按照时间最短原则建立路径分析模型,分析确定效率最优的转移路线。

(3)对于道路数据不完备或危险区面积大于 $1\,000\ \mathrm{km}^2$ 的防洪保护区,可根据转移单元和安置区分布直接标识转移方向。

转移路线确定时,需在现场调查分析的基础上,确定转移路线沿程可能威胁转移人员安全的危险点及其分布。

7)检验核实

避洪转移分析成果需进行相关检验核实,一般包括以下几方面内容:

(1)安置区初步划定后,选址典型安置区开展现场调查,检查其合理性,核实安置区面积、建筑物质量、对外交通情况等。

(2)转移路线初步拟定后,选择典型转移路线,核实道路状况、转移所需时间、沿途可能影响转移效率的主要因素等。

(3)避洪转移方案完成后,应进行专家咨询,评价方案合理性和可行性。

(七)洪水风险图绘制

洪水风险图包括矢量电子洪水风险图和洪水风险图成果图两种。洪水风险图成果图是在矢量电子洪水风险图基础上添加非图形信息(如洪水方案说明、影响分析结果表等),按一定要求配置图面的分幅图。两种图的基本内容应保持一致。

防洪(潮)保护区、洪泛区和蓄滞洪区,风险图图名按照流域名称+风险图类型+洪水量级+洪水风险信息种类(如最大淹没水深图、淹没历时图等)命名;城市和水库,风险图图名按城市或水库名称+洪水量级+洪水风险信息种类命名。风险图图层一般按照基础底图信息图层、防洪工程信息图层、防洪非工程信息图层、风险信息图层等类别划分。具体的风险图图层顺序一般按照点图层在最上面,线图层在中间,面图层在最下面的原则设置,但在不影响风险图整体效果的前提下,尽量将需要重点展示的图层放在上面。

洪水风险图绘制的类型一般包括淹没水深图、到达时间图、淹没历时图、淹没范围图、淹没图、避洪转移图、洪水风险区划图等几类,可根据编制区域特点和相关方的编制要求选址确定洪水风险图绘制的类型。

二、蓄滞洪区洪水风险图编制方法

蓄滞洪区洪水分析通常要求有较高精度和更全面的洪水风险要素信息,除淹没范围、淹没水深、淹没历时等信息外,应获取关键点的流速、洪水前锋到达时间等洪水风险要素信息。蓄滞洪区洪水风险图编制方法总体上与防洪保护区一致,可按前述防洪保护区洪水风险图编制方法和步骤开展具体编制工作,根据蓄滞洪区洪水风险图的特点,对前述编制流程中部分工作内容加以补充、完善,具体体现在以下几方面。

(一)基本资料收集、分析处理

编制蓄滞洪区洪水风险图时,除按防洪保护区洪水风险图编制时收集、分析处理的资料

外,还应注意收集蓄滞洪区特征资料、蓄滞洪区调度运用资料和蓄滞洪区工程设施、安全设施资料及社会经济资料,具体如下:

(1)蓄滞洪区特征资料。包括蓄滞洪区设计蓄洪水位、最大蓄滞洪量、最高蓄滞洪水位、水位—面积—容积关系、进洪与退洪口门泄流曲线、蓄滞洪区实测进退洪水过程等资料。

(2)蓄滞洪区调度运用资料。主要包括蓄滞洪区调度运用方案和历史运用情况资料。对于分区运用的蓄滞洪区,还应收集分区启用标准、启用方式等分区运用相关资料。

(3)蓄滞洪区工程设施、安全设施资料。主要包括蓄滞洪区围堤、隔堤的长度、高程、设计标准等;进洪退洪方式、设施位置、结构尺寸、口门高程等进洪退洪设施设计参数以及排洪泵站抽排能力;安全区、安全台、安全楼以及应急避险设施、转移道路等蓄滞洪区安全设施及其分布资料。

(4)社会经济资料。蓄滞洪区耕地面积、地区生产总值以乡镇为最小统计单元,人口数据以行政村为最小统计单元。

(二)计算方案设置

(1)计算方案设置需考虑主动分洪和被动破堤两种情况。主动分洪情况需考虑有无工程控制、有关河道控制站设计洪水过程、进洪方式与调度原则的组合。

(2)有分洪退水控制设施的蓄滞洪区,按照蓄滞洪区调度运用原则确定的分洪退水条件,拟订计算方案。

(3)无分洪退水控制设施的蓄滞洪区,需按照蓄滞洪区在规定分洪水位条件下的人工爆破(或扒口)预案确定计算方案。口门位置、宽度和底高程的选取和确定遵循以下原则:

①防洪规划中对口门位置有明确规定蓄滞洪区遵照防洪规划的规定;防洪规划中对口门位置没有规定的蓄滞洪区,应由当地防汛指挥部门指定口门位置。

②有裹头时,溃口宽度采用裹头宽度;无裹头时,溃口宽度采用规划设计时确定的口门宽度,缺乏设计成果时,可根据实际地形、当地防汛部门和专家意见综合确定。

③口门底部高程取口门处堤防两侧较高的地面高程。

(4)对于设有溢流堰、漫溢分洪的蓄滞洪区,从水位达到规定的分洪高程时开始按照溢流堰公式计算分洪流量过程。

(5)对面积较大、人口较多的蓄滞洪区,可对区内主要河流设计相应的计算方案,分别开展洪水分析。

(三)洪水分析方法选择

蓄滞洪区洪水分析方法的选择要满足蓄滞洪区洪水风险图的精度要求。洪水分析方法的选择遵循以下基本原则:

(1)宜优先采用水力学法,当资料条件达不到水力学计算要求时,可以考虑采用其他适宜的简化方法计算。

(2)对于容量较小的蓄滞洪区,在已知分入(扒口或开启分洪闸等)该蓄滞洪区的洪水总量或流量过程时,亦可采用水量平衡法,确定其淹没范围和淹没水深。

(3)当蓄滞洪区曾在若干量级洪水下运用过,资料翔实,而又缺乏采用水力学法的资料条件,且其防洪工程情况和下垫面情况基本未发生明显变化的,可考虑采用实际水灾法分析典型历史洪水淹没范围。

三、水库洪水风险图编制方法

水库洪水分析一般包括水库库区和水库下游影响区的洪水分析。水库库区洪水分析考虑水库处于校核洪水位时库区的淹没情况。水库下游影响区的洪水分析主要针对水库最大泄量和溃坝洪水下游影响区的淹没情况。

(一)水库库区

编制水库库区洪水风险图时一般考虑设计洪水和校核洪水两个洪水量级方案,设计洪水量级方案即水库处于设计洪水位时的库区淹没情况,校核洪水量级方案即水库处于校核洪水位时的库区淹没情况。库区淹没风险以库区高程处于水库建成蓄水后壅高的回水曲线水位以下(或与正常蓄水位回水曲线之间)区域淹没范围、影响人口和资产等指标反映。

库区淹没洪水分析可根据水库类型和特点选择直接勾绘法或水力学法。

1.直接勾绘法

对于湖泊型水库,可选择直接勾绘法。采用直接勾绘法时,选用的库区地形图精度宜大于1:5 000,以坝址校核洪水位(或设计洪水位)水平向库尾和水库周边延伸,所得到的封闭平面以下(或与正常蓄水位推求的封闭平面之间)区域即为库区的淹没范围。

2.水力学法

对于河道型水库,宜选择水力学法。根据坝址校核洪水位(或设计洪水位)和设计入库洪水确定库区回水的"尖灭点",沿库区纵向连接"尖灭点"与坝址处校核洪水位,将此连线平推至水库周边库岸,所得到的封闭面以下(或与正常蓄水位推求的封闭面之间)区域即为库区的淹没范围。

(二)水库下游影响区

水库下游影响区洪水风险图与防洪保护区洪水风险图在编制方法和步骤上基本一致,仅在部分工作内容的技术处理上存在一定差异。与防洪保护区洪水风险图编制相比较,水库下游影响区洪水风险图编制需关注以下几方面问题。

1.基本资料收集、分析处理

编制水库下游影响区洪水风险图时,除按防洪保护区洪水风险图编制时收集、分析处理的资料外,还应注意收集反映水库特征以及调度运用等方面的资料,主要包括:

(1)水库大坝类型、坝体材料的相关参数(粒径级配、黏性系数、比重等参数)、坝体形状参数(坝高、坝宽、坡度等)等。

(2)各防洪特征水位、水位库容关系、洪水调度规则、设计洪水过程、校核洪水过程、各类泄洪设施泄流曲线、水位泄量关系以及历史大洪水过程资料。

(3)各种挡水建筑物、泄洪建筑物、引水建筑物、输水建筑物等的详细资料,如几何尺寸大小、边坡坡度等。

2.计算方案设置

(1)洪水分析计算方案主要考虑水库最大泄量方案和溃坝洪水方案。

(2)水库最大泄量计算方案为设计条件下发生校核洪水时所有泄洪设施的泄流过程。如果水库设计资料中有已审批的水库最大泄量过程可以直接采用其成果。如设计资料中没有,则需根据水库的洪水调度原则进行调洪演算确定。

(3)溃坝洪水计算方案为入库洪水过程、大坝溃决方式和溃坝水位的组合。大坝溃决方式分瞬间溃决和逐渐溃决两种,瞬间溃决又分为瞬间全溃决与瞬间局部溃决,逐渐溃决也可分为逐渐全溃决和逐渐局部溃决。大坝溃决方式主要取决于坝体材料和大坝结构,重力坝、拱坝、浆砌石坝和支墩坝等刚性坝体一般为瞬时溃决,堆石坝、土石坝(含因滑坡或泥石流阻塞形成的堰塞坝)等散粒体坝一般为逐渐溃决,可根据编制对象的特点选择溃决方式。溃坝洪水溃口流量过程受大坝溃决方式和溃坝水位影响较大,考虑组合时,一般按溃坝水位取坝顶高程和大坝溃决方式组合的不利情况,不再考虑与入库洪水过程的组合。

(4)因水库最大泄量洪水和溃坝洪水一般远远大于水库下游堤防的设计防洪标准,因此一般不再考虑堤防溃口,按漫溢考虑。

3. 洪水分析方法

水库下游洪水分析可根据洪水影响区域的地形和特点选择一维或二维水力学模型法。

(1)采用一维水力学模型法时,利用计算出的河道各断面的最高水位,采用最高水位向两岸水平外延的方法,确定溃坝洪水的淹没范围、最大水深和影响对象。

(2)采用二维水力学模型法时,宜使用能较好拟合边界的非结构网格。在进行网格剖分时,应充分考虑地形地物、防洪工程分布、河流主要参照断面、重要地点分布,以及高出地面的线状阻水或导水建筑物(公路、铁路、渠道等)等方面的因素,网格的布设应该疏密得当。

①在主河槽部分,网格尺度相对较小。

②对于重点关心的区域或者地形地物变化很快的区域,网格应适当加密。

③对于地势较为平坦、地形地物变化不大的区域,网格尺度可以适当放大。

4. 计算范围

水库下游溃坝洪水影响范围受溃决方式,大坝溃决时的水库水位,水库下游洪水影响区域的地形、地貌等众多因素综合影响,计算范围可以按以下方式确定。

(1)确定溃坝洪水计算范围的下边界。可采用经验公式计算溃坝洪水流量衰减至下游河道安全泄量,并确定该安全泄量所对应的水位,以此位置和水位作为计算范围下边界条件;当下游一定距离内有水库、湖泊或海域等大型水体,且溃坝洪水不会造成大水体水位明显变化时,可取大水体的汛限水位或年最高水位(潮位)的多年平均值作为计算范围的下边界条件;当溃坝洪水演进至平原地区时,根据平原地区蓄洪能力,选择下游可安全下泄溃坝洪水的水文控制断面作为计算范围的下边界,并以其设计洪水位为下边界水位。

(2)估算计算坝址下游处溃决洪水可能的最高洪水位,以该水位和下游边界水位为端点,按线性递减方法,确定河道沿程水位,将其平推至两岸所得的范围作为计算范围。

水库溃坝洪水计算范围一般包括最大泄量洪水影响范围,最大泄量洪水可以采用与溃坝洪水一致的计算范围。对于仅开展水库最大泄量洪水分析的项目,最大泄量洪水计算范围可参考溃坝洪水计算范围确定方法确定。

5. 洪水分析计算结果

水库下游洪水分析除淹没范围、淹没水深、淹没历时等信息外,还需关注洪水前锋到达时间、洪峰衰减量和流速等信息的统计分析。

四、城市洪水风险图编制方法

城市所处区域的自然气候、地形地貌、水系分布、水利及城建基础设施存在差异,导致城市洪水成灾机制和洪水风险特性不同。一般情况下,位于大江、大河河滨的城市,河道洪水风险占主导地位;城市周边为山丘区,周边山丘区洪水或坡面汇流洪水风险占主导地位;对于平原型城市,内涝洪水风险占主导地位。各类洪水灾害类型之间没有严格的界限,城市往往兼有多种洪水灾害特性。另外,城市化水平提高使得城区下垫面透水能力减小、城区各类建筑物使得洪水演进路径改变、城市排水河道被截断以及排水管网设施使得排水能力改变等诸多因素影响,城市洪水风险图编制与防洪保护区洪水风险图编制相比较,往往具有需考虑的洪水组合问题更为复杂、基本资料数据需求更为精细、反映的洪水风险要素信息更为全面、精度要求更高等特点。编制城市洪水风险图时,洪水影响分析、避洪转移分析、洪水风险图绘制的工作内容和方法与前述防洪保护区洪水风险图基本一致,本条仅对分析范围、基本资料、计算方案、洪水分析中需根据城市洪水风险图编制特点重点关注的技术问题加以补充介绍,其他内容可参照防洪保护区洪水风险图编制方法和步骤。

（一）洪水分析范围

城市洪水风险图编制洪水分析范围需包含河道洪水计算范围、城市内涝计算范围,受风暴潮影响的还需包含风暴潮洪水计算范围。

河道洪水计算范围参照防洪保护区洪水分析范围确定方法确定。

城市内涝计算范围包括城市内涝编制区域、地下排水管网、排水河渠和排水分区,当城市内涝编制区域的来水含周边山区或坡面汇流时,计算范围还需包括相应的集水区域。若涉及的城区周边所在水系范围较大,建立整个水系的水力学模型较为困难,则城区所在水系的上游地区可以选择水文学法进行产汇流计算,获取洪水过程,作为城区洪水分析的上游边界条件。

风暴潮洪水计算范围为最大量级风暴潮设计最高潮位沿海岸线向内陆水平延伸至陆地边界所覆盖的区域。当潮位资料不足,无法推求设计最高潮位的区域,需将计算范围扩展至构建风暴潮模型所涉及的海域。

（二）基本资料收集、分析处理

编制城市洪水风险图需要的基本资料数据更为精细,除按编制防洪保护区洪水风险图时收集、分析处理的资料外,还需注意收集反映城市编制区域特点的资料,主要包括:

（1）基础地图资料。包含城市规划图、城市内主干道分布图、排水分区图、市区排水管网图等。

（2）区域排涝资料。包含城区排水管网的尺寸、材质、连接方式、分布及标准,排水分区的分布、面积、径流系数、排涝模数,排涝泵站、排水涵闸的排水能力、运用规则、开启状态等。

（3）城区内湖泊、水库的水位—面积—容积曲线、运用规则等资料。

（4）城市重要地下建筑及设施资料。包含路桥下穿隧道、地下建筑出入口、低洼积水区等。

（5）洪水灾害资料。包含典型场次洪水灾害的水文、气象数据,典型场次洪水灾害的灾情记载、灾害损失、水毁工程,典型场次暴雨城区积水点分布、水深、面积、历时等。

（6）城市防洪（排涝）规划、防洪预案、应急预案、洪水调度方案等资料。

（7）以街道社区为最小统计单元的城市社会经济统计数据。

（三）计算方案设置

1. 洪源选择

城市洪水风险图编制需要区分河道洪水、暴雨内涝及其组合影响分析,受风暴潮影响的城市,还需进行风暴潮洪水分析。洪源选择时,需分析城市可能的所有洪水来源,包括河道洪水(城市外部河道或内部河道的漫溢或溃决)、暴雨内涝积水、风暴潮(海堤漫溢、溃决)等,根据实际情况选择单一洪源或组合洪源。

2. 洪水组合方式

在已批准的城市防洪规划或其他相关规划中有针对编制区域明确的洪水组合方式,可直接采用其组合方式;无明确洪水组合方式的编制区域,需分析编制对象洪水与其他来源洪水的相关性,合理确定洪水组合方案。

3. 洪水量级

城市洪水风险图编制区域一般均有防洪排涝工程,对于外河洪水(风暴潮洪水)、内河洪水,洪水量级宜选取现状防洪标准、规划防洪标准和超规划防洪标准所对应的洪水量级,若规划防洪标准小于100年一遇,则超规划防洪标准所对应的洪水量级宜选择100年一遇洪水。城市内涝的暴雨量级一般取其排涝标准对应频率直至城建部门规定的最高排涝标准,需针对城市雨水排水系统的设计雨型,选取现状排水标准、规划排水标准和超规划排水标准所对应的短历时暴雨量级,若规划排水标准所对应的暴雨量级小于10年一遇,应选择更高量级的暴雨直至10年一遇暴雨。

4. 计算方案

城市洪水风险图编制洪水分析需分别针对每一种洪水来源设定计算方案,并明确其他来源洪水与其组合。

有堤防的河道洪水计算方案主要为分析对象河道的洪水量级、其他来源洪水的组合方式以及溃口(分洪)位置、口门尺寸、溃决时机、溃口发展过程和相关工程调度规则等因素的组合;有堤防的山丘区河流,当洪水量级超过堤防现状防洪标准时,可不考虑堤防的影响,视为无堤防河道进行洪水计算方案设置;无堤防或仅考虑堤防漫溢的河道洪水计算方案主要为分析对象河道的洪水量级、其他来源洪水的组合方式和相关工程调度规则等因素的组合。

暴雨内涝计算方案为暴雨量级、其他来源洪水的组合方式、相关调度规程等因素的组合。

有海堤的风暴潮洪水计算方案为风暴潮量级、海堤溃口位置、口门尺寸、溃决时机、溃口发展过程和相关工程调度规则等因素的组合;无海堤或仅考虑海堤漫溢的风暴潮洪水计算方案主要为风暴潮量级、其他来源洪水的组合方式和相关工程调度规则等因素的组合。

（四）洪水分析

1. 洪水分析方法

城市洪水风险图编制洪水分析方法原则上应采用水力学法。河道洪水的分析宜采用一维水力学模型、整体二维水力学模型或一维、二维水力学模型耦合分析方法;当排水管网数据完备时,应采用地表水流模型与管网水流模型耦合分析方法;风暴潮洪水应采用二维水力学法,潮位资料不足的区域,应采用海域风暴潮分析模型与陆地二维水力学模型耦合的方法;对于山丘区不设防的城市河道洪水或平原城市暴雨内涝洪水,如果资料条件不足,可考虑采用水文学法;若城市位于封闭区域内,且面积较小,在利用河道水力学模型获得分洪流量的基础上,可以采用水量平衡方法分析计算城市受淹情况。

2. 洪水分析模型

城市洪水分析计算的水力学模型要能够合理反映城市各种建筑物,如公路、铁路、排水沟渠和泵站、高密度建筑群等对洪水产生的影响,如城市地下排水管网资料不足,可考虑采用简化方法模拟计算城市地下排水管网的排水情况。城市洪水分析模型建立时需符合下列要求:

(1)城区二维水力学模型一般采用矩形网格,网格应参照顺应地形地物,根据 DEM 数据剖分,河道洪水、风暴潮洪水的二维计算网格面积不宜超过 $0.05~km^2$,城市内涝二维计算网格面积不宜超过 $0.01~km^2$,最大网格与最小网格面积不宜相差过大,其面积比一般控制在 $3~5$ 倍之内。

(2)河道网格糙率应根据当地河道实际状况选取,有糙率资料的河道,可直接采用;无糙率资料的河道,可通过考察河道形态、边坡材料等因素后综合确定。

(3)城区非河道网格的高程数据可以根据等高线或 DEM 数据,采用插值的方法进行赋值。河道网格的高程应根据河道断面数据赋值。

(4)城区内具有阻水作用的堤防、公路、铁路等应按特殊类型网格边界处理,并根据阻水建筑物的实际高程赋值。应考虑河道上的水流调控设施如坝、闸、堰等的作用,在模型中按照实际或设计能力与运行方式考虑上述设施的影响。

(5)城区建筑物密度直接影响网格淹没水深的计算,应采用适当的方法(如面积修正率参数)考虑网格区域内建筑物的影响。

(6)进行内涝积水分析时,模型需考虑实际降雨时空分布不均匀性、排水管网影响等因素。

实际降雨时空分布不均匀性影响处理方法:可将雨量站的空间位置分布信息和不同时段降雨量作为模型输入条件进行模拟计算;可采用近点按距离加权平均原理,将离散的雨量站降雨量处理后,得到模型每个网格形心处的降雨数据。

排水管网影响处理方法:根据城区内排水泵站分布、排水能力、运行方式等,按照实际或设计能力与运行方式考虑泵站的影响;基础数据完备的城市,需考虑排水管网的分布、走向与排水能力对积水的影响;数据不完备的城市,可参照设计标准,按照排水分区的平均排水能力考虑排水管网的影响;鉴于城市道路对洪水演进的影响,可将城市主干道作为洪水通道进行模拟计算;对于立交桥下的积水模拟,需考虑桥区的微地形和排涝泵站等情况;对于地下空间的积水与淹没,需考虑地下空间的面积、高程等。

3. 模型验证

城市洪水分析模型建立后,除按前述防洪保护区模型验证的要求开展验证外,还需利用整套的典型历史洪涝资料,特别是典型场次暴雨城区积水点的分布、水深、面积、淹没历时等资料,进行暴雨内涝淹没区计算成果的验证,要求 70% 以上的实测点或调查点水位与相应位置计算水位之差 ≤20 cm,且实测与计算最大水深的相对误差(实测水深与计算水深之差/实测水深)≤20%。

第三节　防洪保护区洪水风险图编制关键技术解析

一、洪源选择

洪水风险图编制区域可能受不同来源的洪水影响,开展洪水风险图编制工作首先要明确需考虑的洪源因素,为洪水分析提供边界条件。编制区域的洪水来源一般可分为外河洪水(区域周边河流、湖泊洪水)、内河洪水(区域内部河流、湖泊洪水)、暴雨内涝洪水、风暴潮洪水等四类,洪源选择需要在对洪水风险图编制区域所有洪水进行全面分析基础上,选择主要的洪水来源和可能造成较大灾害的洪水作为洪水风险分析需考虑的洪源因素。

洪源分析在充分收集区域自然地理资料、水文及洪水资料、工程及调度资料、历史上各次典型大洪水、暴雨、风暴潮造成的洪水灾害资料等基础上开展。了解清楚编制区域周边和内部的河流水系、湖泊分布情况及相应的暴雨洪水特性,结合历史洪水灾害资料以及相关工程及调度对区域防洪的作用,分析区域的洪涝威胁,定性区域可能的洪水来源。对各可能的洪水来源,结合相应水文特征、历史上典型洪水灾害资料,分析各可能的洪水来源对编制区域的影响以及各可能洪水来源的遭遇组合对编制区域的影响。通过上述分析,选择主要的洪水来源和可能造成较大灾害的洪水作为洪水风险分析需考虑的洪源因素。

【例 2-1】　辽宁省丹东市城市洪水风险图编制项目洪源选择。

丹东市地处辽宁省东南部,东与朝鲜的新义州市隔鸭绿江相望,南临黄海,海岸线长 120 km。丹东地区是辽东山地丘陵的一部分,属长白山脉向西南延伸的支脉或余脉,由东北向西南逐渐降低。丹东市城市洪水风险图编制范围为丹东市老城区、新城区和马市岛三部分,总面积约 104 km²。丹东地区河流众多,水系发达,流经市区的主要为鸭绿江水系,包括鸭绿江干流及其支流爱河、大沙河、花园河、五道河、安民河等,除鸭绿江、爱河为大型河流外,其他均为小型河流。

丹东地区属辽宁省暴雨高值区域,水灾较频繁,1949 年至今共发生洪水灾害 25 次,其中全区性大洪水 4 次(1960 年、1985 年、1995 年、2010 年),局部性洪水 9 次,一般性洪水 12 次。1960 年 8 月 3~5 日,安东地区普降特大暴雨,暴雨导致山洪暴发,河水猛涨,丹东市区沿江一带水深 1~1.5 m,倒塌房屋 1 661 间,受灾 676 户,死亡 2 人,总损失 550 万元;1995 年 6 月中旬至 8 月中旬,丹东市市区及鸭绿江流域处于副热带高压西北部,受其频繁的高空槽东移影响,连续出现 8 次暴雨过程,总降雨量为 695.72 mm。江河水位暴涨,致使 229 家工矿企业停工停产;城乡居民转移 30 684 人,受淹房屋 10 228 户,全市直接经济损失达 15 亿元;2010 年汛期,丹东地区暴雨频繁,从 7 月 25 日至 8 月 29 日,仅 1 个多月时间就出现 5 次大暴雨,8 月 19 日至 22 日,丹东地区普降大暴雨,全市各中小河流洪水猛涨,全市 85 个乡镇遭受了严重的洪涝灾害,受灾人口 71.17 万人,倒塌民房 3 492 间 1 174 户;损坏民房 31 666 间 13 527 户;因灾死亡 8 人,失踪 1 人,伤 136 人,全市累计直接经济总损失 67.5 亿元。

丹东市城市洪水的来源主要有两类:一是河道洪水涌入城区,二是城区内排水不畅形成内涝洪水。一定条件下,两类因素同时作用,导致较大的城市洪水灾害。丹东市城市主要洪水来源为河道洪水和暴雨内涝洪水,其中,河道洪水主要为鸭绿江干流及其支流爱河洪水,两条河流均为大型河流,一旦成灾后果极为严重,为丹东市防汛关注的重点河流;城区内河大沙河、花园河、五道河、安民河流域面积较小,洪峰、洪量不大,洪水影响相对较小;丹东市东邻鸭绿江,且地势西高东低,市内雨水排出口主要位于东侧鸭绿江内。汛期鸭绿江水位较高,导致市区雨水主要通过雨水提升泵站加压后方能排入江内,目前丹东市内的现状泵站规模较小,且设备陈旧,当发生大暴雨时,不能及时将雨水排出,导致市区易受内涝洪水影响,内涝逐渐成为城市防洪关注的重点。

综上分析,丹东市城市洪水风险图编制项目中需考虑的洪水来源为:

(1)河道洪水。主要包括鸭绿江干流及其支流爱河洪水、城区内河(大沙河、花园河、五道河及安民河)的洪水。

(2)内涝洪水。由城区及周边山区暴雨形成,在现状排水能力不足的情况下形成的洪水。

丹东市城市洪水风险图编制洪水来源分布图见图2-3-1。

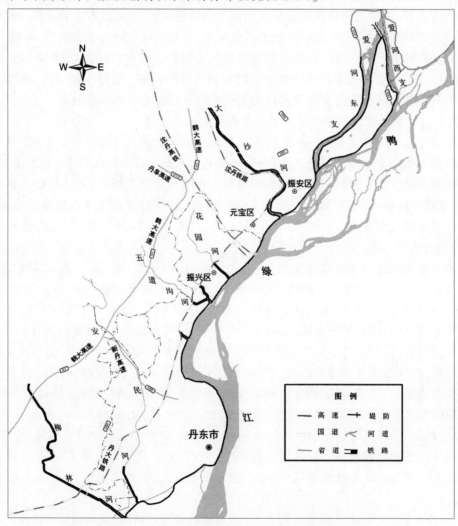

图2-3-1　丹东市城市洪水风险图编制洪水来源分布图

二、洪水量级

洪水风险图需直观反映不同频率或量级洪水风险信息要素空间分布和洪水管理信息。根据《洪水风险图编制技术细则》规定,洪水量级一般以防洪工程的防洪标准作为最小洪水量级,再选择若干个超标准洪水作为洪水分析计算的洪水量级。实际开展洪水风险图编制工作时,鉴于各流域防洪工程体系尚未完善,防洪工程点面广、防洪标准不统一,不同编制单元可根据编制区域特点具体确定需反映的洪水量级。

洪水量级选择时重要的是确定洪水起始量级和最大量级。洪水起始量级原则上应选择编制单元防御各来源洪水现状标准所对应的洪水量级。针对不同来源洪水的起始量级可能不同,因此需分别就每一洪水来源确定相应的洪水分析起始量级。对无人工防洪(潮)排涝工程设施保护、处于天然状态的编制单元,其起始量级应选择《洪水风险图编制导则》和《洪水风险图编制技术细则》所规定的最小量级。由于防洪工程可能在洪水未达到其防御标准时因质量问题或工程隐患失事,为了解工程失事情况下的洪水淹没和风险信息情况,起始洪水量级可低于现状防洪标准一个等级。

最大洪水量级的选择与洪水风险图的用途有关:用于土地利用管理、城乡建设管理和洪水保险的,其最大洪水量级应为土地管理政策和洪水保险制度所确定的目标洪水,例如,美国将洪水威胁区土地利用管理和洪水保险的范围定为100年一遇洪水淹没区,同时要求分析500年一遇洪水淹没范围和水位,以指导特殊建筑物及设施(医院、学校、危险品生产与仓储)的建设;用于应急管理的,其最大洪水量级应为超标准洪水或极端洪水,例如,日本的洪水风险图主要用于指导避洪转移,其选取的最大洪水量级为当地的防御目标洪水。许多国家要求对水库溃坝等极端洪水开展分析,编制风险图,制订应急预案。我国的洪水风险图,除有关法规明确要求用于预案编制、防洪抢险、群众转移、蓄滞洪区洪水风险公示外,为满足洪水风险管理需求,还应考虑为防洪区土地利用管理和洪水保险提供基础信息和依据。因此,出于洪水管理的目的,应将100年一遇洪水作为基本管理对象,实现洪水风险图在全国100年一遇洪水威胁区域的全覆盖。对于现有防洪标准超过100年一遇的保护区,则应计算现有防洪标准下工程失事时洪水可能的淹没情况,编制相应的风险图,为应急管理服务。具体而言,对于防洪标准低于100年一遇的区域,应计算现状防洪标准及以上直至100年一遇量级的洪水(含风暴潮和当地暴雨);对于防洪标准高于100年一遇的区域,应选择该防洪标准或该防洪标准以上一个量级作为分析计算的最大洪水量级;对于水库,应计算所有泄洪设施敞泄和校核洪水下溃坝洪水的淹没情况,为稀遇洪水的应对和防洪抢险提供信息支撑。

【例2-2】 内蒙古自治区西辽河左岸、右岸防洪保护区洪水风险图编制洪水量级。

内蒙古自治区西辽河防洪保护区需考虑的洪水来源为西辽河干流洪水。内蒙古境内西辽河右岸现有堤防总长度248.6 km,左岸现有堤防总长度237.27 km,其中,通辽市城区段堤防现状防洪标准为100年一遇洪水,已达到规划防洪标准;通辽市城区以上河段堤防现状防洪标准为10~20年一遇洪水标准,规划防洪标准为50年一遇洪水标准;通辽市城区以下河段堤防现状防洪标准为10~20年一遇洪水标准,规划防洪标准为20年一遇洪水标准。

根据西辽河干流防洪工程现状及规划情况,编制洪水风险图时,洪水量级选择设计标准洪水与超标准洪水两种情景,其中,超标准洪水采用高于设计标准一个等级的洪水。西辽河干流各河段防洪标准存在差异,且西辽河干流河道现状过流能力不足,本次在设计洪水与超标准洪水两个量级的基础上增加河道现状防洪标准量级的 10 年一遇洪水作为起始量级洪水,拟订以下四个洪水量级方案:

(1)西辽河干流 10 年一遇洪水;

(2)西辽河干流 20 年一遇洪水;

(3)西辽河干流 50 年一遇洪水;

(4)西辽河干流 100 年一遇洪水。

10 年一遇洪水确定现状防洪标准下堤防决口后的淹没情况及河滩地淹没情况;20 年一遇洪水、50 年一遇洪水分别确定不同河段的堤防设计防洪标准下堤防决口后的淹没情况;100 年一遇洪水确定超标准洪水堤防决口后的淹没情况。

三、洪水组合

洪水组合包括量级组合与时程相应两个方面。对于有多种洪水来源的洪水风险图编制区域,在进行某一来源洪水的分析时,应设定可能影响该洪水运动特征的其他洪水来源的相应状态。例如,分析对象为河道洪水时,需设定流经该区域与分析对象河道有关联的其他各河道洪水的来流状态、当地降雨状况,若分析对象河流的洪水运动受潮位影响,还应设定相应的潮位过程;分析对象为当地暴雨时,则需设定相关河流来流状态,沿海地区还需设定对应的潮位过程;分析对象为风暴潮时,通常可不考虑河道来流和当地降雨的影响。

进行某一来源洪水的分析计算时,可通过以下 3 种方法确定其他来源洪水量级与其组合的方式:

(1)该地区各洪水来源在有关部门已批准的规划、方案或设计中有明确的组合方式时,可直接采用;

(2)该地区各洪水来源在有关部门已批准的规划中无明确的组合方式时,可通过分析各洪水来源实测水文资料的相关性,合理确定其组合方式;

(3)分析对象洪水与某一来源之间无明显相关性,则该洪水来源以水位(或流量、或潮位过程)年最大值的多年平均值(或设计值)与其组合和相应。

对于上述第(1)种洪水量级组合情况,不同洪水来源间的时程取规划或设计中确定的相应方式即可。对于第(2)种量级组合情况,应采用量级组合相关分析中最具代表性典型年的实际洪水确定不同来源洪水的时程相应方式。例如,某洪水风险图编制单元可能的洪水来源为河流 A、B 和当地暴雨,进行河流 A 某量级设计洪水分析时,其起涨时刻取为量级组合相关分析典型年的起涨时刻,而河流 B 与当地降雨相应量级设计洪水或设计暴雨的起涨时刻或降雨开始也应取同一典型年实际的洪水起涨和降雨开始时刻,各来源的起始时刻通常是不一致的,而计算结束时刻则以分析对象洪水来源为准。

选择年最大值多年平均(或设计值)与对象洪水相应的具体方式如下:对于潮位过程,提取实测资料中各年 24 h 最大潮位过程,计算得到其多年平均或设计潮位过程,与分析对象洪水(或降雨)相应,当分析对象洪水(或降雨)的过程长于 24 h 时,将多年平均或设计潮位过程重复使用,直至与分析对象洪水的时间过程相等;对于河道洪水,计算得到其年最大流量的多年平均值作为入流,与分析对象洪水(或降雨)相应;对于当地降雨,取与分析对象洪水(风暴潮)过程相应的时长,提取各相关雨量站点该时长的各年最大降雨过程,计算降雨过程的多年平均值(或设计降雨过程),以此分析降雨分布,与分析对象河道洪水(风暴潮)相应。

【例2-3】 内蒙古东辽河二龙山以下右岸洪水风险图编制洪水组合。

内蒙古东辽河二龙山以下右岸防洪保护区位于东辽河二龙山以下右岸、西辽河郑家屯以下左岸,是一南北向狭长区域,保护区处于西辽河与东辽河交汇的夹角地带。其洪水来源有东辽河干流洪水、西辽河干流洪水及吉林省东辽河右岸溃堤洪水跨省境影响洪水,洪水量级拟订10年、20年、50年、100年四个洪水量级。内蒙古东辽河二龙山以下右岸防洪保护区水系分布见图2-3-2。

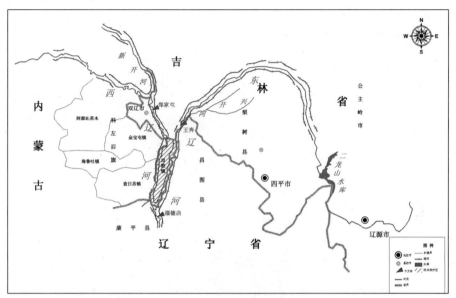

图2-3-2 内蒙古东辽河二龙山以下右岸防洪保护区水系分布图

东、西辽河在河口处汇合,进入辽河干流,在洪水汇入时河口附近河段水位相互存在一定的顶托影响,因此需考虑东辽河干流洪水与西辽河干流洪水的组合问题。

由于洪水成因和河道汇流方面的原因,东、西辽河洪水一般不遭遇,辽河干流上游的大洪水主要由东、西辽河中单一河流洪水形成,如1962年洪水主要来自西辽河,1986年洪水主要来自东辽河。从现有大洪水实测资料和历史洪水调查情况来看,东、西辽河大洪水发生时间亦不同步。因此,洪水风险图编制拟订以下洪水组合方式。

(1)单独东辽河洪水溃口组合方式。

洪水组合按辽河干流福德店水文站控制、东辽河干流同频率、西辽河相应洪水组合,即:

①东辽河与辽河干流同时发生10年一遇洪水,西辽河发生相应的洪水;

②东辽河与辽河干流同时发生20年一遇洪水,西辽河发生相应的洪水;

③东辽河与辽河干流同时发生50年一遇洪水,西辽河发生相应的洪水;

④东辽河与辽河干流同时发生100年一遇洪水,西辽河发生相应的洪水。

(2)单独西辽河洪水溃口组合方式。

洪水组合按辽河干流福德店水文站控制、西辽河干流同频率、东辽河相应洪水组合,即:

①西辽河与辽河干流同时发生10年一遇洪水,东辽河发生相应的洪水;

②西辽河与辽河干流同时发生 20 年一遇洪水,东辽河发生相应的洪水;

③西辽河与辽河干流同时发生 50 年一遇洪水,东辽河发生相应的洪水;

④西辽河与辽河干流同时发生 100 年一遇洪水,东辽河发生相应的洪水。

【例 2-4】 内蒙古嫩干右岸尼尔基至汉古尔河防洪保护区洪水风险图编制洪水组合。

嫩干右岸尼尔基至汉古尔河防洪保护区位于尼尔基水库至诺敏河汇入嫩江干流处,长约 50 km 范围内,保护区面积约 400 km²。保护区上段为尼尔基水库至东诺敏河汇入嫩江干流处,下段为东诺敏河、西诺敏河与嫩江干流围成的三角区域。其洪水来源有嫩江干流洪水、东诺敏河洪水、西诺敏河洪水和暴雨内涝洪水。河道洪水量级拟订 10 年、20 年、50 年、100 年四个洪水量级,暴雨内涝拟订 10 年、20 年、50 年、100 年四个暴雨量级。内蒙古尼尔基至汉古尔河防洪保护区水系分布见图 2-3-3。

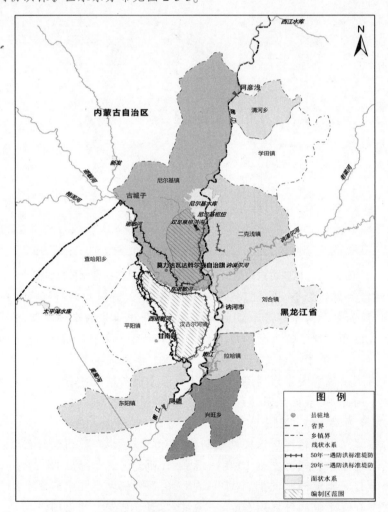

图 2-3-3　内蒙古尼尔基至汉古尔河防洪保护区水系分布图

尼尔基至汉古尔河防洪保护区位于嫩江干流同盟站以上、阿彦浅站以下右岸区域,其间左岸有支流讷谟尔河汇入,右岸有支流诺敏河汇入。

同盟站的洪水来源分为三块:嫩江干流阿彦浅(尼尔基)以上、诺敏河古城子以上、讷谟尔河。从同盟站大洪水的组成看,其洪水既有主要来自干流阿彦浅(尼尔基)站的情况,又有主要来自支流诺敏河的情况。如实测 1998 年 6 月的洪水,阿彦浅(尼尔基)站洪峰流量 7 040 m³/s,而古城子站相应流量仅 1 300 m³/s;1998 年 8 月的洪水,支流诺敏河古城子站洪峰流量达 7 740 m³/s,而阿彦浅(尼尔基)站相应流量仅 3 350 m³/s。因此,洪水组合从偏于不利情况考虑,采用以下洪水组合方案:

(1)对于保护区嫩江干流溃堤洪水,采用嫩江干流同盟站控制、阿彦浅站(尼尔基)同频率,诺敏河古城子站和讷谟尔河相应的组合方式,洪水典型选用 1998 年 6 月的洪水;

(2)对于保护区诺敏河溃堤洪水,采用嫩江干流同盟站控制、诺敏河古城子站同频率,阿彦浅站(尼尔基)和讷谟尔河相应的组合方式,洪水典型选用 1998 年 8 月的洪水;

(3)暴雨内涝洪水采取两种组合方案:一是与同频率河道洪水相遭遇,二是不考虑河道洪水溃堤,仅进行暴雨内涝洪水单独分析计算方案。

【例 2-5】 辽宁省丹东市城市洪水风险图编制洪水组合。

丹东市城区紧邻鸭绿江干流,其洪水来源有鸭绿江干流及其支流爱河洪水、城区内河大沙河、花园河、五道河及安民河洪水以及暴雨内涝洪水。根据保护区堤防现状及规划情况,鸭绿江干流不同河段分别拟订了 20 年、50 年、100 年和 30 年、50 年、100 年及 100 年、200 年三种洪水量级方案;爱河拟订了 20 年、50 年、100 年三个洪水量级;城区内河大沙河拟订了 20 年、30 年两个洪水量级;城区内河五道河、花园河及安民河集水面积较小,且回水堤以上现状无堤防,其洪水风险主要为河道漫溢洪水,考虑该三条内河的洪水与内涝洪水成因及发生时间同步,该三条内河的洪水影响与内涝洪水影响结合进行分析,不单独计算;暴雨内涝拟订 2 年、5 年、10 年、20 年及 30 年一遇暴雨的 2 h、24 h 最大降水量共 10 个暴雨量级。保护区水系分布见图 2-3-1。

编制丹东市城区洪水风险图考虑的洪水来源和洪水量级方案多,洪水组合相对复杂。

在鸭绿江干流辽宁段防洪护岸工程的历次规划设计中,均对鸭绿江干支流洪水及其组合进行过分析计算,其中,在进行鸭绿江干流堤防设计时,以鸭绿江干流丹东站为控制站,按鸭绿江干流同频率、爱河洪水相应的组合方案,洪水典型选择鸭绿江干流发生大洪水的 1995 年型;在进行爱河堤防设计时,以丹东站为控制站,按爱河洪水同频率、鸭绿江干流相应的洪水组合方案,洪水典型选择爱河发生大洪水的 1960 年型。

丹东市城区大沙河、五道河、安民河等内河流域面积均较小,汇流时间较短,洪峰一般较鸭绿江干流洪峰提前出现。丹东市水利勘测设计研究院在进行五道河等各内河回水堤设计时,根据流域实测洪水及暴雨资料,对城区各内河与鸭绿江干流洪水的遭遇情况进行过分析,城区各内河与鸭绿江干流的错峰时间约为 60 h。

编制洪水风险图时,参考既往规划和防洪工程设计中明确的组合方式,拟订如下洪水组合方案:

(1)对于爱河溃堤洪水,采用鸭绿江干流丹东站控制,爱河同频率、鸭绿江干流相应的组合方案。

(2)对于鸭绿江干流溃(漫)堤洪水,采用鸭绿江干流丹东站控制,鸭绿江干流同频率、爱河相应的洪水组合方案。

(3)对大沙河溃堤洪水,采用大沙河与鸭绿江干流发生同频率洪水考虑,大沙河洪峰较鸭绿江干流洪峰提前 60 h 出现进行组合。

(4)对城区暴雨内涝洪水,鸭绿江、大沙河、五道河、安民河按发生同频率洪水考虑,大沙河、五道河、安民河洪峰较鸭绿江干流洪峰提前 60 h 出现进行组合。

（5）洪水分析计算时，考虑黄海潮位变化对鸭绿江干流洪水的影响，选取 24 h 设计潮位过程与鸭绿江干流洪水进行同频率组合，24 h 设计潮位过程重复使用，使之与鸭绿江干流洪水过程时长一致。

四、溃口位置

在编制洪水风险图过程中，溃口的选择至关重要，它是一、二维水动力学模型计算，损失评估，避洪转移等后续工作的基础。防洪保护区堤防溃决的原因主要有 3 种：

（1）管涌等险情发展到一定程度导致堤身塌陷发生堤防溃决；

（2）洪水位超过堤顶漫溢溃决；

（3）对于无分洪闸的蓄滞洪区还有根据预案主动扒口溃决。

前两者属于被动溃口，后者属于主动溃口。主动溃口位置根据相关预案确定，被动溃口位置的确定主要从内部条件和外部条件两部分考虑。

内部条件主要指堤身情况、堤基情况和堤防防护情况等。

（1）堤身情况。主要包括堤顶高程，堤身材料，堤防临、背河堤坡坡比，堤防防洪等级和穿堤建筑物等情况。

（2）堤基情况。主要包括堤基的地层岩性、地层土质类型和水文地质等工程地质条件，堤基防渗处理和堤基加固等情况。

（3）堤防防护情况。主要包括工程防护和植被护坡。

外部条件主要指堤防受到的荷载作用情况、堤防遭受历史洪灾情况和堤防后的社会经济情况等。

（1）堤防受到的荷载作用情况，主要包括由于河势急弯或河道突然束窄等因素造成的河水冲刷和历史上遭受的地震荷载作用情况。

（2）堤防遭受历史洪灾情况，主要包括堤防段历史上遭受的洪水灾害次数、洪水流速、洪水淹没范围、淹没水深，造成的人员伤亡情况和财产损失情况。

（3）堤后的社会经济情况，主要包括堤防后防洪保护区内的人口数量和人口密度，保护区的工业产值、农业产值、渔业产值、林业产值、畜牧业产值、第二产业产值、第三产业产值以及公共设施等情况。

由于影响溃口选择的因素众多，并且很多因素具有很强的模糊性，很难做出精确的判断。我国洪水风险图编制工作起步较晚，很多方面的工作都尚处于探索阶段，对于洪水风险图溃口位置的选择，目前还没有形成一个通用的规范。溃口主要依据"可能""不利"和"关注"三个原则选择，"可能"溃口选取以临水堤防、处于水流顶冲位置、大洪水时水流容易淘涮的险工险段为主，由于这些位置的堤防比较薄弱，最有可能在洪水的作用下，造成工程失事而形成溃口；"不利"溃口选取可能淹没重要的城镇、工商业所处位置的堤防段，不同溃口的淹没范围可以相互衔接，保证保护区从上游至下游完整的风险区域，可以由此预估出最严重的灾害影响，即影响大；"关注"溃口可以选取以前发生过溃口的位置，即历史出险位置，以及近年来洪水发生时抗洪抢险比较危机的位置。溃口位置选择主要考虑河道险工险段、砂基砂堤、穿堤建筑物、堤防溃决后洪灾损失较大等因素，一般方法是：

（1）进行现场调研，查看历史溃痕，并走访河道沿岸的居民和当地防汛部门，了解洪水

出险情况,收集洪灾资料;

(2)走访各地统计部门,收集河道沿岸的人口、耕地、村庄、第二产业产值、第三产业产值等各种社会经济资料;

(3)查勘堤防薄弱地段和地势低洼地段以及河势变化较大地段,并对其进行分类统计;

(4)按堤段将各类资料分类汇总,并对危险程度较大的堤段重点标注;

(5)邀请当地防汛部门、工程设计部门、河道管理部门、水文局、统计局等多部门的多位专家,参照资料册并结合多年工作经验,在相互探讨的基础上初步确定溃口位置;

(6)开展洪水分析计算时,如发现初步确定的溃口位置有不适宜的情况,需根据洪水计算成果分析调整溃口位置。

【例 2-6】　内蒙古西辽河右岸防洪保护区洪水风险图编制溃口位置分析。

内蒙古境内西辽河右岸现有堤防总长度 248.6 km,其中:通辽市以上段堤防总长度 142.82 km,规划防洪标准为 50 年一遇洪水标准,现状达标堤防长度 66.4 km,需加培堤防长度 76.4 km,现状防洪标准为 10~20 年一遇洪水标准;通辽以下段堤防总长度 81.8 km,规划防洪标准为 20 年一遇洪水标准,现状达标堤防长度 74.3 km,需加培堤防长度 7.5 km,现状防洪标准为 10~20 年一遇洪水标准;通辽城区段堤防总长度 14.8 km,规划防洪标准为 100 年一遇洪水标准,现状防洪标准已达到 100 年一遇洪水标准;西辽河白沙铁路桥以下蒙古科左后旗金宝屯段和三眼井段堤防总长度 9.2 km,因保护面积较小,防洪标准为 10 年一遇,但现状堤顶高程基本达到 20 年一遇,因此按现状堤防 20 年一遇标准维护。

为合理确定溃口位置,在详细收集和整理西辽河右岸堤防险工险段、堤防结构、历史出险情况等资料基础上,现场对西辽河干流沿线堤防、险工险段的工程措施进行了实地勘查,与当地水利管理人员就西辽河大洪水时的险情、灾情、目前的防汛抢险重点、存在问题、可能的溃口位置进行调查了解。西辽河右岸防洪保护区目前共有险工 21 处,险工长度 48.8 km,现状已整治长度 11.4 km,治理措施多数为丁坝控导挑流工程及土石、块石编织袋坝头,个别险工段局部采用了铅丝石笼平顺护岸结构。险工治理工程经十几年的运行后,有多处险工出现局部铅丝断裂、块石滚落、尼龙袋风化及局部塌岸问题,但不影响整体运行,现状防护仍能抵御一些中小洪水;少数现状防护工程存在铅丝断裂,丁坝损坏严重,尼龙袋风化严重,坝头已不成形,岸坡及堤脚塌陷严重等问题。右岸防洪保护区各险工是历年防汛工作的重点,也是可能出现的溃口位置。

根据实地勘查、调查访问和堤防、险工位置分布以及相关设计资料整理分析成果,对可能出现的溃口位置进行进一步的筛选分析。首先,通过绘制水流主河道、堤防位置图及提取最新 Google Earth 卫星影像图(见图 2-3-4)中主河道与堤防的相对位置关系,从平面位置上初步分析河道演变趋势、堤防与主河道距离远近、堤防易于受水流正面冲刷和淘涮位置,结合险工整治措施、历史洪水溃口调查情况、保护区内地形起伏、线状构筑物分布和居民地分布等情况初步选定溃口位置。其次,由堤顶、堤脚测量数据和收集到的西辽河干流治理工程初步设计报告中水面线成果,绘制堤顶、堤脚、水面线纵断面图(见图 2-3-5),由此分析各量级洪水时堤防堤脚的淹没水深情况,一般而言堤脚水深越大,相对越危险。从绘制的纵断面图上看,堤防桩号 4~14.4 km 河段和 80~105 km 河段的堤防堤脚地面高程较高,按 50 年一遇设计标准洪水水面线计算,设计洪水最高水位均处于堤脚地面高程以下,这两处河段不考虑选择溃口位置。最后,综合两者分析成果初步选定溃口位置。

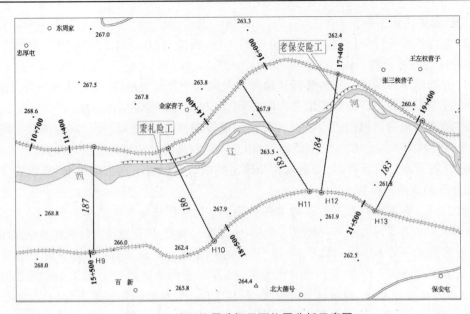

图 2-3-4　溃口位置选择平面位置分析示意图

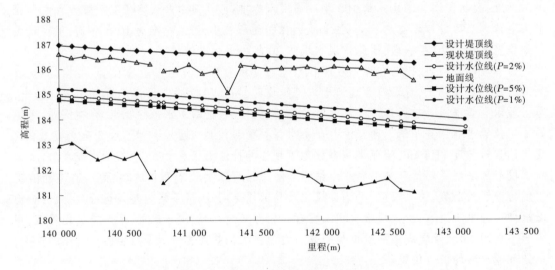

图 2-3-5　溃口位置选择纵断面分析示意图

对初步选定的溃口位置,咨询地方水利专家,最终形成了溃口设定方案,西辽河右岸防洪保护区共设置 14 个溃口。以四间房溃口为例说明各选定溃口的基本情况:

四间房溃口位于明仁苏木明仁村的明仁及四间房险工处,处于西辽河右岸防洪保护区的上游区域,距上游苏家堡水利枢纽约 6.0 km,选择此溃口作为西辽河右岸防洪保护区的最上游溃口。明仁及四间房险工形成于 1985 年,险工长度 1 400 m,2000 年分别采用 10 座铅丝石笼丁坝进行了整治,整治长度 450 m。该险工处于河弯道首端,堤脚距主河道较近,大水时受洪水正面冲刷,易于发生水流淘蚀,出现险情。溃口基本情况见图 2-3-6。

模型计算过程中 14 个溃口中有 13 个溃口与初步确定的溃口一致,原确定的高井子溃口在模型计算中因堤外地形较高,受地形阻隔基本不向外跑水,因此进行了调整,将高井子溃口调整至下游约 3 km 处的原一棵树险工处。溃口位置分布见图 2-3-7。

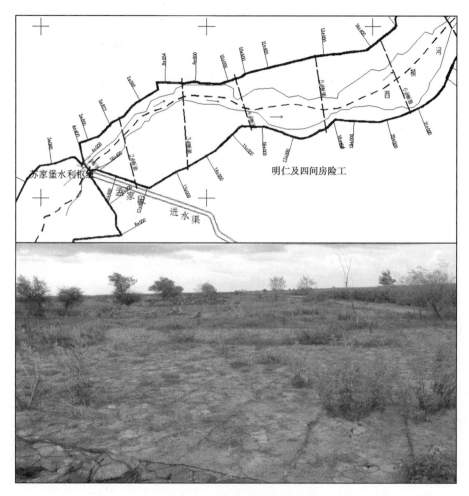

图 2-3-6　四间房溃口基本情况

五、溃口宽度

　　堤防溃决时溃口垂向、横向发展过程,溃口最终形态特征与河道流量,洪水水流流速及流向,筑堤土体含水率、孔隙率,溃口位置堤身内外地形条件等因素有关。一般而言,河道流量对溃口垂向发展速度基本没有影响,但对溃口横向扩展速度影响较大,溃口上游来流量越大,作用于溃口两侧边壁的流速相应越大,溃口横向扩展速度越快,因此溃口的平均扩展宽度随流量的增大而增大。筑堤土体含水率大、孔隙率小时,土体黏聚力增加,堤防透水性较差,提高土体的抗冲性,从而使得溃口垂向、横向扩展速度减缓,易形成矩形溃口;反之,则溃口垂向、横向扩展速度加快,易形成梯形溃口,溃口位置外江侧保护区地形越陡,内江侧水位越高,溃口外江侧流速越大,溃口垂向、横向扩展速度越快。

　　溃口宽度影响因素众多,很难做出精确的计算分析、定量确定。现以西辽河流域堤防决口调查数据(见表 2-3-1)为例进行分析,从表 2-3-1 中可以看出,各地点溃口宽度相差较大,30~500 m 不等,且不随上下游变化、洪水量级变化呈现规律性变化。例如,1954 年洪水西辽河干流决口,保安村溃口宽度为 250 m,金川营子村溃口宽度仅为 46 m,二者相差近 5 倍;西拉木伦河 1954 年洪水洪峰流量为 330 m³/s,义和沙拉村决口宽度为 500 m,1963 年洪水

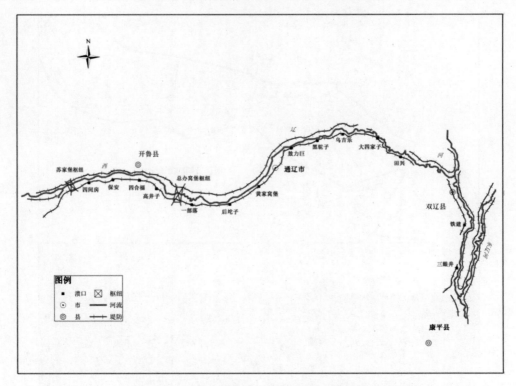

图 2-3-7　西辽河右岸防洪保护区溃口位置分布图

洪峰流量为 461 m³/s，义和沙拉村决口宽度仅为 150 m。

表 2-3-1　西辽河流域堤防决口调查数据统计

河流名称	洪水年份	洪水洪峰流量（m³/s）	决口地点	溃口宽度（m）
西辽河干流	1954	2 800	开鲁县明仁苏木保安村	250
			开鲁县吉日嘎郎吐金川营子村	46
			开鲁县吉日嘎郎吐新立窑村	120
	1957	1 400	科尔沁区辽河镇双井子村	50
	1959	1 700	开鲁县吉日嘎郎吐新立窑村	60
			科尔沁区大林镇北庄村	100
			科尔沁区敖力布皋镇王家窝堡村	30
	1962	1 470	科尔沁区丰田镇万家街村	50
西拉木伦河	1954	330	开鲁县爱国村	50
			开鲁县义和沙拉村	500
	1959	710	开鲁县六百丈壕	100
	1963	461	开鲁县义和沙拉村	150
	1985	600	开鲁县二等加拉	200

综上所述,在开展洪水风险图编制工作时,因溃口宽度难以精确计算分析、定量确定,一般可根据实际堤防溃口的溃痕和观测资料,并综合专家经验法确定。考虑河道流量、洪水流速对溃口宽度有一定影响,对于某一溃口,如果不同量级洪水的流量、洪水流速对溃口宽度影响不大,不同量级洪水方案可采用同一溃口宽度;反之,则可因地制宜地按照不同洪水量级方案拟订不同的溃口宽度,低于防洪标准一个量级的洪水,溃口宽度尺寸相对小一些,超标准洪水时溃口宽度尺寸相对大一些,标准洪水时溃口宽度取中间值。超标准洪水应急处理区和蓄滞洪区的主动扒口、溃口宽度应根据分洪需要确定。

如果在上述条件都不具备的情况下,可采用如下经验公式近似计算,并综合专家经验法确定:

在汇流点

$$B_b = 4.5(\lg B)^{3.5} + 50 \tag{2-3-1}$$

在其余地点

$$B_b = 1.9(\lg B)^{4.8} + 20 \tag{2-3-2}$$

式中 B_b——溃口宽,m;

B——河宽,m。

对于堤防溃口宽随时间的变化,可以按以下经验公式确定:

$t = 0$ 时

$$B'_b = B_b/2 \tag{2-3-3}$$

$0 < t \leq T$ 时

$$B'_b = B_b/2 \times (1 + t/T) \tag{2-3-4}$$

$t > T$ 时

$$B'_b = B_b \tag{2-3-5}$$

式中 t——溃堤后的历时,min;

T——溃堤持续时间;

B'_b——任一时刻的溃口宽,m;

B_b——最终溃口宽,m。

溃堤持续时间按下式确定:

$$T = 1.527(B_b - 10) \tag{2-3-6}$$

上述公式表示的是瞬间形成了一个 1/2 最终宽度且溃到地面高程的口门,然后在 0~T 时段内线性发展至最终口门形态。

【例 2-7】 内蒙古西辽河右岸防洪保护区洪水风险图编制溃口宽度分析。

西辽河干流历史上曾多次发生堤防溃决,因堤防决口大多发生在 20 世纪 80 年代以前,年代较为久远,堤防决口情况难以调查清楚。根据现场调查及收集的资料,统计整理了西辽河堤防决口数据。中华人民共和国成立以来,西辽河河堤决口 37 余处,其中,1949 年洪水堤防决口 19 处;1950 年洪水堤防决口 7 处;1953 年洪水堤防决口 1 处;1954 年洪水堤防决口 4 处;1957 年洪水堤防决口 1 处;1959 年洪水堤防决口 2 处;1962 年洪水堤防决口 2 处;1985 年洪水堤防决口 1 处。堤防决口原因多为堤防标准低、地羊洞隐患决口、塌岸溃溢等。随着西辽河流域防洪工程体系逐渐完善,堤防标准提高及红山水库 1965 年投入使用,西辽河干流堤防发生决口的次数明显减少,仅 1985 年洪水在通辽市海力营子处发生了一次塌岸溃溢。

　　由于西辽河干流发生堤防决口时间比较久远,堤防决口情况难以调查清楚,通过详细的调查及资料整理分析,40余处堤防决口中仅有8处决口具有相对较完整的调查资料。另外,西辽河干流上游西拉木伦河有5处较完整堤防决口调查资料。从堤防决口调查数据来看,各地点决口宽度相差较大,30~500 m不等,且不随上下游变化、洪水量级变化呈现规律性变化,决口宽的差别分析与河道宽度、洪水流速及流向、堤身建筑材料和质量等有关。

　　西辽河干流河道较为宽阔,大洪水时河道断面过流面积大,受上游红山水库调节影响后,西辽河干流河道各量级洪水洪峰流量相差不大,各量级洪水的洪水位相差较小。统计分析西辽河干流河道20年、50年、100年一遇洪水量级各溃口位置的最高洪水位(见表2-3-2),各溃口断面处20年一遇洪水与50年一遇洪水最高洪水位平均相差0.13 m,最大相差0.19 m,50年一遇洪水与100年一遇洪水最高洪水位平均相差0.11 m,最大相差0.15 m。由于各量级洪水洪峰流量相差不大,大洪水时河道断面过流面积大,同一溃口位置的洪水流速相差极小,以本次淹没面积最大的福兴地溃口为例,20年、50年、100年一遇洪水量级时溃口处断面洪水平均流速分别为0.69 m/s、0.70 m/s、0.73 m/s,20年一遇洪水与50年一遇洪水流速相差仅0.01 m/s,50年一遇洪水与100年一遇洪水流速相差仅0.03 m/s。

表 2-3-2　西辽河左岸各溃口位置各量级洪水最高洪水位比较成果

溃口名称	计算水位(m)			水位差(m)	
	100 年	50 年	20 年	100 年-50 年	50 年-20 年
西安忠厚溃口	271.67	271.56	271.47	0.11	0.09
福兴地溃口	249.80	249.72	249.63	0.08	0.09
新立窑溃口	236.71	236.59	236.46	0.12	0.13
福发屯溃口	206.03	205.94	205.82	0.09	0.12
万家街溃口	193.64	193.56	193.43	0.08	0.13
二号险工溃口	184.02	183.89	183.71	0.13	0.18
张德生溃口	173.94	173.83	173.66	0.11	0.17
二十八户溃口	158.63	158.53	158.41	0.10	0.12
哈九溃口	151.13	151.02	150.86	0.11	0.16
迷力营子溃口	136.78	136.63	136.51	0.15	0.12
白音塔拉溃口	131.98	131.84	131.75	0.14	0.09

　　对同一溃口位置而言,因溃口位置河道宽度、堤身建筑材料和质量、不同量级洪水的水流流向基本相同,洪水流速大小是不同量级洪水堤防冲决宽度的主要影响因素。从前述分析可知,西辽河干流河道宽阔,大洪水时河道断面过流面积大,不同量级洪水的最高洪水位

和洪水流速相差较小,不同量级洪水溃口宽度相差不大。各溃口不同量级洪水的溃口宽度按一致处理。

根据西辽河流域堤防历史溃决情况调查结果,溃口初始形态和最终形态选择为矩形,溃口的底高程取溃口所在河段保护区临堤地面高程,溃口形成时间根据经验公式确定。

根据经验公式,各溃口宽度在260~410 m,根据堤防历史溃口调查情况,历史洪水发生的各地点决口宽度为30~500 m不等,综合以上分析及现有的堤防工程安全分析成果及相关专家建议综合确定各溃口的溃口宽度,西辽河左岸防洪保护区设置的各溃口最大宽度在300~400 m;溃口的发展过程采用线性溃决方式,即溃口宽度与深度随时间线性扩展,具体见表2-3-3。

表2-3-3　西辽河左岸堤防溃口形态演变过程

河名	溃口名称	计算最大溃口宽度 (m)	采用最大溃口宽度 (m)	溃口最低高程 (m)	溃口形成时间 (h)
西辽河	西安忠厚溃口	394	400	268.40	9.9
西辽河	福兴地溃口	401	400	248.38	9.9
西辽河	新立窑溃口	355	350	232.94	8.7
西辽河	福发屯溃口	373	350	203.77	8.7
西辽河	万家街溃口	371	350	189.10	8.7
西辽河	二号险工溃口	281	300	181.25	7.4
西辽河	张德生溃口	325	300	169.06	7.4
西辽河	二十八户溃口	407	400	158.70	9.9
西辽河	哈久溃口	293	300	147.56	7.4
西辽河	迷力营子溃口	268	300	136.10	7.4
西辽河	白音塔拉溃口	342	300	128.96	7.4

【例2-8】　内蒙古嫩干右岸扎赉特旗防洪保护区洪水风险图编制溃口宽度分析。

嫩干右岸扎赉特旗防洪保护区在扎赉特旗境内,可分为都尔本新保护区和保安沼保护区,总面积约1 200 km²。都尔本新保护区是雅鲁河、绰尔河、嫩江和内蒙古、黑龙江边界围成的区域,四周均有堤防。保安沼保护区位于绰尔河与嫩江的汇合口,保护区范围为始于汇合口,终于绰尔河受嫩江水位顶托回水区。扎赉特旗防洪保护区共设定7个溃口,其中雅鲁河右堤设置1个溃口,绰尔河左堤设置1个溃口,绰尔河右堤设置4个溃口,嫩江右堤设置1个溃口。溃口位置分布见图2-3-8。

嫩江流域历史上曾多次发生堤防溃决,特别是1998年大洪水,嫩江堤防大小决口共计86处,决口总长度为10.6 km。根据现场调查及收集的资料,统计整理了嫩江堤防决口调查数据,堤防决口统计资料见表2-3-4。

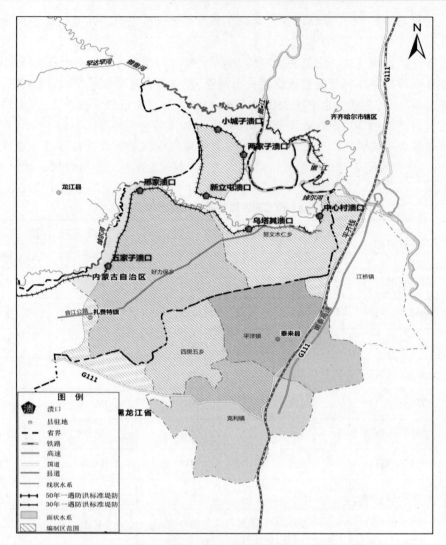

图 2-3-8　嫩干右岸扎赉特旗防洪保护区溃口位置分布图

表 2-3-4　1998 年嫩江干流堤防决口统计资料

堤段	堤长(km)	决口数(处)	决口总宽度(m)	最大冲宽(m)
莽格吐堤	25.71	1	32	32
额尔门沁堤	14.15	8	619.5	120
东卧牛吐堤	17.97	2	54.2	27.1
西卧牛吐堤	10.38	4	51.8	22.2
雅尔赛堤(一)	7.76	7	224.4	68
雅尔赛堤(二)	33.71	7	563	155
滨州铁路决口	—	1	280	280
泰来大堤(一)	10.56	5	554	282.7

续表 2-3-4

堤段	堤长(km)	决口数	决口总宽度(m)	最大冲宽(m)
泰来大堤(二)	13.16	4	211.6	161
泰来大堤(光荣)	0.76	1	107.3	107.3
泰来大堤(沿江)	2.2	2	140	74
文革堤(一)(阿拉新堤)	14.19	7	364.9	90.5
文革堤(二)(大山堤)	4.51	17	4 560	910
拉海堤	20.3	7	699	245
马场堤	5.13	2	617	380
绰尔屯堤	8.37	10	1 220	376
肇源农场段	13.94	2	590	538

从堤防决口调查数据来看,嫩江流域各地点决口宽度相差较大,最小的溃口宽度为27.1 m,最大的溃口宽度为910 m。嫩江堤防决口宽度受河道宽度、洪水水流流向、堤身建筑质量等综合影响,无规律性变化,如1998年洪水时,额尔门沁堤决口,该堤段堤长共14.15 km,1998年洪水洪峰流量约为12 200 m³/s,在短短的14.15 km堤段内共形成7处决口,决口总宽度为619.5 m;又如文革堤(一)决口,该堤段堤长共14.19 km,1998年洪水洪峰流量约为26 400 m³/s,在14.19 km堤段内共形成7处决口,决口总宽度为364.9 m。

根据经验公式计算各溃口宽度,嫩江干流堤防的溃口宽度在450~700 m,嫩江支流堤防的溃口宽度在350~520 m。用经验公式计算得到的溃口宽度较大,根据实际洪水堤防溃口调查成果分析及与相关水利专家咨询,宜对溃口宽度进行适当调整。调整时综合经验公式计算成果、堤防历史溃口情况调查成果、现有的堤防工程安全分析成果及相关专家建议成果等各方面因素,对于100年一遇洪水量级各溃口宽度:嫩江干流堤防溃口参考1998年大洪水江桥站附近及以下河段溃口的平均溃口宽度调整;嫩江干、支流堤防筑堤材料和质量相差不大,支流洪水水面宽度小于干流水面宽度,支流洪水小于嫩江干流洪水,定性分析,支流溃口宽度小于嫩江干流溃口宽度,因此参考嫩江干流溃口宽度适当调整支流溃口宽度。

对同一溃口而言,鉴于溃口宽度与洪水量级的具体关系目前难以量化,50年、20年、10年一遇洪水量级溃口宽度,参考50年、20年、10年一遇洪水洪峰与100年一遇洪水洪峰的比值,依据100年一遇洪水量级溃口宽度调整其他洪水量级溃口宽度。溃口宽度调整成果见表2-3-5。

六、溃决方式

堤防溃口主要针对土质堤防,根据土质堤防溃决调查及室内试验数据来看,堤防溃决方式为逐渐溃决。因此,堤防的溃决方式可采用逐渐溃决方案,溃口初始形态和最终形态可根据筑堤土体含水率、孔隙率等特征采用矩形溃口或梯形溃口,溃口的垂向、横向发展过程采用线性溃决方式,即溃口宽度与深度随时间线性扩展,溃口的底高程取溃口所在河段保护区临堤地面高程。

表 2-3-5　嫩江右岸扎赉特旗防洪保护区溃口宽度调整成果

河流	溃口/水位站	洪水量级	断面流量(m³/s)	拟采用溃口宽度(m)
嫩江	两家子溃口	10	6 367	270
		20	8 537	360
		50	8 899	380
		100	11 653	500
雅鲁河	小城子溃口	10	2 547	100
		20	3 829	140
		50	5 706	200
		100	7 008	250
绰尔河	新立屯溃口	10	1 967	130
		20	2 863.5	200
		50	3 612.8	250
		100	3 621	250
	五家子溃口	10	2 268	130
		20	3 242	200
		50	3 871	250
		100	3 890	250
	邢家溃口	10	2 172	130
		20	3 118	200
		50	3 922	250
		100	3 932	250
	乌塔其溃口	10	1 835	130
		20	2 695	200
		50	3 714	250
		100	3 879	250
	中心村溃口	10	1 791	130
		20	2 637	200
		50	3 632	250
		100	3 848	250

堤防溃决时机按以下原则确定:若河道最高洪水位大于或等于防洪保证水位,则溃决时机取溃口所在位置的洪水位达到防洪保证水位的时刻;若河道最高洪水位小于防洪保证水位,则溃决时机取溃口所在位置的洪水位达到最高水位的时刻。

七、溃口流量

堤防溃决影响因素众多、机制复杂,模拟难度大,但随溃堤水力学的不断深入研究,目前还是取得了相当大的进展,开发了许多数学模型。溃口模拟的主要模型有 Cristofano 模型、HW(Harris-Wagner)模型、Lou 模型、BREACH 模型、BEED 模型和 DAMBRK 模型等。

(1)Cristofano 模型采用任意宽度的初始浅溃口来模拟溃决。模型中采用了如下一些假定:①溃口宽度不变且形状一直保持为梯形;②冲蚀面的底部长度只算到基岩层,这样容许冲槽底可均匀冲刷到基岩面;③冲槽的底坡为常数,等于填筑土料的摩擦角;④冲蚀过程只考虑溃口底部,不考虑边坡的冲蚀;⑤认为边坡滑塌土体相对于水流挟沙量可以忽略。据此假设,模型中给出了单位面积上冲槽中冲蚀变化率与流经冲槽的水流变化率之间的关系,以此来模拟溃口的扩展,并采用宽顶堰水流公式计算溃口流量。

(2)HW 模型对溃口假定为:①溃口为抛物线形,抛物线顶宽 T 为深度 D 的 3.75 倍,溃口面积为 $0.66DT$,因此面积 $A=2.5DT$;②溃口顶类似于溢洪道;③不考虑尾水影响、行近速度和结构物对水流的影响。溃口的发展速度取决于推移质输沙率,输沙率采用 Schoklitsch 推移质公式的修正式进行计算,流量仍采用堰流公式计算。

(3)Lou 模型的溃口假定包括:①基于水力条件,推导出一个溃口最有效的稳定断面,断面形状描述为 $y=y_0\cos(x\pi/B)$。y_0 为中心点最大水深;x 为距中心点距离;B 为坝顶宽;y 为 x 处水深。②不考虑尾水对溃坝洪水过程线的影响。Lou 模型提供了三种方法计算输沙量,并据此确定溃口断面的变化。

(4)BREACH 模型假定漫顶溃口初始为矩形,当溃口深度达到临界深度时边坡滑塌,溃口变成梯形。临界深度取决于大坝的内摩擦角、黏聚力及容重。水流冲刷的泥沙输运应用 Meyer-Peter 及 Muller 泥沙输移公式计算,并在每一个时间步长通过计算大坝上游面的水压力来校核滑塌是否发生。溃口流量采用宽顶堰公式计算。

(5)BEED 模型将溃口分为坝顶溃口和下游面冲槽两段,两段的断面形状采用底宽和顶宽均相等的梯形断面。模型在溃口断面上应用 Einstein-Brown 公式计算冲蚀速率,其中无量纲输沙率函数的选定综合考虑了 Meyer-Peter 及 Muller 公式修正式和经验公式。BEED 模型的溃口段假定为宽顶堰,采用堰流公式计算溃口流量。

(6)DAMBRK 模型将溃口概化为梯形,梯形边坡取决于坝体材料的性质。模型在溃口演变的模拟上进行了较大的简化处理,不对具体的泥沙输运进行计算,而直接假定溃口尺寸以指数形式扩大。溃口流量采用 Freed 堰流公式计算。与其他模型比较,该模型所需参数较少,应用较简单广泛,并在工程中取得了良好的效果。

DAMBRK 模型堤防溃口流量计算具体如下:

$$Q = c_v k_s \left[0.546\,430b\sqrt{g(h-h_b)}\,(h-h_b) + 0.431\,856S\sqrt{g(h-h_b)}\,(h-h_b)^2 \right]$$

$$(2\text{-}3\text{-}7)$$

式中　Q——瞬时溃口流量,m^3/s;

　　　b——瞬时溃口底宽,m;

　　　g——重力加速度,m/s^2;

　　　h——上游水位,m;

　　　h_b——瞬时溃口底高程,m;

S——溃口边坡；

c_v——行近流速系数；

k_s——淹没系数。

行近流速系数 c_v 采用下式计算：

$$c_v = 1 + \frac{0.740\ 256Q^2}{gW_b^2\ (h - h_{b,term})^2\ (h - h_b)} \tag{2-3-8}$$

式中　W_b——堤防宽，m；

　　　$h_{b,term}$——最终溃口的底部高程，m。

淹没系数 k_s 采用下式计算：

$$k_s = \max\left\{1 - 27.8\left(\frac{h_{ds} - h_b}{h - h_b} - 0.67\right)^3, 0\right\} \tag{2-3-9}$$

式中　h_{ds}——下游水位，m。

八、跨省界洪水影响处理

流域洪水风险图一般按照省、区独立组织实施，当河流流域面积较大，流域跨多个省区时，流域上游溃堤洪水漫流出洪水风险图本省、区编制区域后，可能会对临近省、区防洪保护区产生影响。因此，在编制洪水风险图工作中，需对跨省界洪水风险进行处理，确保上、下游成果协调一致、有效衔接。

跨省界洪水影响的处理原则一般可包括以下几方面内容：

(1)为确保流域上、下游洪水分析时，洪水量级一致、洪水风险来源一致，洪水风险图编制工作中采用洪水资料系列、设计洪水计算方法及设计洪水采用成果保持一致。

(2)采用的洪水分析模型、洪水影响分析方法、避洪转移分析方法尽量保持一致，确保各省、区编制成果有效衔接。

(3)质量控制标准保持一致，确保各省、区编制成果无缝拼接、整体协调。

(4)采用的社会经济统计水平年、社会经济统计指标一致，确保洪水影响分析成果的可比性和整体协调。

【例 2-9】　西辽河防洪保护区洪水风险图编制跨省界洪水问题处理。

西辽河流域跨内蒙古自治区、吉林、辽宁三省区，西辽河干流起于老哈河和西拉木伦河汇合口，终于东、西辽河汇合口处。西辽河干流上游两岸为内蒙古自治区通辽市，西辽河过小瓦房村后在双辽市白市村位置进入吉林省双辽市境内，至平齐铁路白沙铁路桥处出吉林省境，再次进入内蒙古自治区境内，至东、西辽河汇口以上约 9.0 km 的马家铺，进入辽宁省康平县区域。西辽河流域上下游行政分区关系见图 2-3-9。

西辽河干流两岸防洪保护区洪水风险图分别由内蒙古自治区、吉林、辽宁三省区组织实施，其中，双辽市白市村以上及平齐铁路白沙铁路桥以下至东、西辽河汇合口附近的马家铺段的流域洪水风险图由内蒙古自治区组织实施，白市村至平齐铁路白沙铁路桥段洪水风险图由吉林省组织实施，东、西辽河汇合口附近的马家铺以下段由辽宁省组织实施。西辽河流域洪水风险图编制存在跨省淹没及跨省区洪水风险图编制成果的衔接问题。

开展内蒙古自治区洪水风险图编制时，增加了白市村以上西辽河右岸防洪保护区内溃口洪水淹没吉林省地区，白沙铁路桥至东、西辽河汇口西辽河右岸防洪保护区内溃口洪水淹

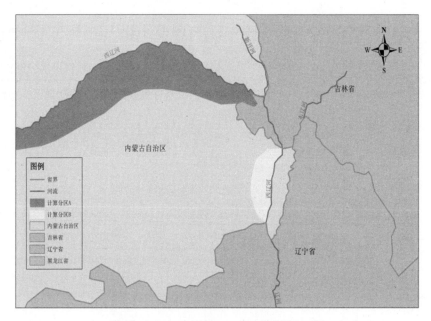

图 2-3-9　西辽河流域上下游行政分区关系

没下游辽宁省地区的处理方案。开展吉林省洪水风险图编制时,增加了西辽河右岸防洪保护区内溃口洪水越过平齐铁路白沙铁路桥后,淹没内蒙古自治区地区的处理方案。开展辽宁省洪水风险图编制时,增加了上游内蒙古自治区境内西辽河右岸溃堤洪水影响辽宁省地区的处理方案。

九、模型构建及参数选取

(一)洪水分析模型

随着数学模型理论研究的不断深入及电子计算机水平的飞速发展,通过建立水力学数学模型研究水流运动规律成为洪水风险图编制中洪水分析的重要手段。

一维水流模型可以方便快速地进行长河段的洪水演进预报,能够模拟河道的水面线,同时在处理河道上的一些建筑物(如闸门、堰等)时非常灵活方便,因而一维水流模型被广泛应用于河道的水流模拟中。相对于一维水流模型而言,二维水流模型能够进行大范围水流运动的模拟,提供更加丰富的计算信息,如流场分布、淹没面积、淹没范围等。与一维模型相比,二维模型也存在着不足之处:信息存储量和计算量大大增加导致了计算效率大大降低。对于解决河道溃堤及溃堤水流演进等具有多空间尺度的实际问题,针对不同的研究区域,运用不同的数学模型,可充分发挥各自模型的优势,满足实际需要与提高模型计算效率。因此,目前洪水风险图编制中多采用一维、二维和溃堤模型耦合算法模拟溃堤洪水演进问题。

目前,很多科研院所及高校开发了可应用于洪水风险图编制的洪水分析模型,国家防总为推进重点地区洪水风险图编制项目顺利进行,确保洪水风险图编制质量,统一成果汇集,会同中国水利水电科学研究院和水利部水利水电规划设计总院,在优选和专家论证基础上,研究确定了重点地区洪水风险图编制项目软件名录,见表 2-3-6。洪水风险图编制应依据重点地区洪水风险图编制项目软件名录中备选软件选定洪水分析模型。

表 2-3-6　重点地区洪水风险图编制项目软件名录

序号	开发单位	软件名称	说明
1	中国水利水电科学研究院	洪水分析系列软件	"城市洪水分析软件"用于城市二维洪水分析与模拟
			"蓄滞洪区洪水分析软件"用于蓄滞洪区二维洪水分析与模拟
			"防洪保护区洪水分析软件"用于防洪保护区二维洪水分析与模拟
			"洪泛区洪水分析软件"用于洪泛区一、二维洪水分析与模拟
2	黄河水利科学研究院	黄河数学模拟系统	YRSSHD1D0112用于一维恒定与非恒定流洪水分析与模拟
			YRSSHD2D0112用于二维恒定与非恒定流洪水分析与模拟
3	珠江水利科学研究院	洪水风险模拟分析软件	用于一、二维洪水分析与模拟
4	美国陆军工程师兵团	HEC-RAS	用于一维恒定与非恒定流洪水分析与模拟
		TABS RMA2系列	用于二维洪水分析与模拟
5	XP软件公司	XP-SWMM/XP-Storm	用于一维恒定与非恒定流洪水分析与模拟
		XPSWMM 2D/XPStorm 2D	用于二维洪水分析与模拟
6	DHI Water and Environment	MIKE模型系列	用于降雨产汇流、一维、二维和一二维耦合的洪水分析与模拟
7	JimmyS.O'Brien	FLO-2D	用于进行河道与洪泛区水流模拟的一二维耦合的水动力学洪水模拟,河道为一维水动力学模型,洪泛区模拟为求解二维水动力学模型
8	美国 Innovyze, Inc	InfoWorks RS	用于降雨产汇流、一维、二维洪水分析与模拟
9	中国水利水电科学研究院	损失评估软件	用于洪水影响分析与损失评估
10	中国水利水电科学研究院	洪水风险图绘制系统 FMAP	用于绘制洪水淹没范围图、淹没水深图、洪水流速图、淹没历时图、到达时间图、避洪转移图、洪水区划图等级
11	中国水利水电科学研究院	洪水风险图管理与应用系统 FMAS	用于洪水风险图相关数据与编制成果的汇总、录入、集成、管理与应用

(二)模型构建范围

洪水分析模型覆盖的区域范围可分为一维河道水流模型构建范围与二维水流模型构建范围。

一维河道水流模型构建范围需涵盖编制区域范围,模型计算成果能反映所有断面(在有溃口或分洪的情况下,还应反映溃口或分洪口门处的水位和流量过程)的水位、流量过程和沿程水位变化过程,并考虑边界条件易于确定因素。例如,编制区域受多条外河洪水影响,需根据每条外河的可能影响区域确定模型构建范围;编制区域同时受外河、内河洪水影响,需按照拟订的洪水组合方案确定模型构建范围;溃堤洪水在泛滥区经一定范围漫流后,受地形条件或其他因素影响,在编制区域范围外某地点回归河道,需考虑回归河道处断面水位、流量过程的影响;上、下边界有已批复、可直接利用的水位、流量过程或有水文站资料。

二维水流模型构建范围需涵盖溃堤洪水进入泛滥区后的可能影响范围,确定二维水流模型构建范围时可参考以下几方面因素分析确定:

(1)溃堤洪水泛滥区为封闭区域,参考封闭区域边界确定建模范围;

(2)溃堤洪水泛滥区为开敞区域,参考本流域相关防洪规划水面线计算成果、需考虑的最大洪水量级和地形图资料,并适当考虑外包连接沿程各断面最高水位形成最高水位线,以此水位线向两侧平推至陆地确定建模范围;

(3)溃堤洪水在泛滥区经一定范围漫流后,在编制区域范围外某地点回归本河道或其他河道,需外包回归地点确定建模范围;

(4)溃堤洪水漫流进入海洋,以海岸线边界作为建模范围的下边界;

(5)考虑暴雨内涝洪水时,建模范围除应考虑可能发生内涝的区域范围外,还应考虑暴雨产流、汇流的集水区范围及涝水外排条件;

(6)流域跨多个省区,上游溃堤洪水漫流出洪水风险图本省编制区域后,对邻近省区产生影响时,宜建立含跨省区可能影响范围的整体洪水分析模型。

【例2-10】　西辽河右岸(辽宁段)洪水风险图编制模型构建范围。

西辽河右岸(辽宁段)防洪保护区位于西辽河最下游,起于辽宁省康平县北三家子街道辽阳窝堡村,终于西辽河与东辽河的入汇口处,西辽河辽宁省境内河长约9 km。根据《辽河三江口地区省界堤防工程可行性研究报告》中水面线计算成果初步分析确定西辽河右岸(辽宁段)防洪保护区面积约为80 km²。保护区受上游内蒙古境内溃堤洪水跨境影响,下游与辽河干流右岸防洪保护区相衔接。

根据本保护区的自然地理情况和上、下游衔接区域可能的洪水影响,二维水流模型的计算范围为:东部以西辽河干流、辽河干流堤防为边界;保护区北部(上游侧)与内蒙古通辽市科左后旗接壤,两省区分界处无明显的地形阻隔,考虑西辽河内蒙古境内右岸溃堤洪水对本区域的影响,将计算范围向北扩充至科左后旗范围;保护区南部(下游侧)为辽河干流右岸防洪保护区,两个保护区亦无明显的地形阻隔,溃堤洪水通过西辽河保护区后进入辽河干流右岸保护区,向南演进至约23 km受G25高速公路阻隔,经公路跨引辽济湖桥涵向西演进至八家子河处受其堤防阻隔,洪水难以继续下行。因此,计算范围西部扩充至八家子河堤防,向南扩充至G25高速公路处。西辽河右岸(辽宁段)防洪保护区二维数学模型计算范围见图2-3-10。

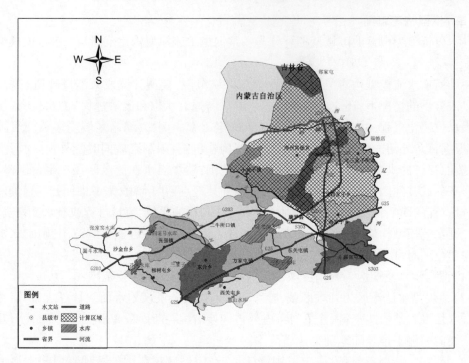

图 2-3-10　西辽河右岸(辽宁段)防洪保护区二维数学模型计算范围

(三)模型边界条件

洪水分析模型的边界条件包括上边界(入流)和下边界(出流)两部分。一维河道水流模型的边界条件通常有 3 种类型,分别为:

(1)水位或潮位边界条件。边界处给定水位或潮位随时间的变化过程。

(2)流量或降雨边界条件。边界处给定流量或降雨随时间的变化过程。

(3)水位—流量关系边界条件。边界处给定水位流量变化关系。

一维河道洪水分析的上边界条件通常为流量过程(包括天然的和人为控制的),暴雨内涝分析的上边界条件为降雨过程,风暴潮洪水的上边界条件为潮位过程。一维河道洪水分析的下边界条件通常为下游控制站的水位—流量关系。若下游邻近水库、湖泊,应根据水库、湖泊的汛期调度规则,取相应的水位作为下边界条件。若下游受潮汐影响,则取潮位过程为下边界条件。在下游既无控制站,又不邻近大水体时,可近似假定距研究对象河段下游一定距离之后的河道以最后一个断面相同的形态无限延伸,运用曼宁公式计算确定下边界条件。

对于二维水流模型,当网格单元边为计算域边界或实体边界(如工程建筑物)时,数值通量计算就变成了边界黎曼问题。此时可根据局部流态(急流或缓流)选定法向输出特征的相容关系和指定边界条件以确定未知变量的状态。二维水流模型有 3 类水流边界条件,分别为陆地边界、开边界和内边界。

陆地边界:

$$u_R = -u_L, v_R = v_L, h_R = h_L \qquad (2\text{-}3\text{-}10)$$

式中　　u_L、u_R——边界左、右两侧 x 方向沿垂线平均的水平流速分量,m/s;

　　　　v_L、v_R——边界左、右两侧 y 方向沿垂线平均的水平流速分量,m/s;

h_L、h_R——边界左、右两侧单元水深,m。

开边界:

开边界类型包括定水位边界、定流量边界和水位—流量关系边界等类型。

定水位边界,即给定水位过程 h_R,有:

$$\begin{cases} u_R = u_L + 2\sqrt{g}\left(\sqrt{h_L} - \sqrt{h_R}\right) \\ v_R = v_L \end{cases} \quad (2\text{-}3\text{-}11)$$

定流量边界,即给定单宽流量 q_R,求解下列方程组:

$$\begin{cases} q_R = h_R u_R \\ u_R = u_L + 2\sqrt{g}\left(\sqrt{h_L} - \sqrt{h_R}\right) \\ v_R = v_L \end{cases} \quad (2\text{-}3\text{-}12)$$

式中　q_R——边界右侧沿垂线平均的单宽流量,m^2/s。

内边界:

如计算区域内部存在涵洞、堰、闸、堤等水工构筑物,当单元边界与之重合时,单元边界上的法向数值通量计算就属于物理边界问题。对于物理边界上法向通量的计算根据各种物理边界类型的不同区别对待。

对于溃决或漫溢出河道的泛滥洪水二维模拟,若泛滥区为封闭区域,其上、下游边界条件与河道的边界条件相同。若是开敞区域,下边界条件通常包括以下几类:①经一定范围漫流后,归入其他河道,则下边界条件根据该河道的具体情况参照上述方法选取;②散漫流入海洋,其下边界条件为流经海岸线沿岸的潮位过程;③若既未汇入河道,又距海洋较远,可近似将漫流出洪水风险图编制区域一定距离后的水流视为自由出流,以此作为下边界条件。暴雨内涝或在封闭区域(无外排),可以排出水体(河道、海洋、湖泊等)、泵站出流为下边界条件。

【例2-11】　辽宁省丹东市城市洪水风险图编制项目模型边界条件设置。

1.MIKE11 模型边界条件

1)河道洪水方案

河道洪水方案的边界主要分为两类:

(1)上游边界,包括鸭绿江干流荒沟水文站断面、爱河干流三湾水库坝址下断面、大沙河上游控制断面,采用各控制断面的设计洪水过程作为边界条件。

(2)下游边界,位于鸭绿江干流沙子沟潮位站处,采用其设计潮位过程;上游边界与下游边界具体情况见表2-3-7。

表 2-3-7　河道洪水一维模型边界统计

序号	水系	边界位置	边界条件
1	鸭绿江	荒沟水文站	荒沟水文站流量过程(上边界)
2	爱河	三湾水库坝下	三湾水库出库过程(上边界)
3	大沙河	大沙河上游	大沙河流量过程(上边界)
4	鸭绿江	沙子沟潮位站	潮位过程(下边界)

2）暴雨内涝方案

暴雨内涝方案河道一维模型中主要考虑了鸭绿江、爱河、大沙河、五道河及安民河。在上述水系中,鸭绿江干流、爱河、大沙河、五道河及安民河设定上游入流边界。由于花园河集水范围基本位于计算范围内,其洪水主要由暴雨产流计算推求,不再单设入流边界条件。此外,河道洪水模型还需设定鸭绿江下游的边界条件,本次根据现有资料条件,将鸭绿江下游边界设定为沙子沟潮位站潮位过程。暴雨内涝方案河道一维模型的边界位置见图 2-3-11。

图 2-3-11　暴雨内涝方案一维模型边界示意图

2.MIKE21 模型边界条件

二维水流模型的边界条件分为三类:①与一维模型耦合处的边界条件;②与管网模型耦合处的边界条件;③模拟区域周边的外边界。

1）河道洪水方案

在河道洪水方案中,二维模型的边界仅有两类。

第一类包括与一维模型耦合处的边界,具体包括与鸭绿江干流河道、与大沙河干流河道、与爱河东西支河道的侧向连接处边界、与堤防溃口虚拟河道的标准连接处边界以及与排水管网虚拟河道连接处边界。此类边界均为动水位边界,由模型自动耦合计算。

第二类是二维模型区域周边的外边界,由于在确定建模范围时已考虑了丹东市河道洪水各计算分区内的地形地貌,模型计算范围区域内与区域外不存在水量交换,因此确定为固边界。

2）暴雨内涝方案

暴雨内涝方案的二维模型边界可分为两类。

第一类为与一维模型耦合处的边界，即与鸭绿江、爱河西支、大沙河、五道河及安民河河道侧向连接处的边界，为动水位边界，由模型自动耦合计算。

第二类为与管网模型耦合处的边界条件，即管网模型雨水井口与其所在二维模型网格单元的耦合，为动水位边界，由模型自动耦合计算。

3.MIKE URBAN 模型边界条件

MIKE URBAN 管网水流模型的边界分为上边界、下边界两类，上边界采用丹东市城区 2 h 与 24 h 各频率设计暴雨过程，下边界条件采用排水分区管网排放口对应的河道模拟实时水位及泵站等排水设施的出流过程。

内涝分析的范围为丹东市老城区、新城区共 11 个排水分区，以丹东市现状的 11 个排涝分区为基础，构建涵盖所有排水分区的暴雨内涝模型，同时纳入周边山体汇水范围进行丹东市城区暴雨内涝计算。丹东市城区范围内的 13 座排涝泵站亦为管网水流模型的边界条件之一。

（四）一维、二维水流模型与溃堤模型耦合

采用一维、二维水流模型和溃堤模型耦合模拟溃堤洪水演进时，一般河道洪水采用一维非恒定流模型要素描述，淹没区洪水演进采用二维非恒定流模型计算，堤防溃决处的水流状态采用溃堤模型计算。由于二维水流模拟的上边界为堤防溃口处的流量和水位过程，而溃口流量又取决于溃口上、下游的水位差，因此需要将河道一维非恒定流模型、溃堤模型和淹没区二维非恒定流模型相互耦合、联立求解，以模拟堤防溃决对防洪保护区的影响。

一维、二维水流模型与溃堤模型耦合的原理是在三者的连接断面处补充物理量之间的关系，以此实现三者的耦合，其中一维模型与溃堤模型之间的连接条件为

水位连接条件：

$$Z_1 = Z_{溃1} \tag{2-3-13}$$

流量连接条件：

$$Q_1 = Q_{溃1} \tag{2-3-14}$$

式中　Z_1——一维模型在连接断面处的水位，m；

　　　$Z_{溃1}$——溃堤模型在连接断面处的水位，m；

　　　Q_1——一维模型在连接断面上的流量，m^3/s；

　　　$Q_{溃1}$——溃堤模型在连接断面上的流量，m^3/s。

溃堤模型与二维模型之间的连接条件为

水位连接条件：

$$Z_{溃2} = Z_2 \tag{2-3-15}$$

流量连接条件：

$$Q_{溃2} = \int Uh\mathrm{d}\xi \tag{2-3-16}$$

式中　$Z_{溃2}$——溃堤模型在连接断面处的水位，m；

　　　Z_2——二维模型在连接断面处的水位，m；

$Q_{溃2}$——溃堤模型在连接断面上的流量,m^3/s;

U——二维模型在连接断面法向流速,m/s;

h——二维模型在连接断面处的水深,m;

ξ——溃堤模型与二维模型连接断面坐标。

(五)模型构建前处理过程

洪水分析模型构建过程可分为前处理过程、数值计算过程以及后处理过程。模型构建流程具体见图 2-3-12。

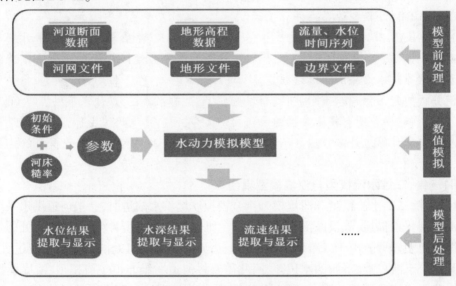

图 2-3-12　模型构建流程

模型构建前处理过程主要是处理河段断面数据等河网资料、地形高程数据等地形资料,流量、水位时间序列等边界文件等,供数值计算过程使用。

1.河网资料处理

河网资料主要为一维河道洪水分析模型中描述一维河道的位置、走向、连接关系、断面形状和河道相关构筑物特性的资料,一般可将卫星遥感影像中河道影像及电子地形图中的矢量河道中心线作为模型中的河网骨架线,根据河网骨架线控制各条河道的位置、走向和连接关系,再通过地形文件描述各个断面的形状,最后根据河道中桥梁、拦河、分洪闸坝等工程的结构形式、调度运用方式等进行概化处理。

河道洪水的计算断面间距应与河宽相匹配,对于河宽小于 500 m 的河流,其计算断面间距不宜超过 500 m,河道形态变化显著的河段和有工程(桥、闸、坝、堰等)的位置,断面应进行加密。

2.地形资料处理

地形资料处理主要包括模拟计算区域网格划分和区域内有关阻水构筑物、过水构筑物的概化处理。

二维水流模型网格生成实质是物理求解域与计算求解域的转换,在求解具有复杂几何形状的流场时,网格质量的好坏将直接影响到计算结果的收敛及精度。适当的网格生成是一个十分关键的问题。网格布置应符合水流运动特点、易于建立、比较光滑和规则、满足计算精度和稳定性要求、便于组成高效的数据结构、必要时可随时依据计算结果的梯度做适应性调整等原则。网格可采用规则网格或不规则网格:对于规则网格,边长不宜超过 300 m;对于不规则网格,最大网格面积不宜超过 0.1 km²,重要地区、地形变化较大部分的计算网格要适当加密;城市洪水分析的计算网格一般应控制在 0.05 km²以下,且最大网格与最小网格面积比一般应控制在 3~5 倍之内。

模拟区域内高于地面的线状地物(公路、铁路路基、堤防、桥梁、涵闸等)时,应将其作为挡水或过水建筑物处理。当线状建筑物沿程有缺口或桥涵时,在洪水漫过其顶部时,应计算线状建筑物两侧的水流交换过程。区域内的河渠也应做相应的合理处理。

3.边界文件处理

洪水分析模型边界文件主要为上、下边界处的设计洪水、设计暴雨、设计潮位过程等时间序列文件和水位—流量关系曲线。设计洪水、设计暴雨、设计潮位、水位—流量关系曲线资料宜采用已批复、可直接利用成果,必要时开展相关成果复核,如果无相关设计资料,需收集相关水文资料进行分析计算。

【例 2-12】　吉林省长春市城市洪水风险图编制项目模型构建前处理过程。

长春市位于我国东北地区中部、松辽平原腹地的伊通河台地之上,地处我国京哈与图乌两条交通线交会处,是吉林省的政治、经济、文化中心。长春市中心城区水系主要由伊通河及其支流、水库、湖泊、塘坝、湿地等构成,主城区现有雨水管渠 1 284 km,合流制管渠 400 km,合流制排水明渠 36 km,雨水排涝站 13 座,排水涵洞 11 座。长春市洪水风险图编制需考虑的洪水来源为新立城水库放流与区间小河沿子河、东新开河、串湖河等支流洪水;内涝来源则为中心城区以及与部分中心城区同处一个排水分区的区域产生的暴雨。另外,本项目同时考虑新立城水库溃坝洪水对长春市城区影响。

1.河网资料处理

长春市城区洪水风险图编制包括伊通河河道洪水分析、新立城水库溃坝洪水分析和中心城区暴雨内涝分析三部分内容,不同的研究对象对资料精度、建模范围要求也各不相同,因此数学模型的搭建也可分为三类:河道洪水方案、溃坝洪水方案、暴雨内涝方案。

1)河道洪水方案

伊通河从新立城水库坝下至河口总长 208.6 km,在河道洪水模型搭建中,主要概化了伊通河(新立城水库坝下—河口)、小河沿子河、东新开河三条河道。伊通河干流新立城水库坝下至农安水文站横断面共布设横断面 164 个,其中,新立城水库坝下至万宝闸之间共布设119 个横断面,断面平均间距 400 m,万宝闸至农安水文站之间布设 45 个断面。小河沿子河共布设 75 个横断面,东新开河共布设 92 个横断面。

此外,考虑到伊通河干流水位位高时河道洪水会通过排水管网倒流至城区的低洼地区,依据伊通河两岸排水管网分布情况,在模型中以虚拟河道和涵洞的方式概化了 9 条雨水管网和暗涵。

2)溃坝洪水方案

由于新立城水库溃坝洪水的量级远大于河道洪水的量级(新立城水库溃坝洪水坝址处最大流量 32 500 m³/s,水库 500 年一遇洪水最大泄量 1 830 m³/s),在构建数学模型时,两者需要考虑的模型要素也有所差异。

在进行新立城水库溃坝洪水模拟时,伊通河长春市城区段支流洪水由于所占比重极小,对计算结果的影响可以忽略不计,因此在河道一维模型中不考虑小河沿子等支流洪水的汇入,仅概化伊通河干流(新立城水库—河口区间)。此外,为准确模拟新立城水库的溃坝洪水过程,依据新立城水库的库容曲线将水库概化为虚拟河道,并在虚拟河道(新立城水库)与伊通河之间设置溃坝模型(DAMBRK)。

3)暴雨内涝方案

由于受长春市城区地形的影响,暴雨内涝的影响范围与河道洪水的影响范围差别较大,所以两者在模型中需要考虑的模型要素也有所不同。为准确模拟暴雨内涝对城区积水的影响,在模型中不仅考虑了伊通河干流与小河沿子河、东新开河两条右岸支流,还增加了南湖河、永安沟、东安沟、北十条沟、宋家沟、串湖河、富裕河、永春河、西新河、新凯河等伊通河左岸支流水系。

2.地形资料处理

1)基础图层数据处理

风险图编制项目中收集的工作底图主要为电子地图,另外,由各部门收集的行政区划、防洪工程分布、排水设施分布等资料,为保证数据的准确性、完整性,需根据资料收集及现场调查情况,对工作底图进行相关加工处理。

(1)图层配准、拼接。

长春市城市洪水风险图编制涉及的地形图包括中心城区范围1∶5 000比例尺DLG与DEM 116幅、新立城水库坝下至万宝闸区间河道洪水分析范围1∶10 000比例尺DLG与DEM(除去中心城区涉及范围)15幅;新立城水库坝下至农安水文站区间河道洪水分析范围1∶50 000比例尺的矢量地形图12幅。地形图格式为MDB/Shape,数据统一采用2000国家大地坐标系,高斯-克吕格投影,高程基准采用1985年国家高程基准。1∶5 000、1∶10 000DLG及DEM成图年份为2012年,1∶50 000地形图成图年份为2014年,内容主要包括地形地貌、水系、交通、土地利用、工程、居民点等。使用前对各图幅的图层进行了配准和拼接。

(2)图层数据检查、补充与更新。

在工作底图数据准备完成后,根据调查和收集的最新资料,对各图层数据拓扑关系,数据是否有遗漏、是否有更新进行了检查。对检查出错误的数据进行了修正、对遗漏和有更新数据的最新资料进行了补充和更新。主要补充和更新内容如下:

①行政区边界。

城区街道行政区划图层是进行洪水影响分析的必要条件,但测绘部门提供的长春市DLG中无相关数据。因此,根据长春市规划局提供的相关资料对中心城区内全部街道行政区划进行了图像配准和矢量化处理,形成了覆盖中心城区的街道行政区划图层。

②道路。

DLG格式的道路图层中,部分道路有明显中断情况,而现场实地调查中多数道路是相互连通的,根据调查情况对中断的道路进行了修正,对缺失数据进行了补充完善。

③堤防。

根据现场调查及收集的长春市水利工程布置图,对DLG中的伊通河两岸堤防分布位置及堤防等级进行了更新。

④排水管网。

为满足排水管网水流模型运行需求,自市政部门收集了长春市中心城区现状排水管网分布图(CAD 格式),将其配准后转换为 MIKEURBAN 软件可以识别的 shape 格式,并对其中明显不合理的数据进行了修正。

2)网格划分

考虑到长春市中心城区内多数道路、楼房等构筑物均为规则的矩形地物,而模型中的矩形网格具有求解速度快、拟合城区地形精度高等优点,本次洪水分析采用矩形结构网格对长春市城区进行剖分。

由于网格单元剖分数目过多会显著延长模型运算时间,且不同洪水分析方案对计算结果精度要求不同,矩形网格剖分的大小也有所差异,暴雨内涝分析方案对地形精度要求最高,网格大小控制为 20 m×20 m,河道洪水分析方案对地形精度要求一般,网格大小控制为 30 m×30 m,溃坝洪水分析方案对地形精度要求最低,网格大小控制为 40 m×40 m。各洪水分析方案网格详细剖分情况见表 2-3-8。

表 2-3-8 不同方案网格剖分参数统计

洪水分析方案	建模范围(km^2)	网格数量(个)	网格面积(km^2)
暴雨内涝方案	646.1	1 615 180	0.000 4
河道洪水方案	1 505.7	1 675 578	0.000 9
溃坝洪水方案	3 656.5	365 310	0.01

根据《洪水风险图编制技术细则》的相关规定和本次收集的基础地理信息资料精度,长春市中心城区范围内采用 1∶5 000 比例尺的地形数据,中心城区以上至新立城水库坝下采用 1∶10 000 比例尺的地形数据,溃坝洪水方案由于建模范围较大,且剖分网格尺寸也相对较大,采用 1∶50 000 比例尺的地形数据。

3)主要构筑物概化

通过外业调查及资料收集,掌握了长春市城区内可能影响洪水演进的线状构筑物的基本参数,主要包括京哈铁路、长吉城际铁路、长双烟铁路、绕城高速公路、S26 高速公路等。阻水构筑物在有道路或铁路穿过时一般留有涵洞,这些阻水构筑物与涵洞对洪水演进过程影响较大,因此在模型中必须考虑它们的影响。同样,城区内建筑物的阻水作用也应在模型中加以考虑。

(1)线状构筑物概化。

线状构筑物概化的方法共有三种:第一种是将线状构筑物高程数据纳入 DEM 数据中,在二维模型的网格地形赋值时直接考虑;第二种是在二维网格中添加结构物 DIKE,模型在运行时根据 DIKE 的高程信息自动调整网格高程信息;第三种是针对排干等同时兼具阻水与导水功能的特点,在河网文件中的对应位置加入河道并通过侧向链接与二维地形耦合,从而实现挡水及导水的特征。模型中线状阻水构筑物如绕城高速公路等均采用第一种方法,将构筑物概化为地形,高速公路下的过水涵洞在地形文件中概化为一个地形缺口。图 2-3-13 为长双烟铁路及涵洞局部区域概化成果(河北屯段)。

(2)阻水构筑物概化。

除道路等阻水构筑物外,伊通河长春市城区段内还有南绕城高速公路桥、南四环桥及自由拦河闸等诸多河道阻水构筑物,在一维河道模型中对桥梁及闸坝进行了概化处理。桥梁

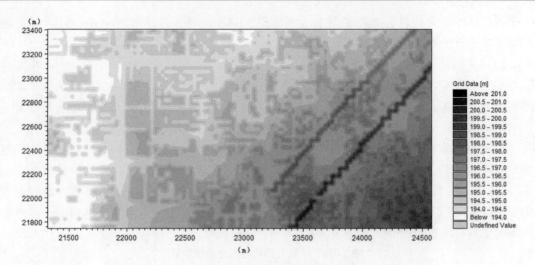

图 2-3-13   长双烟铁路及涵洞局部区域概化成果(河北屯段)

断面根据桥孔净宽数据将过水断面概化为一个或多个桥洞;拦河坝主要用于壅高水位形成景观水面,其溢流堰顶较低,直接在河道断面中加以概化。图 2-3-14 为伊通河赛德大桥断面概化图。

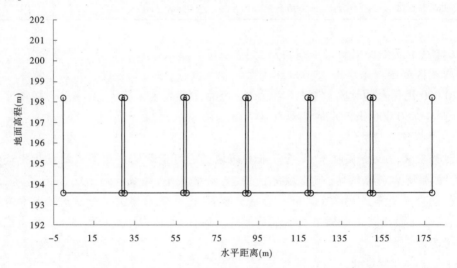

图 2-3-14   伊通河赛德大桥断面概化图

(3)道路、构筑物概化。

长春市城区内道路四通八达、纵横交错,考虑到道路一般均低于周边地表,具有明显的导水作用,在模型中将城市道路概化为低于路肩 0.15 m。由于房屋具有较强的阻水作用,但在水深超过窗户位置(约为 0.8 m)时可能通过窗户过流,在模型中将房屋拔高至地面以上0.8 m。城区内建筑物与道路概化成果见图 2-3-15。

3.边界文件处理

模型边界文件包括:上边界处的伊通河干流各控制断面及区间(支流)设计洪水、设计暴雨、净月水库各重现期洪水对应的最大下泄流量、新立城水库溃坝洪水;下边界处的伊通河农安水文站水位—流量关系曲线。

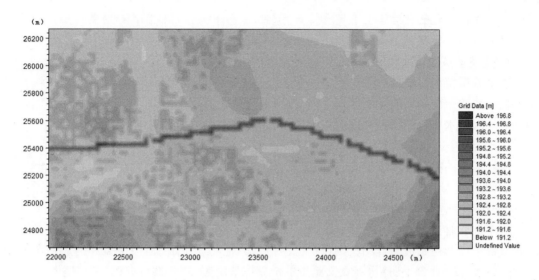

图 2-3-15 城区内建筑物与道路概化成果

1）设计洪水

伊通河新立城水库坝下干流洪水受新立城水库的调节作用,各断面设计洪水成果为新立城水库调节后的成果,经复核,采用 2015 年编制的《长春市防洪规划报告》成果。

2）设计暴雨

根据暴雨内涝洪水分析计算要求,需分析计算长春市城区 3 h 设计暴雨与 24 h 设计暴雨的设计降雨强度和降雨雨型。

3 h 设计暴雨采用 2014 年编制的《长春市城市排水(雨水)防涝综合规划》成果。长春市城区 24 h 设计暴雨采用吉林省水文水资源局 2005 年编制的《吉林省暴雨统计参数图集》查算,暴雨的时程分配按照吉林省水利厅出版的《吉林省暴雨图集》中的方法确定。

3）净月水库各重现期洪水对应的最大下泄流量

净月水库各重现期洪水对应的最大下泄流量采用净月水库除险加固初步设计报告中设计洪水过程和调洪原则进行计算,净月水库 10 年一遇以下洪水不泄流,10 年一遇最大泄流量为 9.50 m^3/s,20 年一遇最大泄流量为 13.8 m^3/s,50 年一遇最大泄流量为 41.6 m^3/s,100 年一遇最大泄流量为 86.8 m^3/s。

4）新立城水库溃坝洪水

新立城水库挡水坝段为砂质黏土均质坝、溢流坝段为混凝土坝,洪水分析时设定其挡水坝段发生部分溃决,溃决方式为逐渐溃决。溃坝时机按库水位达到坝顶高程时溃决,溃口形态假定为矩形,溃口宽度采用中国铁道科学研究院公式、黄河水利委员会公式、中国水利水电科学研究院陆吉康公式估算最终溃口平均宽度,经综合分析后确定溃口宽度采用 400 m,溃口发展时间取 2 h,溃口流量采用 DAMBRK 公式计算。

5）农安水文站水位—流量关系曲线

农安水文站水位—流量关系曲线的中低水部分根据农安水文站 2010 年大水年实测水位、流量成果点绘,并加入 1985 年 8 月 24 日和 1986 年 8 月 2 日的实测大水关系点。因 1985 年与 1986 年的基本水尺断面在现有断面以上 200 m 处,且经大水后,测验断面普遍被冲刷,故根据当时实测断面和 2010 年实测的基本水尺断面、比降、糙率资料,用曼宁公式将

1985 年、1986 年大水水位修正至现有断面的水位。高水部分则根据该站实测大断面资料采用史蒂文森法进行延长。水位高程系统为 1985 黄海高程系统。

(六)模型参数选取和率定

洪水分析模型需要选取和率定的参数主要是表征河道或泛滥区影响水流阻力的综合因素的糙率系数。糙率系数影响因素众多,除与地形地貌等有关外,还与来水的大小等因素密切相关。因洪水风险图编制考虑的均为洪水,因此糙率系数需经过洪水数据率定。

1.河道糙率选取和率定

天然河道的糙率与河道形态、床面组成、植被覆盖、河道弯曲程度、水位高低、河槽冲淤及整治河道的人工建筑物等诸多因素有关,河道糙率选取的恰当与否,对计算成果影响较大,因而在糙率选取时必须深入分析。

糙率选取时:若当地防洪规划或工程设计中已有河道(含河槽和滩地)糙率值,可直接采用其糙率作为初始值;若没有,则可根据河槽和滩地物质组成、植被覆盖和河道形态变化情况,参考《水力计算手册》等相关文献中的糙率取值范围,初步选取河槽、滩地糙率。

以上述糙率作为初始值,选择两场以上实际洪水,利用一维模型进行河槽及滩区糙率率定:比较该河段内部水文或水位测站的实测过程与该处的计算过程,以及沿程洪痕与相应各点的计算最高水位,对沿程糙率进行适当调整并反复调试(必须保证其在合理的区间内),使各场洪水水面线和已知站点实测、调查水位相吻合。

2.淹没区糙率选取和率定

淹没区糙率下垫面类型及糙率的选取对洪水分析结果有较大影响,地表类型及糙率确定的准确性取决于对下垫面地物分析的精度和用来率定模型糙率所需的实际洪水及调查资料的准确性和全面性。实际编制工作中,用来率定模型糙率所需的实际洪水及调查资料往往不足,因此淹没区下垫面地物分析的精度尤为重要。

糙率选取时:若当地防洪规划或工程设计中已有完整或部分淹没区糙率值,可直接采用或参照其糙率选取淹没区糙率初始值;若没有,则可根据土地利用规划图等成果分析淹没区的土地利用现状、划分淹没区不同下垫面地物分区,同时,采用 ERDAS IMAGINE 等软件提取和分析本区域卫星图片地表信息的方法复核下垫面地物分区情况,再参考《水力计算手册》等相关文献中的糙率取值范围,初步选取淹没区糙率。

以上述糙率作为初始值,在河道模型参数率定的基础上,选取近期实测或调查的泛滥洪水资料(洪水淹没范围、特征点水深或洪痕等)进行二维模型的参数率定,其过程与河道糙率率定类似。当本区域无近期实测或可供调查的历史洪水资料时,可参照已通过率定和验证的类似地区的糙率,结合本区域下垫面情况,合理选取二维模型淹没区糙率值。

3.糙率率定注意事项

糙率的率定需要注意以下三点:

(1)糙率是表征边界表面影响水流阻力的各种因素的综合阻力系数,本身具有一定的物理意义,其取值有一定的合理区间,不能机械地为了使某断面计算水位与实测水位完全吻合而使得糙率出现异常。

(2)率定模型参数应尽可能多选取几场洪水,减少率定的不确定性和误差。

(3)用于率定的河道断面、形态资料和可能淹没区的下垫面资料应反映洪水发生时的实际情况。

【例 2-13】　吉林省辉发河洪水风险图编制项目模型参数选取与率定。

辉发河位于吉林省南部,是松花江丰满水库以上的一大支流,流经梅河口、辉南、磐石、桦甸等县市,洪水风险图编制范围为辉发河干流左、右岸,上起海龙水库坝址、下至辉发河河口。

1.河道模型参数选取与率定

辉发河河道糙率与主槽床面组成、滩地的各种植被类型等有关,参考辉发河流域防洪规划、辉发河重点段治理工程可研设计成果,主槽糙率初步取值在 0.03～0.035,滩地糙率初步取值在 0.06～0.09。

根据初步选取的河道糙率,选用 2010 年汛期 8 月 19～27 日实测洪水过程,对一维河道模型参数进行率定。以海龙水库站流量过程作为模型的上游边界,并根据实测资料计算海龙水库站—梅河口站、梅河口站—朝阳站、朝阳站—五道沟站的各区间流量过程,作为区间入流过程,以辉发河河口的水位—流量关系作为模型的下游边界,通过调整辉发河的河床主槽及滩区的糙率参数,使得梅河口水文站、朝阳水文站、五道沟水文站处的模拟水位、流量值与实测水位、流量过程最大程度地吻合,最终选定河道糙率。模拟结果与实测值对比如图 2-3-16、图 2-3-17 所示,洪峰流量误差控制在 8% 以内,最高水位误差控制在 15 cm 以内,河道模型参数取值较为合理。

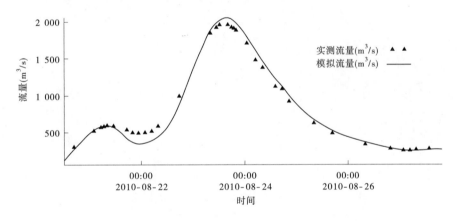

图 2-3-16　朝阳水文站模拟流量与实测流量过程对比

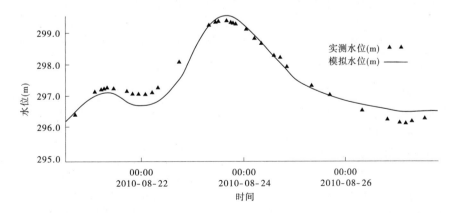

图 2-3-17　朝阳水文站模拟水位与实测水位过程对比

2.淹没区糙率选取和率定

淹没区二维水动力模型参数主要为糙率、初始水深等,淹没区下垫面类型及糙率的选取对洪水分析结果有很大影响,地表类型及糙率确定的准确性取决于对下垫面地物分析的精度和用来率定模型糙率所需的实际洪水资料的准确性和全面性。

辉发河两岸防洪保护区仅 1995 年大洪水有淹没区调查洪水资料,依据收集到的土地利用图对区域地物进行概化,将淹没区分为村庄、树丛、旱田、水田、道路、荒地共 6 种地表类型,下垫面类型分析成果见图 2-3-18。各类下垫面糙率参考《洪水风险图编制导则》有关数值,并结合 1995 年大洪水淹没区调查资料验证成果分析率定,糙率成果见表 2-3-9。

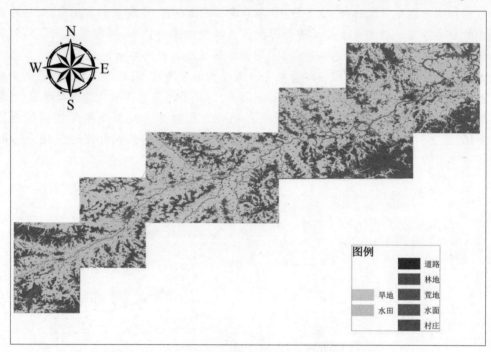

图 2-3-18　辉发河洪水分析范围地表类型概化成果图

表 2-3-9　下垫面糙率

下垫面	村庄	树丛	旱田	水田	道路	荒地
糙率 n	0.07	0.065	0.06	0.05	0.035	0.035

(七)模型验证

对于洪水分析模型,原则上应选取至少两场近期实测或调查洪水进行验证:利用率定后的模型参数开展河道洪水和淹没区洪水分析计算,将计算结果与实测数据比较。比较指标主要包括水位的绝对误差和流量的相对误差,判别标准的确定与基础资料的精度与计算成果的用途有关。《洪水风险图编制导则》的要求为:河道计算洪水与实际洪水的最大水位误差(实测水位与计算水位之差绝对值的最大值)小于或等于 20 cm,计算水位和流量过程与实测水位和流量过程的相位差不大于 1 h;河道洪水最大流量相对误差(实测流量与计算流量之差/实测流量)小于或等于 10%,最大 1 d、3 d、7 d 洪量的相对误差(实测洪量与计算洪量之差/实测洪量)小于或等于 5%。对于河道或风暴潮洪水淹没区,70% 以上的实测点或调查点水位与相应位置计算水位之差小于或等于 20 cm,实测与计算淹没范围的相对误差(实际淹没面积与计算淹没面积之差/实际淹没面积)小于或等于 5%;对于暴雨内涝淹没区,70% 以上的实测点或调查点水位与相应位置计算水位之差小于或等于 20 cm,且实测与计算最大水深的相对误差(实测水深与计算水深之差/实测水深)小于或等于 20%;对于降雨产流模型,要求 Nash 效率系数大于或等于 0.7,相对误差(实测径流量与计算径流量之差/实测径流量)$RE \leqslant 10\%$。

用于洪水模型验证的洪水资料宜尽量采用近期实测或调查洪水资料,并分析模型验证选用洪水资料条件(河道条件、人工建筑物条件、工程调度规程条件、淹没区下垫面条件等)是否与现状条件相符合,如差异较大,需采取相应的处理措施,以保证模型验证计算条件与实际洪水条件尽量吻合。

【例 2-14】 吉林省辉发河洪水风险图编制项目模型验证。

1.河道一维模型验证

选用 1995 年 7 月 23 日至 8 月 14 日实测水文资料对一维河道模型率定得到的河道糙率成果进行验证,五道沟站水位和流量验证见图 2-3-19、图 2-3-20。由图可见,洪水涨、落趋势与实测情况拟合较好,流量过程误差在 20% 以内,水位误差不超过 20 cm。

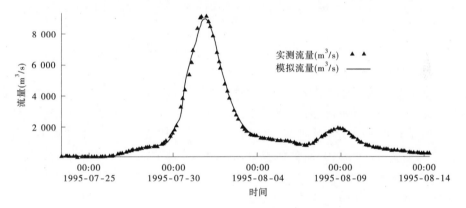

图 2-3-19 五道沟站模拟流量与实测流量过程对比

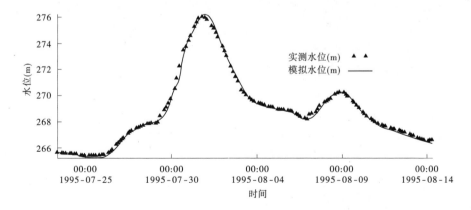

图 2-3-20 五道沟站模拟水位与实测水位过程对比

另外,考虑到辉发河重点段治理工程可研设计时,对辉发河干流 50 年一遇设计洪水的水面线成果进行了计算,并以此作为堤防建设的依据,且水面线计算时与河道内主要水文站的水位—流量关系进行了拟合,相关成果均通过了上级水利主管部门审查。因此,利用经参数率定后的一维河道模型,采用相同的边界条件计算海龙水库坝下至松花江河口段河道水面线,并与设计的50年一遇设计水面线成果进行对比(见图2-3-21),模拟水面线成果与堤防设计成果相差在20 cm以内,两者基本一致。

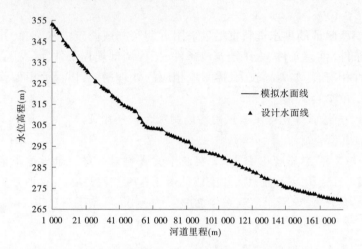

图 2-3-21　本次模拟与设计水面线对比(P=2%)

2.淹没区二维模型验证

辉发河发生洪水灾害最严重的年份为1995年,给沿岸各县(市)带来了沉重的灾害,其中以桦甸市最为严重。东北勘测设计研究院于1996年对桦甸市区淹没情况进行了调查,并对堤防溃口流量过程进行了还原计算,据调查资料,桦甸大堤于7月31日在下游堤段发生2处溃决,溃口宽度共计约310 m,致使桦甸市区除西北部的北台子、西台子村局部高地外全部被淹,东部低洼地带最大淹没水深达9.5 m,桦甸市区1995年洪水调查淹没范围见图2-3-22,桦甸市1995年调查溃口流量过程线见图2-3-23。

根据历史调查资料,模拟桦甸市1995年堤防溃决后城区的洪水淹没情况,其中二维模型边界条件为桦甸市流量过程。模型模拟淹没范围与1995年调查淹没范围对比见图2-3-24。由图2-3-24可见,两者淹没范围基本一致,淹没面积相差仅4%,最大水深在城区东部低洼地区,达9.3 m,与历史调查的9.5 m相差20 cm,主要差异原因为1995年至今城区发展变化较大,地形存在一定的差异,同时现场调查的精度也对成果比较有一定影响。

通过模拟1995年桦甸市淹没情况,说明本次二维模型相关参数的设置基本合理。

【例2-15】　吉林省嫩江右岸防洪保护区洪水风险图编制项目二维模型验证。

1998年洪水为嫩江中、下游地区洪水量级最大,且洪灾经济损失最为严重的洪水。在1998年大洪水过程中,吉林省嫩江右岸防洪保护区内堤防无溃决情况,但上游黑龙江省泰来大堤决口洪水跨省界流入了本保护区。因此,选用1998年洪水泰来大堤决口洪水调查资料进行模拟,用以验证模型建模情况。

1.基础资料

1)泰来大堤决口流量过程

1998年大洪水,泰来大堤于8月13日开始决口,其中老局子、半子山、宁姜乡光荣村

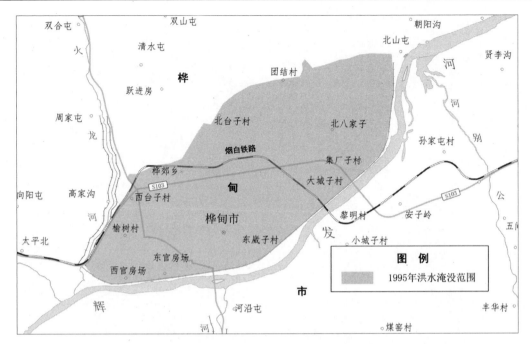

图 2-3-22　桦甸市区 1995 年洪水调查淹没范围

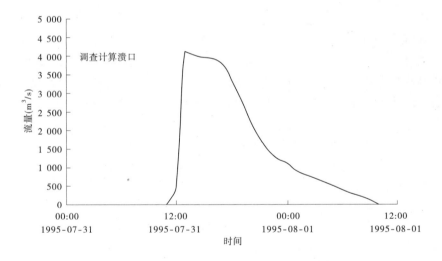

图 2-3-23　桦甸市 1995 年调查溃口流量过程线

北、宁姜乡光荣村南和光明村北、宁姜乡光明村南等 5 处决口外泄水量大。经调查分析计算：老局子决口最大瞬时流量为 1 040 m³/s，外泄水量 10.146 亿 m³；半子山决口最大瞬时流量为 1 920 m³/s，外泄水量 18.144 亿 m³；光荣村北决口最大瞬时流量为 228 m³/s，外泄水量 1.092 亿 m³；光荣村南和光明村北决口最大瞬时流量分别为 471 m³/s 和 702 m³/s，外泄水量 5.47 亿 m³；光明村南决口最大瞬时流量为 46.5 m³/s，外泄水量 0.166 亿 m³；5 处决口合成最大决口流量 4 210 m³/s，外泄水量 35.0 亿 m³。因决口大量外泄水量无法排泄，于 8 月 30 日开始分别在嫩江大堤 31.5 km、嫩江大堤 36.5 km、英台村东团子山、大榆树岗子、后少力根等 5 个地点破堤排水，共向嫩江排泄水量 32.3 亿 m³。水利部水文局与水利部松辽水利委员会水文局联合编著了《1998 年松花江暴雨洪水》，在此书中推算了泰来大堤决口流量过程，本

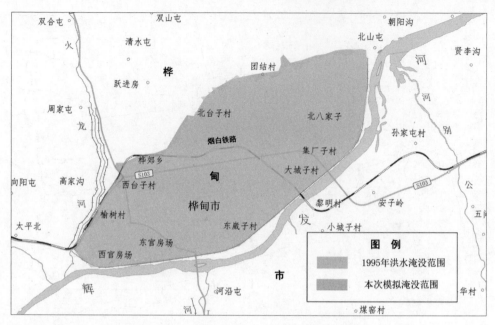

图 2-3-24　模拟计算与调查淹没范围对比图

次直接采用其溃决成果。

2)1998 年洪水调查淹没范围

中水东北勘测设计研究有限责任公司 2010 年通过现场调查以及收集黑龙江省水利勘测设计研究院在 1998 年大水过后的洪水调查相关资料,根据调查的洪痕水位,采用实际水灾法在 1∶50 000 地形图上还原了"98·8"大洪水泰来大堤决口淹没实况图。选用其中泰来大堤决口泰来县与镇赉县淹没实况图进行模型验证,淹没范围面积为 1 297 km²。

3)地形资料

嫩江右岸防洪保护区近年来地表构筑物增加较多,从 1998 年至今,新建了省道 217、乌浑高速等多条高等级道路,加之近年来地区经济发展迅速,建筑明显增多,现状保护区下垫面条件与 1998 年大洪水泰来大堤决口时下垫面条件已产生很大差异,如采用现状地形开展1998 年洪水泰来大堤决口洪水模拟演算,淹没区洪水演进路径、淹没区域可能较实际调查数据有较大差异,无法达到模型验证目的。为此,采用 1998 年的全球空间分辨率为 30 m 的 ASTER GDEM 数字高程数据进行地形处理,以减小淹没区下垫面条件变化对模型验证的影响。

2.模型糙率参数选取

根据外业调查分析结果,嫩江右岸地区地表类型年际间变化剧烈,洪水期间或靠近洪水发生时间的地表类型比较具有代表意义,但由于 LANDSAT 卫星在 1997~1999 年间部分月份数据丢失。本着尽量靠近洪水发生时间,尽可能反映洪水发生时地表类型的原则,选用1999 年 6 月的卫星图像对模型建模区域进行地表分析,保护区地表类型主要以绿植、裸土、盐碱地与水域为主。

3.验证结果

根据建立的洪水模型进行 1998 年大洪水泰来大堤溃堤洪水模拟,计算的泰来大堤溃口洪水在泰来县与镇赉县淹没面积共计 1 058 km²,决口外泄洪水淹没了黑龙江省泰来县江桥、宁姜、胜利、好心、街基、克利和平洋 7 个乡(镇),同时又南下流入吉林省境内,淹没了吉林省镇赉县的丹岱、嘎什根、五棵树、哈吐气、坦途等地。1998 年大洪水泰来大堤溃口调查淹没面积 1 297 km²,模拟计算淹没范围与调查淹没范围基本一致,除模拟计算淹没西部边界比调查淹没范围边界稍大外,其他淹没区域边界整体相差不大,保护区内部淹没区域略有差异。调查淹没范围与模拟计算淹没范围对比如图 2-3-25 所示。

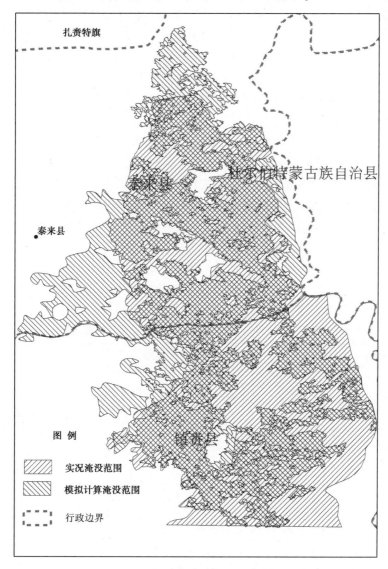

图 2-3-25　实况淹没范围与模拟计算淹没范围对比

模拟计算淹没范围与调查淹没范围存在一定差别的原因主要有以下三方面原因:

(1)1998 年实况调查淹没范围图,工作底图比例尺是 1∶50 000,但淹没区外边界处调查洪痕点相对较少,且采用的 1∶50 000 地形图施测年代较早,两者在精度上有一定差距。

(2)模拟计算淹没区西部区域整体轮廓与调查淹没范围差异不大,局部超出范围是由于水流通过局部低洼地带穿越了西部地势较高的区域,形成了溢流区域,而 1998 年调查淹没范围是根据调查水位平拉,不能完全考虑局部地形,两者存在一定差异。

(3)内部局部差异是因为 DEM 数据精度较高,可体现局部地区的较高地势,洪水遇到阻隔向其他地区漫溢,导致局部高地地区无水。如在本次模拟计算中白沙滩地区由于地势较高未被洪水淹没,根据实际地形分析,模拟结果与实际情况相符。

综上,虽然模拟计算淹没面积与实况淹没范围存在一定差异,但整体模拟效果较好,洪水淹没趋势与实际结果较为接近,其选用的地表糙率具有一定代表性,验证地区与保护区十分接近,模型及选用糙率可以用于本次嫩江右岸防洪保护区的洪水分析。

【例2-16】 辽宁省丹东市城市洪水风险图编制项目城区管网模型验证。

2013年6月28日6~8时,丹东市突降暴雨,短短2 h降水量达90.7 mm,接近10年一遇降水量(95.0 mm)。该场暴雨造成丹东市老城区发生严重内涝,根据收集到的相关图片资料和市防办专家介绍情况分析,内涝普遍分布于低洼地势区域及下穿桥洞路段,其中以丹东火车站附近的交通桥洞淹没最为严重,北桥洞淹没水深超过2 m,多辆汽车淹没入水中,锦山大街新桥洞多辆汽车被淹熄火,南桥洞也存在一定程度的积水,火车站附近振八街一中前、锦山大街十纬路、七经街五纬路汇口等多处均有积水情况,另外,宝山大街八道沟立交桥桥洞下积水过腰,水深超过1 m。丹东市区东西狭长,北高南低,南北桥洞、新桥洞及八道沟桥洞是城市交通的重要孔道,4个桥洞的积水导致城市交通几近瘫痪。

采用丹东站2013年6月28日6~8时2 h实测暴雨资料作为输入条件,利用构建的内涝分析模型进行城区管网模型验证。

模型计算各主要内涝点最大淹没水深与调查情况对比见表2-3-10,主要涝点分布及模拟结果见图2-3-26。从对比成果可以看出,模型计算的主要内涝点位置及积水深度与调查情况基本一致,模型模拟结果与2013年实际发生情况较为吻合。

表2-3-10　丹东市城区2013年内涝点验证比较表

位置	2013年调查淹没水深	模拟值
北桥洞	2 m以上	2.32 m
锦山大街新桥洞	0.5 m左右	0.70 m
南桥洞	0.3 m左右	0.29 m
八道沟桥洞	1 m以上	1.28 m
振八街一中	0.2 m左右	0.23 m
锦山大街十纬路	0.2 m左右	0.27 m
七经街五纬路	0.3 m左右	0.37 m

十、成果合理性分析

洪水分析模型正确处理了边界条件、初始条件和模型参数的率定和验证后,一定程度上保证了数值模拟计算成果的正确性和可靠性。但因洪水风险图编制一般涉及的区域较广,工程调度复杂,计算区域涉及的导水、阻水构筑物多,一维模型需与二维模型有效连接,均需在模型模拟计算中进行相应的技术处理。若处理不当,会引起计算结果不稳定、计算成果误差大等问题,因此洪水模拟成果计算完成后,需对计算成果进行合理性检查和分析。

图 2-3-26　丹东城区 2013 年暴雨主要涝点分布及模拟结果

成果合理性分析一般采取定量分析与定性分析相结合的方法,主要从溃口流量过程分析、水量平衡分析、洪水风险要素分析、洪水演进分析等开展。

(一)溃口流量过程分析

若断面布设合理,河道中邻近两个横断面区间无支流汇入,两个断面的流量过程基本协调一致,差别较小,当该两断面之间发生堤防溃决时,下游断面的流量过程会因溃堤跑水而出现流量削减,按照水量平衡原理,下游断面削减流量部分基本为溃口出流过程。据此原理,点绘溃口流量与溃口上、下游断面流量过程套绘图,并进行三个流量过程比对分析,图 2-3-27 为辉发河干流城东村溃口的对比分析图。堤防发生溃决后一般遵循如下规律:溃口下游断面流量过程一般随着溃口流量的增大而减小,两者协调变化,溃口下游断面与溃口组合流量与上游断面的流量过程相吻合;各断面流量过程应整体平滑,无锯齿状波动;溃口流量过程在计算时段末应归零。

(二)同一溃口不同量级洪水溃口流量对比分析

同一溃口的不同量级洪水方案的下边界条件、模型参数选取、溃口设置情况相同,唯一不同的是洪水量级,使得同一溃口不同量级洪水溃口流量过程呈现规律性变化。图 2-3-28 为辉发河干流城东村不同量级溃口流量过程线对比,可以看出,不同量级洪水溃口流量一般遵循如下规律:

(1)溃口流量过程线具有过程线形状相似性;

(2)溃口处的溃决时间随着洪水量级的增大而提前;

(3)溃口最大流量随着洪水量级的增大而增大;

(4)随洪水量级的逐级增大,进入保护区内的总水量相应增大。

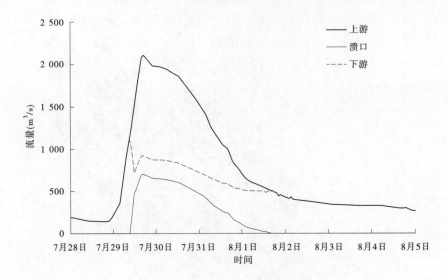

图 2-3-27　城东村溃口及上、下游断面流量过程对比

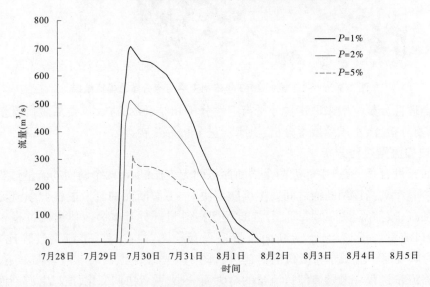

图 2-3-28　城东村不同量级洪水溃口流量过程线对比

(三)水量平衡分析

模型计算的水量应该平衡,统计每个方案的总入流量、总出流量和淹没区总水量,总入流量为所有上边界条件给定的进入模型参与计算水量总和,总出流量为所有下边界处流出水量、淹没区积水达到一定高度越过堤防回归河道水量、淹没区支沟、排干、泵站排出水量等所有出淹没区水量总和,淹没区总水量为模型计算结束时段末淹没区最终蓄水量。分析总入流量、总出流量和淹没区总水量间水量是否平衡,并判断分析总入流量与总出流量之差绝对值与淹没区总水量间的相对误差,相对误误差越小,模型计算成果水量平衡方面越稳定、可靠。

(四)洪水风险要素分析

不同洪水量级方案的洪水风险要素成果,应随洪水量级的逐级增大,进入保护区内的总水量相应增大,相应水深、流速、淹没面积等洪水风险要素指标值增加。图 2-3-29 为吉林省西辽河左岸后新立溃口不同量级洪水风险要素对比分析图,可以看出,同一溃口不同洪水量级方案的洪水风险要素变化规律:洪水量级越大,方案的最大淹没范围、最大淹没水深等风险要素指标值越大,且洪水量级大的计算方案淹没面积包含洪水量级小的计算方案淹没面积;洪水量级大的计算方案,同一地点的最大水深、最大流速大于洪水量级小的计算方案,洪水到达时间也早于洪水量级小的计算方案。

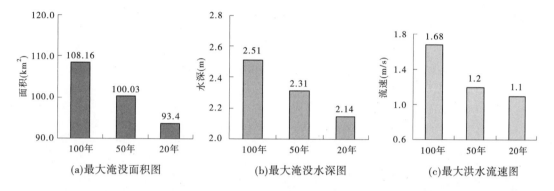

(a)最大淹没面积图　　　　(b)最大淹没水深图　　　　(c)最大洪水流速图

图 2-3-29　吉林省西辽河左岸后新立溃口不同量级洪水风险要素对比分析

(五)洪水演进分析

分析每个方案淹没区洪水演进及淹没过程:模拟计算结果是否符合水流由地势高的区域流向地势低的区域的趋势;地势越高区域洪水流速越小、最大淹没水深越低;越接近洪水入流处低洼地区域洪水前峰到达时间越快;所有道路、涵闸等阻水、过水建筑物是否按照模型确定的处理原则对洪水演进过程产生影响;淹没区邻堤防处洪水位是否超过堤防顶部高程;如果洪水位已超过了堤防顶部高程,是否设置了相关连接,使得淹没区水流漫过堤防回归河道;紧邻淹没区且地势较低区域,受局部地形因素影响未产生淹没区域,判断分析地形处理及洪水漫流路径的合理性。

【例 2-17】　内蒙古西辽河右岸防洪保护区洪水风险图编制项目洪水演进分析。

以西辽河发生 100 年一遇洪水为例,绘制西辽河右岸防洪保护区保安溃口 3 h、8 h、1 d、7 d 的洪水演进及淹没分布情况,见图 2-3-30。

溃决发生 1 h 后,淹没面积为 1.04 km²;溃决发生 3 h 后,洪水演进到明仁苏木,淹没面积为 5.44 km²;溃决发生 8 h 后,淹没面积为 38.03 km²;溃决发生 1 d 后,淹没面积为 97.92 km²,溃决发生 3 d 后,洪水演进到京通线和 G45,淹没面积为 310.24 km²;溃决发生 7 h 后,淹没面积为 879.0 km²,接近最大淹没面积。从图中不同时刻的水深分布情况可以看出,模型模拟的结果符合水流由地势高的区域流向地势低的区域的趋势,同时也能看出堤防、道路等阻水建筑物按照模型确定的处理原则对洪水演进的影响,以及铁路桥洞的过流和下游边界处洪水位超过了堤防顶部高程,淹没区水流漫过堤防回归河道的漫溢情况,洪水演进过程整体合理。

通辽市主城区大部分面积位于西辽河右岸,从洪水演进过程来看,上游溃口的溃堤洪水演进至通辽市城区段附近后,受铁路路基和地形阻隔因素等影响,洪水沿主城区外围白音太来大街以南绕过主城区向下游演进,通辽市主城区受洪水影响很小。通辽市主城区属西辽河右岸防洪保护区的最重要保护对象,为此对溃堤洪水在通辽市城区段附近的演进情况及合理性进行了分析。

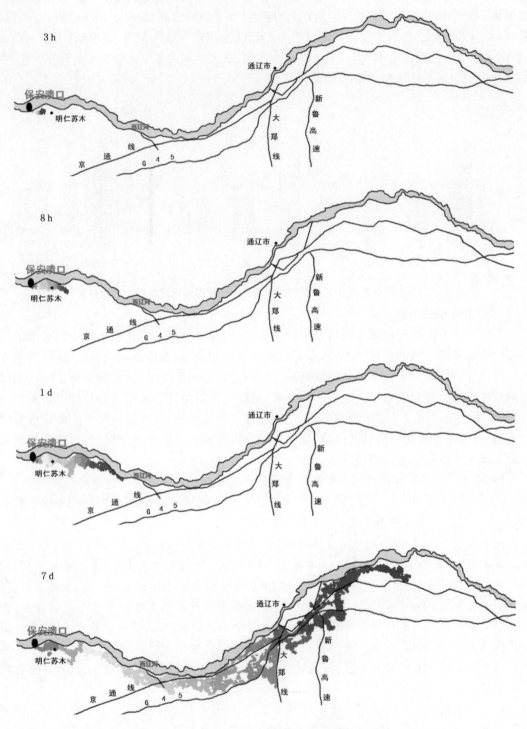

图 2-3-30　保安溃口洪水演进过程

西辽河右岸洪水风险图编制时,共在通辽市城区段以上设置了7个溃口,因保护区内地势较平坦,7个溃口的溃堤洪水均会演进至通辽市城区段附近。通辽市城区段附近地形西部高,东部低,北部略高,南部略低,分布有通霍铁路、大郑线铁路、京通线铁路及大广高速(G45)、新鲁高速(G2511)等阻水构筑物,城区段附近地形及阻水构筑物分布见图2-3-31。

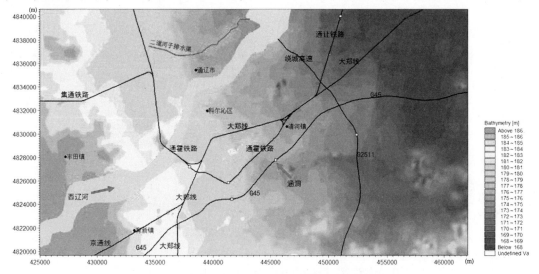

图 2-3-31　城区段附近地形及阻水构筑物分布

溃堤洪水演进至通辽市城区西部后,受通霍铁路、大郑线铁路阻隔,在铁路前形成壅水区域。100年一遇洪水量级时,分析7个溃口在铁路前最高壅水水位:最上游四间房溃口最高壅水水位为182.50 m,中部位置一部落溃口最高壅水水位为182.60 m,最下游黄家窝堡溃口最高壅水水位为182.70 m。各溃口方案在铁路前壅水高度相差不大,洪水演进路径也相似,选择最下游的黄家窝堡溃口为典型分析100年一遇洪水量级时溃堤洪水在通辽市城区段附近的演进情况。

黄家窝堡溃口100年一遇洪水量级时溃口最大洪峰流量为600 m³/s,进入保护区总水量为1.78亿 m³,堤防溃决后,洪水12 h后演进至通辽市城区上游的通霍铁路,在通霍铁路以西、大郑线铁路以北区域形成壅水区域,最大壅水高程为182.70 m。通霍铁路路基较高,铁路最低处高程为183.80 m,铁路有一座跨路涵洞,涵洞所在区域局部地形较高,受地形阻隔涵洞没有过水,因此通辽市城区上游侧通霍铁路对洪水形成了阻隔,壅水高度不断提升。大郑线铁路路基高程相对通霍铁路而言较低,路基顶面高程为182.30 m,当壅水高度超过大郑线铁路路基顶面后,洪水会漫过铁路沿通辽市主城区南部外围在通霍铁路和G45高速公路之间区域演进。该区域地形北部略高、南部略低,洪水演进过程中会通过桥涵向铁路北侧和公路南侧扩散,但由于南部地形较北部低,大部分洪水会顺G45高速公路桥涵向南部低洼地区扩散,而通过通霍铁路桥涵流向主城区的水流受北部地形的阻隔,仅在白音太来大街以南和通霍铁路之间向东部演进,直至主城区下游的清河镇附近与通霍铁路和G45高速公路之间的洪水相汇合继续向下游演进。通辽市主城区附近洪水演进路径见图2-3-32。

根据以上分析,从通辽市主城区及附近区域地形、阻水构筑物特性、溃堤洪水的水深分布特性等来看,溃堤洪水在通辽市附近区域的演进趋势是合理的。

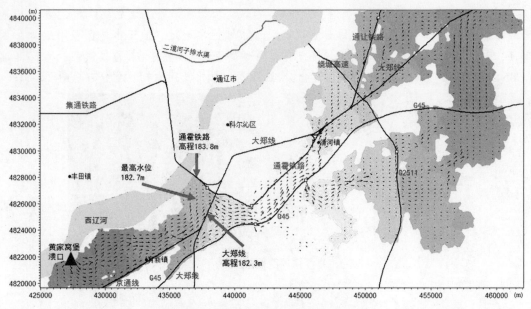

图 2-3-32　通辽市主城区附近洪水演进路径

第四节　防洪保护区洪水风险图编制实例

本节结合实例介绍防洪保护区洪水风险图编制的过程。

吉林省东辽河二龙山水库以下左岸防洪保护区和右岸防洪保护区分属东辽河左、右岸，两者主要的洪水风险均来自东辽河。本节通过东辽河左、右岸防洪保护区洪水风险图编制过程来具体展现防洪保护区洪水风险图编制的主要步骤和方法。

洪水风险图编制过程分为以下几部分。

一、确定分析范围

吉林省东辽河二龙山水库以下防洪保护区上起二龙山水库大坝，下至吉林省界，其中左岸面积 399 km²，涉及四平市下辖的梨树县、孤家子镇和四平市铁东区的石岭子镇；右岸面积 427 km²，涉及公主岭市、四平市下辖的双辽市及梨树县刘家馆镇王河村部分区域。根据《洪水风险图编制技术细则》和《吉林省洪水风险图编制项目 2014 年度实施方案》的要求确定洪水量级，结合《辽河流域规划》50 年一遇洪水淹没线，并参考粗略计算的二龙山溃坝洪水淹没情况综合确定分析范围。东辽河风险图编制分析范围见图 2-4-1。

二、基础资料收集与整理

(一)基础资料内容和成果情况

1.资料需求

根据《吉林省洪水风险图编制项目实施方案(2013～2015 年)》《吉林省洪水风险图编制项目 2014 年度实施方案》《吉林省 2014 年度山洪灾害防治省本级实施项目(第九标段)招标文件》的要求和《洪水风险图编制技术细则》的规定，编制东辽河二龙山以下防洪保护区

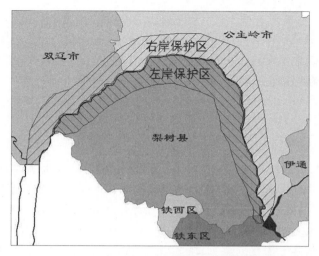

图 2-4-1 东辽河风险图编制分析范围示意图

洪水风险图时,需要收集的资料主要包括基础地理资料(河流、行政界、道路和地形资料等)、水文资料、防洪排涝工程(河道断面、测站分布、堤防等工程位置)及调度原则资料、历史洪水灾害资料(淹没范围、水深)、社会经济资料等。

2.资料收集与整理工序

对收集到的资料需要进行审核和处理分析,主要包括以下工序。

1)初步资料收集、现场调研与查勘

现场查勘东辽河二龙山以下至吉林省界防洪保护区内自然地理、地形地貌、社会经济、居民地的基本情况,了解各支流渠系,堤防险工、闸站等重要设施,影响洪水分析的道路、铁路情况,与当地水管人员现场交流和实地调查,并收集防洪标准、水文水情、历史洪水及其淹没情况、防洪调度方案和防汛应急预案情况。

2)深入资料收集

通过与有关部门协商,收集洪水分析所需相关资料,内容包括:①基础地理信息资料;②水文及洪水资料;③水工构筑物;④工程调度;⑤堤防;⑥险工险段;⑦河道纵横断面;⑧河道内阻水构筑物;⑨渠道;⑩闸坝;⑪桥梁;⑫公路;⑬铁路;⑭社会经济资料;⑮历史洪水及洪水灾害资料。

3)资料整理

将所获取的资料分类整理,并按照年份或者行政区划进行细分类,列出整理资料清单,注明资料来源和出处。然后进行汇总和编辑处理为完整、集中、简明的材料,包括去除冗余内容,进行必要的计算、统计、绘图、扫描、数字化等。

4)资料审查

对收集的资料进行可靠性、一致性、代表性和时效性审查,包括对原始资料的检查审核,对加工处理后的成果进行检查等。

3.资料分类整理成果

1)基础地理资料

基础地理资料属保密资料,通过申请购买获得。购买的资料包括覆盖分析区域的

1∶10 000比例尺的 DEM 数据和 1∶50 000 比例尺的 DLG 数据,数据统一采用 2000 国家大地坐标系、高斯–克吕格投影,高程基准统一采用 1985 国家高程基准。其中 DEM 数据用于洪水分析计算。基础地理资料的主要分析整理工作为拼接整理分幅地图;主要的审核工作为检查地理坐标与高程系统是否统一。

2)水文资料

(1)水文测站。

东辽河流域最早进行的水文观测始于 1933 年 10 月,由伪满交通部理水司设立的辽源水位站进行,次年 4 月理水司在二龙山水库坝址处设立水文站,进行水位和流量测验。中华人民共和国成立后吉林省水利厅于 1957 年在二龙山水库下游分别设立了城子上水文站和太平水文站,1984 年太平水文站下移 6 km,改名为王奔水文站,一直观测至今。

本项目涉及的水文站有东辽河干流的二龙山、城子上、王奔水文站,支流小辽河上的十屋水文站。各水文站基本信息见表 2-4-1,分布见图 2-4-2。

表 2-4-1　东辽河及支流主要水文站情况

河流名称	站名	集水面积(km²)
东辽河	二龙山	3 799
	城子上	5 000
	王奔	10 236
小辽河	十屋	1 108

(2)水文资料。

二龙山水库具有 1934~1944 年的实测水文资料及 1950 年至今的水库还原资料,城子上与王奔水文站具有 1958 年至今的水文观测资料,均为本次设计所依据水文资料。

上述各站的水文资料在东辽河干流防洪工程设计、二龙山水库历次加固设计、三江口堤防设计、吉林省东辽河重点段治理等工程均进行了详细复核,主要站资料系列延长至 2010 年,并对发现的问题进行了修改。本次在以往设计的基础上,补充收集王奔站 2011~2013 年、二龙山站 2011~2013 年水文资料,对补充延长的水文资料进行复查分析,各水文站整编资料可用于本次洪水分析。

(3)水位—流量关系曲线。

各控制断面水位—流量关系线根据各自实测资料分析计算,要注意高程系统需统一。

3)社会经济资料

东辽河防洪保护区涉及公主岭市、孤家子镇和四平市下辖的铁东区、梨树县和双辽市。其中,左岸涉及梨树县和四平市下辖的孤家子镇及其铁东区下辖的石岭子镇,共 11 个乡镇。其中,梨树县内包括孟家岭镇、蔡家镇、东河镇、双河乡、金山乡、小城子镇、小宽镇、沈洋镇和刘家馆子镇;右岸涉及公主岭市、四平市所辖双辽市和梨树县刘家馆镇王河村部分区域。涉及的乡镇包括南崴子街道、朝阳坡镇、大榆树镇、秦家屯镇、八屋镇、十屋镇、桑树台镇、新立乡、柳条乡、双山镇、东明镇、王奔镇、双山镇、红旗街道、刘家馆镇共 15 个镇。

收集的主要社会经济指标包括行政区域面积、地区生产总值、常住人口、乡村人口、乡村居民人均纯收入、乡村居民人均住房价值、城镇人口、城镇居民人均可支配收入、城镇人口人

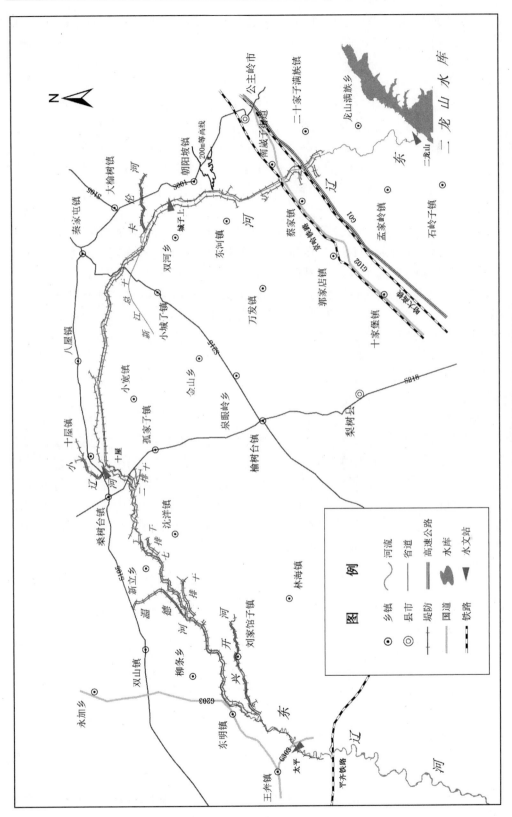

图 2-4-2　东辽河防洪保护区水文测站分布

均住房价值、耕地面积、第一产业总产值、第二产业总产值、第三产业总产值、农业总产值、牧业总产值、林业总产值、渔业总产值、家庭财产等。

4)工程及调度资料

(1)水库资料。

二龙山水库位于东辽河上,坝址控制面积 3 799 km²,占东辽河流域面积的33%,是一座以防洪、除涝、灌溉、供水为主,结合发电的综合利用水库,也是东辽河干流上唯一承担防洪任务的水库。水库大坝按 1 000 年一遇洪水设计,设计洪水位 226.85 m;10 000 年一遇洪水校核,校核洪水位 228.30 m。该水库始建于 1943 年,在 1961 年与 1996 年又分别进行了扩建,2002 年进行了除险加固,加固后总库容 17.92 亿 m³。

(2)堤防资料

东辽河干流二龙山水库以下吉林省内现有左岸堤防 142.9 km,均隶属于梨树县;右岸堤防 169.0 km,隶属公主岭市堤防长 108.33 km,隶属双辽市堤防长 55.6 km,隶属梨树县堤防长 5.07 km。堤防堤距 300~1 800 m,现状防洪标准为 20~30 年一遇。左岸堤防高度一般为 1.5~4.5 m,堤顶宽 4.0 m 左右;右岸堤防高度一般为 1.5~4.6 m,堤顶宽 1.90~6.00 m。

左岸支流兴开河右岸堤防长 17.39 km,左岸堤防长 17.52 km,左右岸堤防均为土堤,最大高度 3.5 m,最小高度 1.5 m,堤顶宽度最大为 4.0 m,最小为 1.5 m。

右岸支流卡伦河左右岸堤防长 19.7 km,堤防最大高度 2 m,最小高度 1 m;小辽河十屋镇段左右岸堤防长 24.1 km,堤防最大高度 3 m,最小高度 2 m;温德河左右岸堤防长 21.69 km,堤防最大高度 3 m,最小高度 1.1 m。

(3)河道断面资料。

中水东北勘测设计研究有限责任公司与吉林省水利水电勘测设计研究院等单位曾多次对东辽河二龙山水库以下河道纵横断面进行过测量和补充测量,本次采用最新测量的成果。测量采用的平面坐标系为 1954 年北京坐标系,高程系为 1956 年黄海高程系,本次根据需要将其转换为 2000 国家大地坐标系,1985 年黄海高程。东辽河二龙山水库以下—平齐铁路之间河段范围内河长 187 km,共布设 199 个横断面,平均横断面间距 0.94 km,河道横断面间距变化在 0.02~2.45 km,部分横断面位置见图 2-4-3。

(4)道路资料。

防洪保护区内的部分道路高出地面 0.5 m 以上,具有一定的阻水作用,在前期现场实地调查期间确定了阻水道路,之后对此部分道路进行了补充测量,具体如下。

①铁路:京哈铁路、平齐铁路。

②公路:G1 高速、G25 高速、G45 高速、G102 国道、G203 国道、G303 国道、S105 省道、S215 省道、S218 省道、S219 省道、S301 省道、双辽市南外环公路、小城子镇和双河乡部分县道、公主岭境内部分县道。

(二)设计洪水复核计算

根据东辽河洪水特性及洪水分析需求,需计算东辽河二龙山水库以下各控制断面处各洪量的设计洪水过程线。原则上控制断面及其区间设计洪水成果均采用防洪规划审批成果,但为了设计洪水成果的安全可靠,本次选择二龙山水库、王奔两个代表站将洪水系列延长至 2013 年进行设计洪水参数复核,最终分析确定本次设计采用的设计洪水成果,具体过程此处不进行介绍。

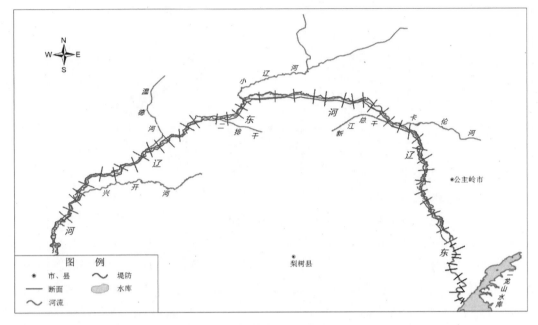

图 2-4-3 部分横断面位置示意图

(三) 现场调查与补充测量

1.现场调查

1) 目的及范围

现场调查的主要目的是通过调查准确把握东辽河堤防情况、保护区内水利工程情况、历史洪灾情况和社会经济情况等,并收集洪水风险图编制所需基础资料,为后续洪水风险分析、洪水风险图绘制等工作打下基础。

左岸防洪保护区的调查范围为东辽河二龙山水库以下至吉林省界的防洪保护区,面积 399 km²,涉及四平市铁东区、梨树县和孤家子镇,涉及的乡镇包括石岭子镇、孟家岭镇、蔡家镇、东河镇、双河乡、小城子镇、金山乡、小宽镇、孤家子镇、沈洋镇和刘家馆子镇共 11 个。

右岸防洪保护区的调查范围为东辽河二龙山水库以下至吉林省界的防洪保护区,面积 427 km²,涉及公主岭市、四平市所辖双辽市、梨树县。涉及的乡镇包括南崴子街道、朝阳坡镇、大榆树镇、秦家屯镇、八屋镇、十屋镇、桑树台镇、新立乡、柳条乡、双山镇、东明镇、王奔镇、双山镇、红旗街道、刘家馆镇共 15 个。调查范围见图 2-4-4。

在调查过程中,与所涉及乡镇的当地水利专家和相关工作人员就堤防情况、水利工程情况、历史洪灾情况和社会经济情况等进行了解并收集相关资料,实地考察重要的险工险段、水利工程和部分对洪水淹没有较大影响的阻水建筑物。

2) 调查内容

对河道和堤防进行现场调查,调查内容为河道特征、河势调查,堤防及险工、险段调查,堤防历史溃口及假定溃口位置调查,防洪工程情况调查,线状地物(道路、桥梁)调查等。重点对险工险段、历史溃口、现状可能的溃口位置等重点防洪部位进行查勘。通过现场调查及向防汛工作人员咨询,初步确定溃口位置、溃口最大宽度、溃口时机、溃口形式等。

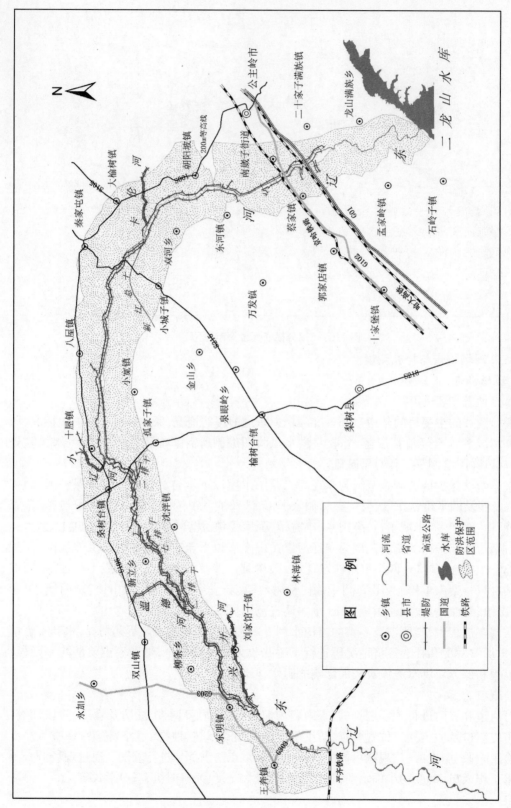

图 2-4-4　外业调查范围示意图

3）现场调查成果

现场调查历时 11 d,项目组分别与四平市、梨树县、公主岭市、双辽市及涉及的各乡镇水利专家就东辽河的洪水特性、相关水利工程建设和历史洪灾等情况进行了座谈,并对当地防洪工程、险工险段、历史洪灾情况、初步设定溃口位置和宽度等问题进行深入交流,初步确定了计算分区划分、溃口位置和溃口长度。通过与地方水利管理部门和统计部门沟通,收集到各类相关资料,包括防洪工程图、历史洪灾资料、抢险应急预案、地方水利志和乡镇地图、社会经济统计资料等。

2.补充测量

根据项目编制任务,需要对保护区内进行一维、二维洪水计算,需收集河道和保护区范围内的地形资料(包括影响水流演进的建筑物等),在外业调查和部分资料收集之后,仍有风险图编制所需资料未完全收集到,需对该部分资料进行补充测量。

测量内容为防洪保护区内的线状阻水建筑物(主要为堤防、不同级别的道路以及铁路)。坐标系统采用 2000 国家大地坐标系统,高程基准采用 1985 国家高程基准。

(四)重要基础资料和特殊问题处理

1.基础工作底图处理准备

风险图编制项目中收集的基础图层数据资料种类和样式多,既有纸质文档、纸质地图,又有电子文档、电子地图;有些数据具有空间坐标属性,有些数据则没有空间坐标属性。因此,为制作基础工作底图,在使用这些数据资料之前,需要对其进行相关加工处理,以保证数据的一致性、完备性。

1）地图拼接

本次购买的资料包括覆盖分析区域的 1∶10 000 比例尺的 DEM 数据和 1∶50 000 比例尺的 DLG 数据,在使用之前均需进行拼接,形成一整幅地图以方便洪水分析和绘图使用。拼接完成后的 DEM 数据见图 2-4-5,拼接完成的水系附属设施要素示意图见 2-4-6。

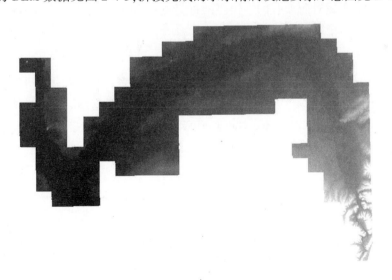

图 2-4-5　拼接完成后的 DEM 数据

图 2-4-6　拼接完成的水系附属设施要素示意图

2) 数据矢量化及图层配准

对于收集到的一些图片或拍摄得到的图片,需要将图上信息进行矢量化才可以使用。购买得到的 DLG 矢量数据中无乡镇行政区划界限,因此根据由吉林省防办处收集到的吉林省防汛抗旱指挥工程图对所涉及的乡镇界限进行配准和矢量化处理,形成各乡镇行政区划底图。东辽河左岸乡镇行政区划底图见图 2-4-7。

2. 主要构筑物概化处理

在外业调查阶段已基本了解防洪保护区内哪些构筑物会对洪水演进造成影响,并对部分构筑物进行了补充测量。在计算方案中线状阻水构筑物通过在二维计算模型中添加 dike 模块或加密网格使之成为二维网格一部分的方式进行概化处理。

三、方案设定

(一)计算分区划分

根据《洪水风险图编制技术细则》要求,计算分区一般是按主要水系、堤防以及地貌、地物分割情况等划分成若干相对独立的区域。由于东辽河在二龙山水库以下防洪保护区中贯穿而过,将保护区分为左岸和右岸两块相互独立的区域,因此也按左、右岸分别划分计算分区。

1. 左岸计算分区

左岸防洪保护区为二龙山水库坝址到兴开河河口之间,受左岸大堤保护的低洼地区。

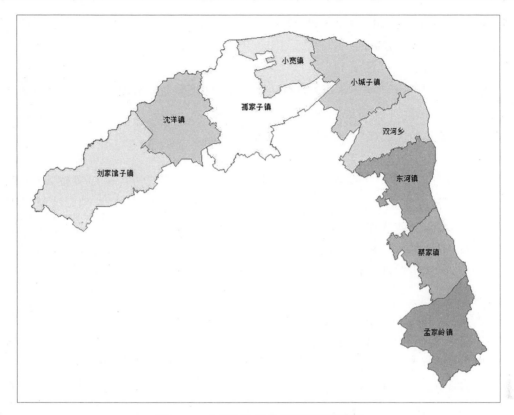

图 2-4-7　东辽河左岸乡镇行政区划底图

由于高地隔断和回水堤阻隔,将左岸防洪保护区自上而下划分为左岸 A、左岸 B 和左岸 C
三个计算分区。

1) 左岸 A 分区

防洪保护区上游的汲水河与孟家岗河之间有一块地势相对较高的无堤坡地,该坡地将
东辽河左岸干流堤防分隔成上、下游相互独立的堤段,来自上游保护区的洪水流至此处将会
回归至干流河道。因此,可将该坡地以上的防洪保护区划分为一个单独的计算分区。

2) 左岸 B 分区

在沿东辽河左岸,靠近孤家子镇与沈洋镇的交界处,有一条辽河农垦区东辽河二排干,
此排干两侧建有回水堤,堤防高出地面 2~3 m,当有来自上游保护区的洪水流至此处时,若
水量较小,则会被二排干的右侧回水堤挡住;若水量较大,则进入二排干汇入东辽河干流。
因此,将二排干作为计算分区的边界。综上,左岸 B 分区的上边界位于上游坡地,下边界为
二排干。

3) 左岸 C 分区

沿东辽河左岸,在吉林省和辽宁省交界处附近有一较大支流兴开河汇入东辽河干流。
兴开河两岸建有堤防,堤防高度 1.5~3.5 m,若有来自上游保护区的洪水流至此处,能越过
北侧堤防进入兴开河河道的可能性比较小,而且,兴开河河道较为宽阔,其左右岸堤防间距
小的地方约 150 m,宽的地方能达到 250 m 以上,即使洪水能由北侧堤防进入兴开河河道,

再越过南侧堤防进入兴开河南侧保护区的可能性也非常小。因此,将兴开河作为计算分区的边界。综上,左岸 C 分区的上边界为二排干,下边界为兴开河。

2.右岸计算分区

右岸防洪保护区为二龙山水库坝址到平齐铁路之间,受右岸大堤保护的低洼地区。在考虑各支流汇入的基础上,考虑河流、地形阻隔等因素,将右岸防洪保护区自上而下划分为右岸 A、右岸 B、右岸 C、右岸 D 和右岸 E 五个计算分区。

1)右岸 A 分区

二龙山坝址以下至二十家子满族镇小山村区间均为山区,沿河因地势较高,未建堤防。东辽河干流二龙山以下二十家子满族镇小山村起开始修建堤防,至朝阳坡镇黑山嘴子附近有一处高地,此高地自西向东由刘房子街道向阳坡村延伸至堤防附近,高地平均海拔 200 m,高出地面约 15 m,对洪水有显著的阻隔作用,洪水漫过此高地向下游演进的可能性较小,因此将此高地作为计算分区的边界,将此高地以上的保护区作为一个单独的计算分区。

2)右岸 B 分区

黑山嘴子高地沿河向北至卡伦河区域内的村路路基高度有限,此外无大型阻水线状物。卡伦河回水堤堤防标准与东辽河干流堤防一致,对洪水有明显的阻隔作用,因此将卡伦河左岸堤防作为计算分区的下边界。综上,右岸 B 分区的上边界为黑山嘴子高地,下边界为卡伦河左岸回水堤。

3)右岸 C 分区

东辽河右岸支流小辽河回水堤防标准与东辽河干流堤防一致,对洪水有明显的阻隔作用,因此将小辽河左岸堤防作为计算分区下边界。右岸 C 分区为卡伦河右岸堤防与小辽河左岸堤防之间的保护区。

4)右岸 D 分区

右岸 D 分区为平原区,除温德河堤防外,无大型阻水构筑物。温德河回水堤堤防标准与东辽河干流堤防一致,对洪水有明显的阻隔作用,因此将温德河左岸堤防作为计算分区下边界。右岸 D 分区为小辽河右岸堤防至温德河左岸堤防之间的保护区。

5)右岸 E 分区

东、西辽河堤防之间的平齐铁路为吉林省与内蒙古自治区省界,亦是"东辽河风险图编制"的右岸下游边界。此铁路路基较高,对洪水有明显阻隔作用,但铁路下方有 2 个大型过水涵洞,无法彻底阻隔水流向下游的演进,因此在洪水分析计算中,以东、西辽河堤防汇合处作为下游计算边界,以满足洪水分析要求,但在洪水影响和损失估算中,仍仅统计吉林省内部分。综上,右岸 E 分区的上边界为温德河右岸堤防,下边界为平齐铁路。

各计算分区位置示意图见图 2-4-8。

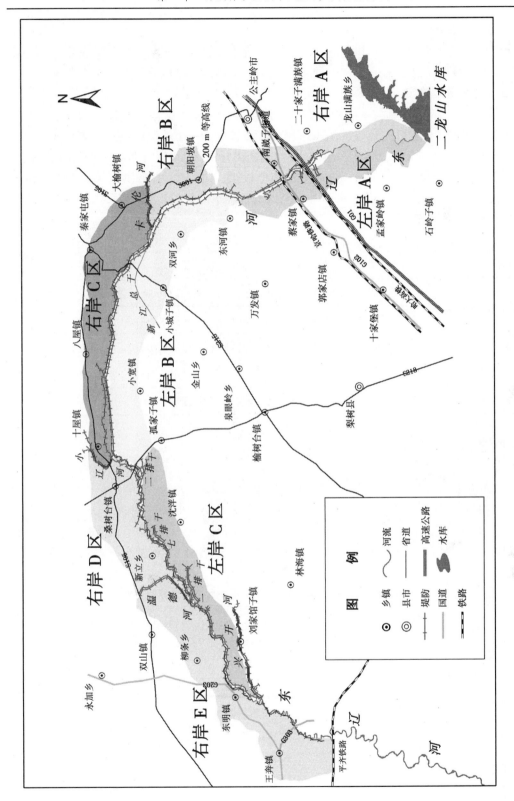

图 2-4-8 东辽河二龙山水库以下防洪保护区计算分区位置示意图

(二)洪源确定

东辽河二龙山水库以下防洪保护区上起二龙山水库大坝,下至吉林省界,其中左岸防洪保护区面积 399 km²,右岸防洪保护区面积 427 km²,洪水来源为东辽河干、支流洪水。

(三)洪水量级确定

根据《洪水风险图编制技术细则》的要求,防洪保护区洪水量级应选择设计标准洪水与超标准洪水两种情景,其中,超标准洪水采用高于设计标准一个等级的洪水。东辽河防洪保护区现状防洪标准为 20 年、30 年一遇洪水,规划防洪标准为 50 年一遇洪水,因此确定洪水量级为 20 年、30 年、50 年和 100 年一遇洪水四个量级。结合《吉林省洪水风险图编制项目 2014 年度实施方案》,增加二龙山水库万年一遇洪水和下游区间(各支流)50 年一遇洪水组合。洪水分析量级见表 2-4-2。

表 2-4-2　洪水分析量级

序号	洪水量级
1	二龙山 10 000 年一遇泄流和下游区间(各支流)50 年一遇洪水组合
2	二龙山 20 年泄流与区间(各支流)20 年一遇洪水组合,干流 20 年
3	二龙山 30 年泄流与区间(各支流)30 年一遇洪水组合,干流 30 年
4	二龙山 50 年泄流与区间(各支流)50 年一遇洪水组合,干流 50 年
5	二龙山 100 年泄流与区间(各支流)100 年一遇洪水组合,干流 100 年

(四)溃口方案设置

1. 溃口位置

溃口的选择主要考虑河道险工险段、砂基砂堤、穿堤建筑物、堤防溃决后洪灾损失较大等情况。根据"可能""不利"和"关注"三个原则,以及对防洪保护区调研的结果,左岸 A 分区和左岸 C 分区均设置 1 个溃口,左岸 B 分区设置两个溃口。右岸 A 分区~D 分区均设置 1 个溃口,右岸最下游 E 分区设置 2 个溃口。左、右岸各溃口位置及类型见表 2-4-3 和表 2-4-4,各溃口位置见图 2-4-9。

表 2-4-3　东辽河二龙山以下左岸防洪保护区溃口位置及类型

序号	分区	溃口位置	所属堤段	溃口类型
1	左岸 A	付家屯	大郭段	堤距明显变小、束窄河道,导致局部河段流速增大,易发生险情
2	左岸 B	清湖屯	叶二段	为凹岸的迎流顶冲位置,且地势低洼,堤内常年积水,浸泡堤防,经常出现险情
3	左岸 B	南岗子	二新段	堤线与主流方向接近垂直,河道水流对堤身堤脚侵蚀作用较强,易发生险情
4	左岸 C	东徐家窝棚	新陈段	堤线与主流方向接近垂直,河道水流对堤身堤脚侵蚀作用较强,历史上也曾多次出现险工险情

表 2-4-4 东辽河二龙山以下右岸防洪保护区溃口位置及类型

序号	分区	溃口位置	所属堤段	溃口类型
1	右岸 A	大铁桥屯	南崴子段	堤防属凹岸迎流顶冲位置
2	右岸 B	慕家屯	朝阳坡镇段	附近堤防正处河道左转处,堤防与水流方向呈接近垂直状态
3	右岸 C	黄家窝堡	秦家镇屯段	此段堤防属于共用堤防,若此段堤防溃堤,溃堤洪水会快速地进入整个灌区,造成洪水影响最为恶劣
4	右岸 D	东辽河村	桑树台镇段	河道急转弯处,水流湍急,冲刷严重。此段堤防为东升一队险工段,溃决可能性较大,造成洪水影响最为恶劣
5	右岸 E	彭家馆子	双辽市段 1	彭家馆险工段,处于凹岸迎流顶冲位置,汛期主流直接正面冲击堤脚堤身,曾多次出现险工险情
6	右岸 E	双岗子	双辽市段 2	双岗子溃口即张成宪险工段,处于凹岸迎流顶冲位置,且堤线与主流方向接近垂直,汛期主流直接正面冲击堤脚堤身,曾多次出现险工险情

2. 溃决时机

根据《洪水风险图编制技术细则》的规定,堤防溃决时机根据以下原则确定:若河道最高洪水位大于或等于防洪保证水位,则溃决时机取溃口所在位置的洪水位达到防洪保证水位的时刻;若河道最高洪水位小于防洪保证水位,则溃决时机取溃口所在位置的洪水位达到最高水位的时刻。东辽河堤防现状防洪标准为 20～30 年一遇洪水,选择溃口附近断面 20 年一遇设计洪水位作为堤防溃决水位。左、右岸各分区溃口断面及溃决水位见表 2-4-5 和表 2-4-6。

3. 溃口发展过程

根据经验公式估算各溃口宽度,在此基础上,参考险工险段长度,并综合考虑历史溃决情况。东辽河历史上最长溃口为 1986 年洪水造成的双辽市东明乡东明村老虎涡子溃口,溃口宽度 330 m。考虑到东辽河风险图编制中洪水分析的设计洪水标准较高,量级较大,结合计算溃口宽度、历史溃口宽度、险工长度,综合确定溃口采用宽度。由于东辽河洪水历时短,洪峰涨率大,各溃口溃堤持续时间均选为 2.5 h,左、右岸堤防溃口宽度、最低高程及溃决持续时间见表 2-4-7 和表 2-4-8。

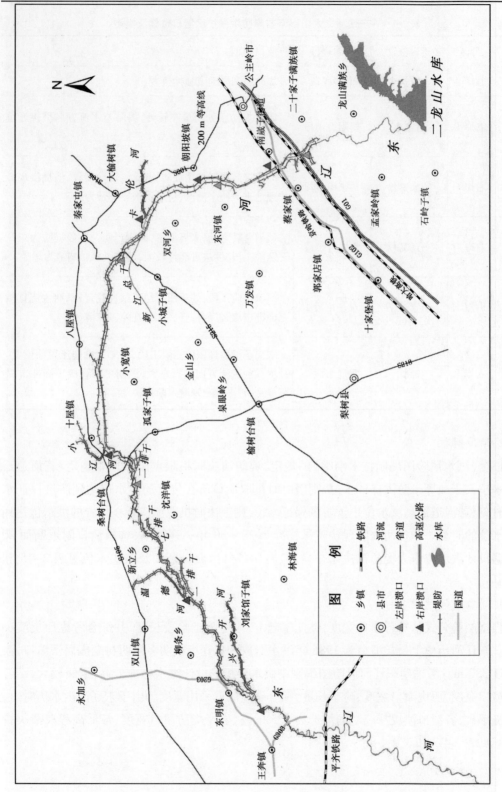

图 2-4-9　各溃口位置分布示意图

表 2-4-5　左岸各分区溃口断面与溃决水位

计算分区	溃口	溃口断面	溃决水位（m）
左岸 A	付家屯	CS26	187.06
左岸 B	清湖屯	CS42	173.28
	南岗子	CS64	154.63
左岸 C	东徐家窝棚	CS98	132.06

表 2-4-6　右岸各分区溃口断面与溃决水位

计算分区	溃口	溃口断面	溃决水位（m）
右岸 A	大铁桥屯	CS34	181.44
右岸 B	慕家屯	CS45	171.24
右岸 C	黄家窝堡	CS57	159.87
右岸 D	东辽村	CS90	136.40
右岸 E	彭家馆	CS116	122.34
	双岗子	CS137	114.12

表 2-4-7　东辽河左岸堤防溃口宽度、最低高程及溃决持续时间

计算分区	溃口位置	计算溃口宽度（m）	采用溃口宽度（m）	溃口最低高程（m）	溃堤持续时间（h）
左岸 A	付家屯	98	100	187.0	2.5
左岸 B	清湖屯	187	200	172.0	2.5
	南岗子	312	400	154.4	2.5
左岸 C	东徐家窝棚	347	400	131.4	2.5

表 2-4-8　东辽河右岸堤防溃口宽度、最低高程及溃决持续时间

计算分区	溃口位置	计算溃口宽度（m）	采用溃口宽度（m）	溃口最低高程（m）	溃堤持续时间（h）
右岸 A	大铁桥屯	256	260	180.00	2.5
右岸 B	慕家屯	361	360	171.24	2.5
右岸 C	黄家窝堡	486	500	158.70	2.5
右岸 D	东辽村	351	500	135.50	2.5
右岸 E	彭家馆	321	500	120.00	2.5
	双岗子	259	500	111.61	2.5

东辽河二龙山以下堤防工程均位于冲积堆河漫滩（Ⅰ）地貌单元上,溃口初始形态和最终形态均选定为矩形,溃口的最终底高程取溃口所在河段保护区临堤地面高程,溃口发展过程为线性溃决方式,即溃口宽度与深度随时间线性扩展。初始溃口的宽度左、右岸堤防采用不同设置方式:左岸溃口的宽度和深度均在溃决之后的 3 min 内达到溃口最终宽度和深度的一半,之后溃口按线性溃决方式继续扩展;右岸初始溃口宽度直接设为 1/2 最大溃口宽度,之后溃口按线性溃决方式继续扩展。各溃口发展过程见表 2-4-9 和表 2-4-10。

表 2-4-9　东辽河左岸堤防各溃口发展过程

	溃决持续时间(s)	0	180	9 000
付家屯溃口	溃口底高程(m)	187.1	187.05	187
	溃口宽度(m)	0	50	100
清湖屯溃口	溃口底高程(m)	172.28	172.14	172
	溃口宽度(m)	0	100	200
南岗子溃口	溃口底高程(m)	154.63	154.52	154.40
	溃口宽度(m)	0	200	400
东徐家窝棚溃口	溃口底高程(m)	132.06	131.73	131.40
	溃口宽度(m)	0	200	400

表 2-4-10　东辽河右岸堤防各溃口发展过程

	溃决持续时间(s)	0	180	9 000
大铁桥屯	溃口底高程(m)	180.72	180.71	180
	溃口宽度(m)	130	132.6	260
慕家屯	溃口底高程(m)	171.87	171.86	171.24
	溃口宽度(m)	180	183.6	360
黄家窝堡	溃口底高程(m)	159.65	159.64	158.70
	溃口宽度(m)	250	255	500
东辽村	溃口底高程(m)	136.75	136.73	135.50
	溃口宽度(m)	250	255	500
彭家馆	溃口底高程(m)	122.20	122.15	120
	溃口宽度(m)	250	255	500
双岗子	溃口底高程(m)	113.68	113.65	112.20
	溃口宽度(m)	250	253.6	429

（五）计算方案

根据计算分区划分、洪水量级和溃口方案,东辽河风险图编制时共设置计算方案 50 个,其中左岸 20 个、右岸 30 个。左、右岸各方案具体信息见表 2-4-11 和表 2-4-12。

表 2-4-11 东辽河左岸防洪保护区风险图编制计算方案列表

序号	方案编码	分区	溃口	方案名称
1	DZ1	左岸A	付家屯	东辽河左岸防洪保护区A区二龙山10 000年一遇洪水与区间50年一遇洪水组合付家屯溃口
2	DZ2	左岸A	付家屯	东辽河左岸防洪保护区A区100年一遇洪水付家屯溃口
3	DZ3	左岸A	付家屯	东辽河左岸防洪保护区A区50年一遇洪水付家屯溃口
4	DZ4	左岸A	付家屯	东辽河左岸防洪保护区A区30年一遇洪水付家屯溃口
5	DZ5	左岸A	付家屯	东辽河左岸防洪保护区A区20年一遇洪水付家屯溃口
6	DZ6	左岸B	清湖屯	东辽河左岸防洪保护区B区二龙山10 000年一遇洪水与区间50年一遇洪水组合清湖屯溃口
7	DZ7	左岸B	清湖屯	东辽河左岸防洪保护区B区100年一遇洪水清湖屯溃口
8	DZ8	左岸B	清湖屯	东辽河左岸防洪保护区B区50年一遇洪水清湖屯溃口
9	DZ9	左岸B	清湖屯	东辽河左岸防洪保护区B区30年一遇洪水清湖屯溃口
10	DZ10	左岸B	清湖屯	东辽河左岸防洪保护区B区20年一遇洪水清湖屯溃口
11	DZ11	左岸B	南岗子	东辽河左岸防洪保护区B区二龙山10 000年一遇洪水与区间50年一遇洪水组合南岗子溃口
12	DZ12	左岸B	南岗子	东辽河左岸防洪保护区B区100年一遇洪水南岗子溃口
13	DZ13	左岸B	南岗子	东辽河左岸防洪保护区B区50年一遇洪水南岗子溃口
14	DZ14	左岸B	南岗子	东辽河左岸防洪保护区B区30年一遇洪水南岗子溃口
15	DZ15	左岸B	南岗子	东辽河左岸防洪保护区B区20年一遇洪水南岗子溃口
16	DZ16	左岸C	东徐家窝棚	东辽河左岸防洪保护区C区二龙山10 000年一遇洪水与区间50年一遇洪水组合东徐家窝棚溃口
17	DZ17	左岸C	东徐家窝棚	东辽河左岸防洪保护区C区100年一遇洪水东徐家窝棚溃口
18	DZ18	左岸C	东徐家窝棚	东辽河左岸防洪保护区C区50年一遇洪水东徐家窝棚溃口
19	DZ19	左岸C	东徐家窝棚	东辽河左岸防洪保护区C区30年一遇洪水东徐家窝棚溃口
20	DZ20	左岸C	东徐家窝棚	东辽河左岸防洪保护区C区20年一遇洪水东徐家窝棚溃口

表 2-4-12　东辽河右岸防洪保护区风险图编制计算方案列表

序号	方案编码	分区	溃口	方案名称
1	DY1	右岸 A	大铁桥屯	东辽河右岸防洪保护区 A 区二龙山 10 000 年一遇洪水与区间 50 年一遇洪水组合大铁桥屯溃口
2	DY2	右岸 A	大铁桥屯	东辽河右岸防洪保护区 A 区 100 年一遇洪水大铁桥屯溃口
3	DY3	右岸 A	大铁桥屯	东辽河右岸防洪保护区 A 区 50 年一遇洪水大铁桥屯溃口
4	DY4	右岸 A	大铁桥屯	东辽河右岸防洪保护区 A 区 30 年一遇洪水大铁桥屯溃口
5	DY5	右岸 A	大铁桥屯	东辽河右岸防洪保护区 A 区 20 年一遇洪水大铁桥屯溃口
6	DY6	右岸 B	慕家屯	东辽河右岸防洪保护区 B 区二龙山 10 000 年一遇洪水与区间 50 年一遇洪水组合慕家屯溃口
7	DY7	右岸 B	慕家屯	东辽河右岸防洪保护区 B 区 100 年一遇洪水慕家屯溃口
8	DY8	右岸 B	慕家屯	东辽河右岸防洪保护区 B 区 50 年一遇洪水慕家屯溃口
9	DY9	右岸 B	慕家屯	东辽河右岸防洪保护区 B 区 30 年一遇洪水慕家屯溃口
10	DY10	右岸 B	慕家屯	东辽河右岸防洪保护区 B 区 20 年一遇洪水慕家屯溃口
11	DY11	右岸 C	黄家窝堡	东辽河右岸防洪保护区 C 区二龙山 10 000 年一遇洪水与区间 50 年一遇洪水组合黄家窝堡溃口
12	DY12	右岸 C	黄家窝堡	东辽河右岸防洪保护区 C 区 100 年一遇洪水黄家窝堡溃口
13	DY13	右岸 C	黄家窝堡	东辽河右岸防洪保护区 C 区 50 年一遇洪水黄家窝堡溃口
14	DY14	右岸 C	黄家窝堡	东辽河右岸防洪保护区 C 区 30 年一遇洪水黄家窝堡溃口
15	DY15	右岸 C	黄家窝堡	东辽河右岸防洪保护区 C 区 20 年一遇洪水黄家窝堡溃口
16	DY16	右岸 D	东辽村	东辽河右岸防洪保护区 D 区二龙山 10 000 年一遇洪水与区间 50 年一遇洪水组合东辽村溃口
17	DY17	右岸 D	东辽村	东辽河右岸防洪保护区 D 区 100 年一遇洪水东辽村溃口
18	DY18	右岸 D	东辽村	东辽河右岸防洪保护区 D 区 50 年一遇洪水东辽村溃口
19	DY19	右岸 D	东辽村	东辽河右岸防洪保护区 D 区 30 年一遇洪水东辽村溃口
20	DY20	右岸 D	东辽村	东辽河右岸防洪保护区 D 区 20 年一遇洪水东辽村溃口
21	DY21	右岸 E	彭家馆	东辽河右岸防洪保护区 E 区二龙山 10 000 年一遇洪水与区间 50 年一遇洪水组合彭家馆溃口
22	DY22	右岸 E	彭家馆	东辽河右岸防洪保护区 E 区 100 年一遇洪水彭家馆溃口
23	DY23	右岸 E	彭家馆	东辽河右岸防洪保护区 E 区 50 年一遇洪水彭家馆溃口
24	DY24	右岸 E	彭家馆	东辽河右岸防洪保护区 E 区 30 年一遇洪水彭家馆溃口
25	DY25	右岸 E	彭家馆	东辽河右岸防洪保护区 E 区 20 年一遇洪水彭家馆溃口
26	DY26	右岸 E	双岗子	东辽河右岸防洪保护区 E 区二龙山 10 000 年一遇洪水与区间 50 年一遇洪水组合双岗子溃口
27	DY27	右岸 E	双岗子	东辽河右岸防洪保护区 E 区 100 年一遇洪水双岗子溃口
28	DY28	右岸 E	双岗子	东辽河右岸防洪保护区 E 区 50 年一遇洪水双岗子溃口
29	DY29	右岸 E	双岗子	东辽河右岸防洪保护区 E 区 30 年一遇洪水双岗子溃口
30	DY30	右岸 E	双岗子	东辽河右岸防洪保护区 E 区 20 年一遇洪水双岗子溃口

四、洪水分析

(一)分析方法选择

目前,进行洪水风险分析常采用的方法有水文学法、水力学法和实际水灾法。综合考虑东辽河河道洪水传播特性、两岸堤防的结构形式、防洪保护区地形特点与空间尺度以及各种计算方法的特点,确定洪水分析采用一维非恒定流模型模拟河道洪水演进过程,采用美国国家气象局 DAMBRK 方法计算溃堤洪水,采用二维非恒定流模型模拟淹没区的洪水演进过程。由于二维水流模拟的上边界为堤防溃口处的流量和水位过程,而溃口流量又取决于溃口上、下游的水位差,因此需要将河道一维非恒定流模型、溃堤模型和淹没区二维非恒定流模型相互耦合、联立求解,来模拟堤防溃决对防洪保护区的影响。

东辽河风险图编制时选用国家防总下发的"全国重点地区洪水风险图编制项目可采用的软件名录中的 DHI MIKE ZERO 系列软件。其中,河道洪水与溃堤洪水模拟采用 MIKE 11 软件,淹没区洪水模拟采用 MIKE 21 软件,三者耦合求解采用 MIKE FLOOD 软件控制。

(二)模型构建、模型验证与模拟计算

1. 模型构建

东辽河风险图编制采用 MIKE ZERO 系列洪水模拟软件。其中,河道洪水与溃堤洪水模拟采用 MIKE11 软件,淹没区洪水模拟采用 MIKE21 软件,三者耦合求解由 MIKE FLOOD 软件控制。

1)河道一维模型

河网文件描述了一维河道的位置、连接和走向,本项目通过提取 DLG 矢量地形图中水系图层中的东辽河干流中心线作为模型中的河道骨架线,如图 2-4-10 所示。

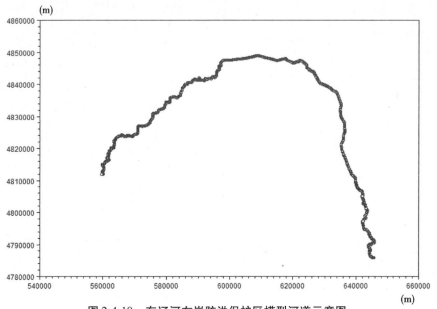

图 2-4-10　东辽河左岸防洪保护区模型河道示意图

根据断面里程确定断面在河道中的位置,与河网文件共同搭建一维河道模型。东辽河二龙山水库以下—平齐铁路河段长 187 km,共布设 199 个横断面,平均横断面间距 0.94 km。典型断面见图 2-4-11。

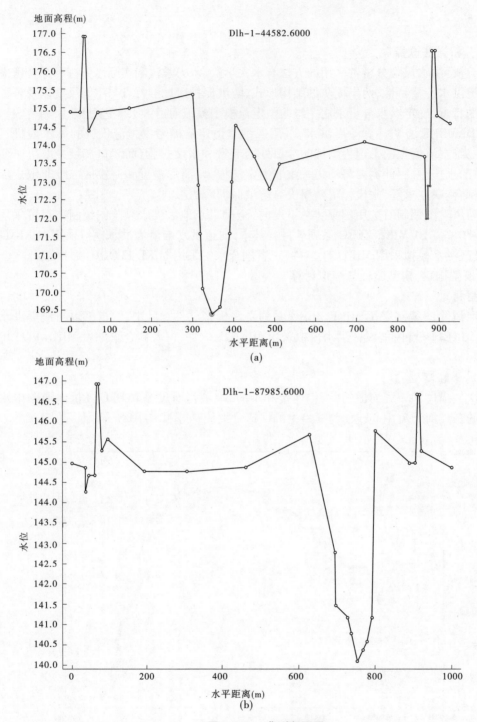

图 2-4-11　典型断面图

2) 保护区二维模型

二维模型的计算范围为东辽河二龙山水库以下至吉林省界之间受东辽河堤防保护的低洼地区。由于高地隔断和回水堤阻隔,左右岸防洪保护区共划分了 8 个计算分区,其中左岸

3 个,由上游至下游分别为左岸 A 分区、左岸 B 分区和左岸 C 分区;右岸 5 个,分别为右岸 A 分区、右岸 B 分区、右岸 C 分区、右岸 D 分区和右岸 E 分区。现仅展示左岸最下游的 C 分区的计算范围及计算范围内的高程插值成果,见图 2-4-12。

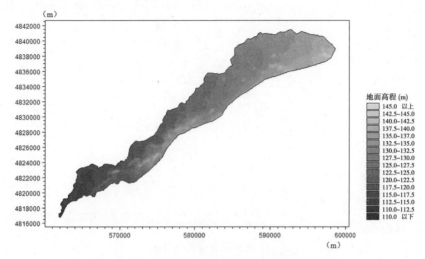

图 2-4-12　左岸 C 分区计算范围及高程插值成果

　　无结构网格具有复杂区域适应性好、局部加密灵活和便于自适应的优点,能很好地模拟自然边界及复杂的水下地形,提高边界模拟精度,因此东辽河风险图编制时的洪水分析采用三角形无结构网格对二维模型计算范围进行剖分,网格剖分时控制最大网格单元面积不超过 0.1 km²。左、右岸各计算分区网格剖分情况见表 2-4-13 和表 2-4-14,左岸 C 分区网格剖分结果见图 2-4-13。

表 2-4-13　左岸各计算区域网格划分明细

分区	计算面积 （km²）	网格单元数 （个）	最大网格单元面积 （km²）	平均网格单元面积 （km²）
左岸 A	59.61	9 226	0.015	0.006 5
左岸 B	292.19	15 523	0.041	0.019
左岸 C	161.39	8 529	0.043	0.019

表 2-4-14　右岸各计算区域网格划分明细

分区	计算面积 （km²）	网格单元数 （个）	最大网格单元面积 （km²）	平均网格单元面积 （km²）
右岸 A	203.8	6 383	0.032	0.050
右岸 B	121.2	3 069	0.039	0.100
右岸 C	361.9	8 335	0.043	0.100
右岸 D	241.0	5 916	0.041	0.100
右岸 E	624.8	13 612	0.046	0.100

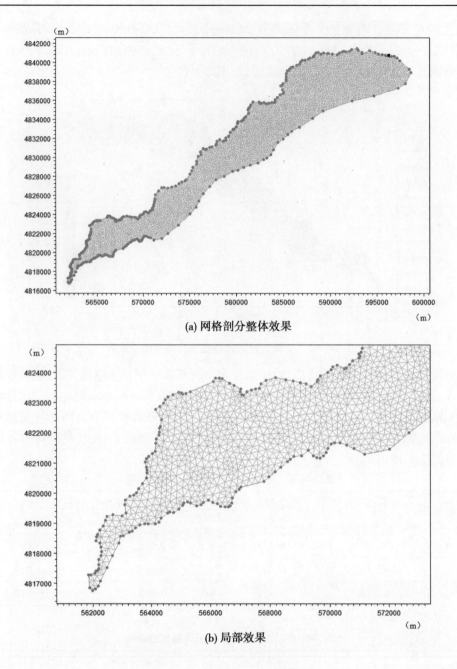

(a) 网格剖分整体效果

(b) 局部效果

图 2-4-13　左岸 C 分区网格划分图

东辽河风险图编制时的研究范围内有多条道路和铁路,其中部分道路高出地面 0.5 m 以上,具有一定的阻水作用。根据外业调查时现场了解的情况,对部分阻水的线状建筑物进行了补充测量。

在计算方案中线状阻水构筑物通过在二维计算模型中添加 dike 模块或加密网格使之成为二维网格一部分的方式进行概化处理。如位于保护区上游的京哈铁路与 G1 高速的阻水作用通过采用添加 dike 模块方式进行处理,见图 2-4-14。

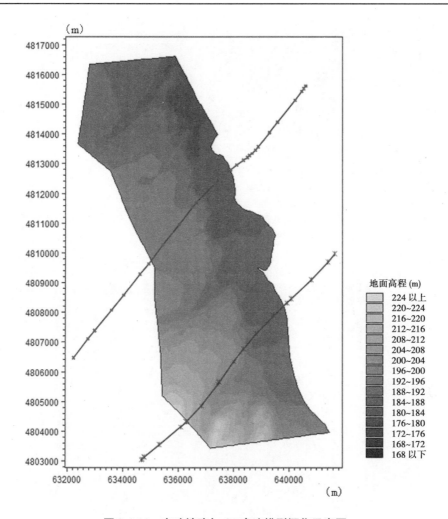

图 2-4-14 京哈铁路与 G1 高速模型概化示意图

位于保护区下游的平齐铁路有 2 个过水涵洞,2 个过水涵洞相距 1.1 km,且总过水宽度为 50 m,对于平齐铁路的阻水作用采用加密铁路区域网格的方式进行处理,并将两个过水涵洞概化为 1 个地形缺口,见图 2-4-15。

3)耦合模型

河道一维模型和保护区二维模型是通过 mike zero 里的 flood 模型耦合连接的。二者通过标准连接使溃口涌出的水进入保护区。标准连接示意见图 2-4-16。

2. 模型参数率定与模型验证

1)河道模型参数确定

河道模型的主要参数是糙率。本项目中河道糙率取值参考辽河流域防洪规划东辽河河道糙率,参考取值见表 2-4-15。

东辽河历史大洪水水面线的调查资料匮乏,选用《辽河流域防洪规划》中东辽河重现期为 20 年与 50 年设计水面线,用初选的糙率进行模拟计算,与设计水面线进行比较分析后确定最终采用成果,各河段根据断面组成将其划分为河槽、边滩两部分,见图 2-4-17。

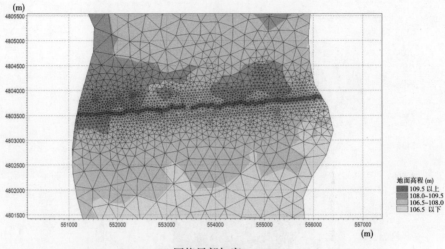

(a) 网格局部加密

(b) 三维地形示意图

图 2-4-15　平齐铁路模型概化示意图

　　模型的上边界为定流量,下边界为王奔站水位—流量关系。模拟结果与设计水面线对比结果见图 2-4-18。

　　2)淹没区参数确定

　　淹没区下垫面类型及糙率的选取对洪水分析结果有很大影响,地表类型及糙率确定的准确性取决于对下垫面地物分析的精度和用来率定模型糙率所需的实际洪水资料的准确性和全面性。

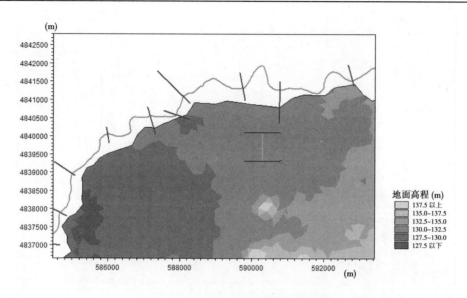

图 2-4-16　耦合模型标准连接示意图

表 2-4-15　东辽河干流河道糙率成果

主槽		滩地			
卡伦河口以上	卡伦河口以下	沙地	草地	耕地	树木
0.032	0.025	0.030	0.035	0.050	0.060

图 2-4-17　糙率分级示意图

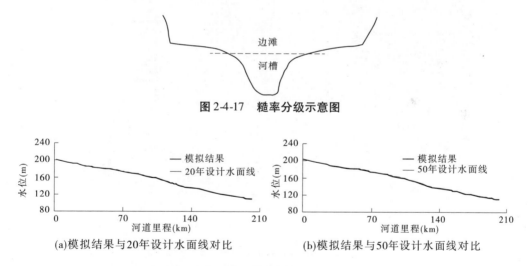

(a)模拟结果与20年设计水面线对比　　　(b)模拟结果与50年设计水面线对比

图 2-4-18　模拟结果与设计水面线对比

　　东辽河风险图编制时采用 ERDAS IMAGINE 软件提取和分析卫星图片地表信息的方法来确定研究区域内的地物分布,在此基础上分析确定下垫面糙率。根据东辽河左、右岸防洪保护区实地调查结果与卫星航拍图像,共将淹没区分为村庄、树丛、旱田、水田、道路、空地、水体共 7 种地表类型。下垫面类型分析成果图见图 2-4-19。各类下垫面糙率参考《洪水风险图编制导则》的有关数值,如表 2-4-16 所示。

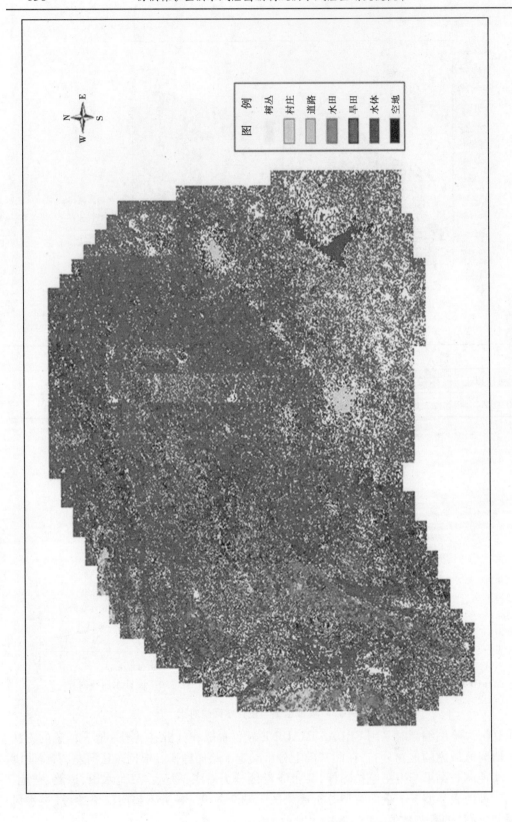

图 2-4-19 东辽河防洪保护区地表解析成果

表2-4-16　下垫面糙率

下垫面	村庄	树丛	旱田	水田	道路	空地	水体
糙率 n	0.07	0.065	0.06	0.05	0.035	0.035	0.025 ~ 0.035

3）模型验证

（1）城子上站验证。

选用二龙山水库1985年7月28日至8月7日流量过程、城子上站1985年7月29日至8月8日流量与水位过程进行部分河段参数取值合理性验证。二龙山水库出库流量过程作为模型上边界条件输入，下边界条件采用王奔站水位—流量关系曲线。城子上站模拟结果与实测值对比结果见图2-4-20。对比可知，洪峰流量误差最大为9.6%，水位误差最大为0.05 m，模拟结果与实测值相差较小，河道参数取值较为合理。

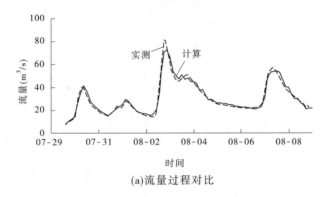

(a)流量过程对比

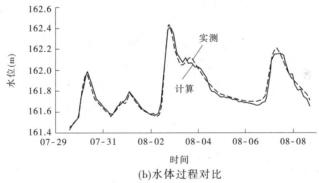

(b)水体过程对比

图2-4-20　城子上站模拟结果与实测过程对比

（2）王奔站验证。

选用城子上站1985年8月12～28日，王奔站1985年8月14～30日流量与水位过程用于验证河道参数取值合理性。城子上站流量过程作为模型上边界条件输入，下边界条件采用王奔站水位—流量关系曲线。王奔站模拟结果与实测值对比见图2-4-21。对比可知，洪峰流量误差最大为9.8%，水位误差最大为0.19 m，模拟结果与实测值相差较小，河道参数取值较为合理。

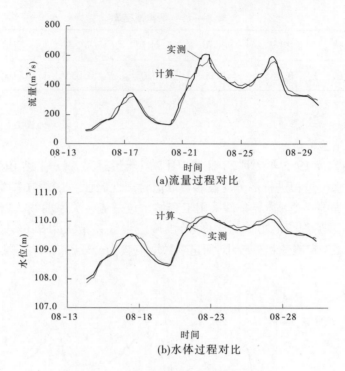

(a)流量过程对比

(b)水体过程对比

图 2-4-21　王奔站模拟结果与实测过程对比

3. 模拟计算

通过模型参数率定、模型验证后,完成模型构建。设置初始条件和边界条件(更改模型的输入条件),即可进行洪水模拟计算。

1)初始条件

初始条件为模型启动的必要条件,但对计算的结果影响非常小。编制东辽河风险图时,假设各河道初始流量沿程不变,均为设计洪水过程线的初始流量,上游控制断面与下游控制断面的初始水位通过水位—流量关系曲线查算,其余断面初始水位由上游至下游按线性递减考虑。二维模型的水位初始条件根据淹没区最低地面高程设定,流速初始条件统一设定为 0。

2)边界条件

(1)河道一维模型边界条件。

由于河槽的阻力作用与水流内部的能量损耗,洪水自上游向下游的演进过程必然伴随着洪峰流量的坦化现象。在进行洪水分析计算时,为了使各计算分区溃口所在河段的模型计算洪峰值达到该河段的设计洪水量级,本次将各计算分区溃口所在河段的设计洪水过程线作为点状集中入流(点源)边界放置在溃口上游。

根据东辽河二龙山水库以下干、支流水系的分布情况,各计算分区溃口所在河段的设计洪水过程线均采用所在河段下游控制断面各频率的设计洪水过程线。各计算分区河道一维模型的下游边界条件则统一采用东辽河下游王奔站的水位—流量关系。左、右岸各计算分区河道一维模型的上边界条件见表 2-4-17 和表 2-4-18。

表 2-4-17 左岸各计算分区一维计算上边界条件统计

计算分区	溃口位置	上边界
左岸 A	付家屯	铁桥控制断面各频率设计洪水过程线
左岸 B	清湖屯	卡伦河口控制断面各频率设计洪水过程线
	南岗子	小辽河口控制断面各频率设计洪水过程线
左岸 C	东徐家窝棚	温德河口控制断面各频率设计洪水过程线

表 2-4-18 右岸各计算分区一维计算上边界条件统计

计算分区	溃口位置	上边界
右岸 A	大铁桥屯	卡伦河口控制断面各频率设计洪水过程线
右岸 B	慕家屯	卡伦河口控制断面各频率设计洪水过程线
右岸 C	黄家窝堡	小辽河口控制断面各频率设计洪水过程线
右岸 D	东辽河村	温德河口控制断面各频率设计洪水过程线
右岸 E	彭家馆子	兴开河口控制断面各频率设计洪水过程线
	双岗子	三江口控制断面各频率设计洪水过程线

(2)溃堤模型边界条件。

溃堤模型需要处理的边界条件为溃口形态的变化过程,采用计算方案部分制定的溃口形态变化过程结果。由于溃堤洪水模型与一、二维水流模型进行联立求解,三者连接处的边界条件不需设定。

(3)保护区二维模型边界条件。

在本次洪水分析过程中,二维水流模型均设置了上游边界与下游边界。上游边界位于二维水流模型与溃堤模型的连接处,为动水位边界,由模型运行时自动计算;下游边界设置在计算分区下游干、支流堤防交界处(干流堤防末端),为水工建筑物(宽顶堰)边界,堰顶高程与堤顶高程一致,当保护区水位超过堤顶高程时,则洪水漫过堤防回归河道。除上述两类边界外,二维水流模型的其余边界均为固边界。

(三)计算成果、成果合理性分析及跨境洪水分析

编制东辽河风险图时,根据分区、溃口和洪水量级,共设置计算方案 50 个。通过模型计算得到每个方案的计算结果,包括各方案下每个网格单元的最大淹没水深,最大洪水流速,洪水到达时间及每个网格单元的水深、流速变化过程,溃口的流量过程等信息。由于各分区计算成果和变化规律类似,本节仅展示左岸 C 分区东徐家窝棚溃口和右岸 E 分区彭家馆溃口的计算成果,并对二者的计算成果从不同方面分别进行合理性分析。

1. 计算成果

左岸 C 分区东徐家窝棚溃口和右岸 E 分区彭家馆溃口的方案编码及相应方案见表 2-4-19 和表 2-4-20,相应计算结果见表 2-4-21 和表 2-4-22。

表 2-4-19　左岸 C 分区东徐家窝棚溃口计算方案列表

方案编码	方案描述
DZ16	东辽河左岸防洪保护区 C 区二龙山水库 10 000 年一遇洪水与区间 50 年一遇洪水组合东徐家窝棚溃口
DZ17	东辽河左岸防洪保护区 C 区 100 年一遇洪水东徐家窝棚溃口
DZ18	东辽河左岸防洪保护区 C 区 50 年一遇洪水东徐家窝棚溃口
DZ19	东辽河左岸防洪保护区 C 区 30 年一遇洪水东徐家窝棚溃口
DZ20	东辽河左岸防洪保护区 C 区 20 年一遇洪水东徐家窝棚溃口

表 2-4-20　右岸 E 分区彭家馆溃口计算方案列表

方案编码	方案描述
DY21	东辽河右岸防洪保护区 E 区二龙山水库 10 000 年一遇洪水与区间 50 年一遇洪水组合彭家馆溃口
DY22	东辽河右岸防洪保护区 E 区 100 年一遇洪水彭家馆溃口
DY23	东辽河右岸防洪保护区 E 区 50 年一遇洪水彭家馆溃口
DY24	东辽河右岸防洪保护区 E 区 30 年一遇洪水彭家馆溃口
DY25	东辽河右岸防洪保护区 E 区 20 年一遇洪水彭家馆溃口

表 2-4-21　左岸 C 分区东徐家窝棚溃口计算方案结果统计

方案编码	溃口最大流量（m³/s）	最大淹没范围（km²）	最大淹没水深（m）	最大洪水流速（m/s）	最高淹没水位（m）
DZ16	917	120.27	3.87	1.79	132.85
DZ17	605	85.04	3.48	1.77	132.56
DZ18	440	81.26	3.34	1.65	132.38
DZ19	326	77.42	3.31	1.64	132.25
DZ20	244	72.14	3.30	1.64	132.14

表 2-4-22　右岸 E 分区彭家馆溃口计算方案结果统计

方案编码	溃口最大流量（m³/s）	最大淹没范围（km²）	最大淹没水深（m）	最大洪水流速（m/s）	最高淹没水位（m）
DY21	1 344	253.0	8.78	0.57	122.31
DY22	1 048	196.6	8.29	0.48	122.11
DY23	804	188.1	8.06	0.44	121.96
DY24	801	178.4	7.87	0.44	121.84
DY25	768	172.1	5.69	0.43	121.79

2. 成果合理性分析

从模型计算成果可以看出溃堤之后洪水特征值(流量、水深、流速等)的大小变化与各个量级洪水大小变化是一致的,表明不同量级洪水的计算结果在数值大小上是合理的。下面对左岸 C 分区东徐家窝棚溃口的成果从溃口流量过程、溃口上下游流量平衡及洪水演进三个方面进行合理性分析;对右岸 E 分区彭家馆溃口的成果从水量平衡(一维河道、耦合模型、二维模型)方面进行合理性分析。

1)左岸 C 分区东徐家窝棚溃口成果合理性分析

(1)溃口流量过程线。

对于每个溃口,由于上游来水量级不同,相应的溃口流量过程也不同,并呈现出一定的规律。首先,量级越大的洪水相应的溃决时间越早,洪水进入保护区的持续时间也越长。其次,对应于不同洪水量级的溃口流量的大小也同洪水量级大小一致。由于方案中的二龙山水库 10 000 年一遇洪水和下游区间(各支流)50 年一遇洪水组合所选用的典型过程与其他溃堤方案不同,因此每个溃口仅对其余四个量级的溃口流量过程进行分析比较。绘制不同洪水量级的溃口流量过程线,如图 2-4-22 所示。

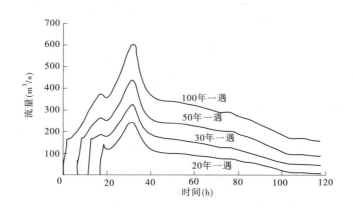

图 2-4-22 计算分区 C 东徐家窝棚溃口流量过程线

(2)溃口上下游流量平衡。

因堤防溃决,河道内洪水流至溃口处后,由于溃口的分流作用,使得一部分水离开河道由溃口进入保护区,溃口下游附近河道内的洪水流量会明显减小,减小的流量应接近于溃口流量。由于方案较多,且东辽河左岸防洪保护区内下游沈洋镇和刘家馆子镇发生的洪水险情和洪灾最多,此处仅绘制包含沈洋镇和刘家馆子镇的计算分区 C 东徐家窝棚溃口及其上下游邻近断面的流量过程线进行比较分析,见图 2-4-23。

由图 2-4-23 可以看出,在堤防溃决之前,溃口上下游断面处的流量过程几乎是完全重合的。在溃决发生时,即溃口处流量开始起涨时,下游断面处的流量过程会发生突变,过程线与溃决发生前的走势完全不同,上下游断面的流量过程不再接近重合,但两条过程线间的流量差与溃口流量非常接近。当河道洪水消落时,若不再有水进入保护区,溃口流量也会减至 0,此时溃口上下游断面的流量过程又再次重合在一起。所以,溃口流量及其上下游流量的变化符合流量分流的规律,计算结果是合理的。

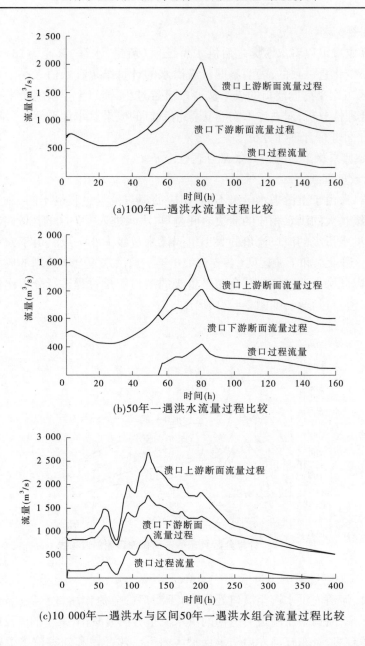

(a)100年一遇洪水流量过程比较

(b)50年一遇洪水流量过程比较

(c)10 000年一遇洪水与区间50年一遇洪水组合流量过程比较

图 2-4-23　不同洪水量级计算分区 C 东徐家窝棚溃口及其上下游断面处流量过程比较

（3）洪水演进。

查看各方案堤防溃决后的洪水在保护区的演进过程。在洪水未到达下游边界前，由于水流是持续流入保护区，因此淹没面积基本上是持续增大的，当洪水到达下游边界后，根据设置的边界条件，保护区内洪水可能会流出保护区。当保护区面积较大时，河道洪峰过后，溃口流量减小，进入保护区的水量变小，但由于地形原因，保护区上游洪水仍会流向下游，因此在上游地区会出现退水过程，部分之前被洪水淹没的区域会重新露出地面。如图 2-4-24 为计算分区 C 20 年一遇洪水堤防溃决后不同时刻淹没范围。

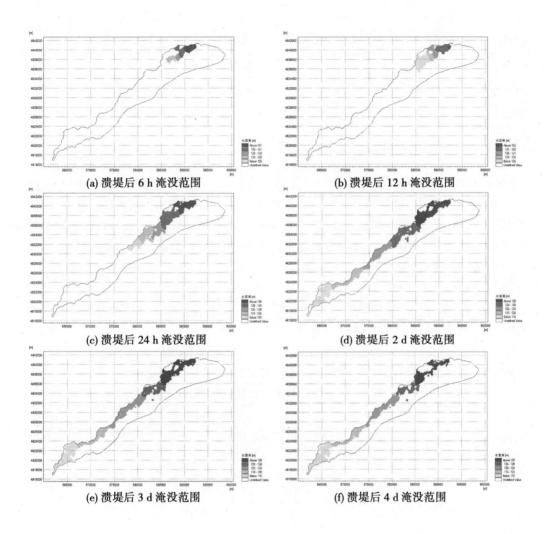

图 2-4-24　左岸 C 分区 20 年一遇洪水堤防溃决后不同时刻淹没范围

2）右岸 E 分区彭家馆溃口成果合理性分析

（1）一维河道水量平衡。

Mike11 产品提供水量平衡自动计算功能，在每次计算之后，会计算出区域总水量、总进水量、总出水量、误差比等信息。初始水量为模型运算初始值，由初始条件决定，不影响计算结果，最终总水量为模型运行结算时一维河道内的最终水量，总进水量与总出水量为模型运行期间的所有进出模型水量。相对误差为（最终水量－初始水量－总进水量＋总出水量）/max（初始水量，最终水量，总进水量，总出水量），所有水量信息均为模型自动计算。根据模型此功能，统计右岸 E 分区彭家馆溃口各计算方案所涉及河段的水量情况，如表 2-4-23 所示。

表 2-4-23　右岸 E 分区段彭家馆溃口各计算方案所涉及河段水量统计

方案编码	初始水量（万 m³）	最终水量（万 m³）	总进水量（万 m³）	总出水量（万 m³）	相对误差（%）
DY22	4 489	6 342	80 053	78 208	0.01
DY23	4 339	5 855	66 999	65 495	0.02
DY24	4 247	5 480	57 798	56 587	0.04
DY25	4 178	5 156	50 457	49 480	0

　　水量相对误差的大小主要是由模型计算的稳定程度决定的，模型计算稳定程度又由计算步长与试算次数决定，计算步长与试算次数的增加会增加计算时间，降低计算效率，所以相对误差的大小是与计算效率成反比的，为兼顾计算效率与计算误差，拟订将计算误差控制在 5% 之内。由表 2-4-23 可知，这些方案的水量相对误差最大为 0.04%，误差较小，一维河道计算结果较为合理。

　　（2）耦合模型水量平衡。

　　各方案的洪水分析计算均采用一、二维耦合模型计算，计算中一维模型将水量通过溃堤模型传递给二维模型，由于是三者耦合计算，如模型设置不合理，会造成水量缺失现象，影响结果的可信度。为检验计算合理性，现对比右岸 E 分区彭家馆溃口各计算方案一维模型输入二维模型水量与二维模型接收一维模型水量情况，如表 2-4-24 所示。

表 2-4-24　一、二维耦合模型水量平衡表

方案编码	二维边界入流水量（万 m³）	一维河道出流水量（万 m³）	水量差（m³）
DY22	22 907	22 907	3
DY23	16 254	16 254	2
DY24	10 953	10 953	2
DY25	7 732	7 732	1

　　由表 2-4-24 可见，一维出流水量与二维入流水量最大相差 6 m³，水量相差较小，模型计算是合理的。

　　（3）淹没区水量平衡。

　　Mike21 产品提供水量平衡自动计算功能，在每次计算之后，会计算出区域总水量、总进水量、总出水量、误差比等信息。初始水量为模型运算初始值，由初始条件决定，不影响计算结果，最终水量为模型运行计算时防洪保护区内的最终水量，总进水量与总出水量为模型运行期间的所有进出模型水量。相对误差为（最终水量 − 初始水量 − 总进水量 + 总出水量）/max（初始水量，最终水量，总进水量，总出水量），所有水量信息均为模型自动计算。根据模型的此功能，统计右岸 E 分区彭家馆溃口各计算方案淹没区水量平衡情况见表 2-4-25。

表 2-4-25　淹没区水量统计

方案 编码	初始水量 （万 m³）	最终水量 （万 m³）	总进水量 （万 m³）	总出水量 （万 m³）	相对误差 （%）
DY22	0	22 907	22 907	0	0.000
DY23	0	16 254	16 254	0	0.000
DY24	0	10 953	10 953	0	0.000
DY25	0	7 732	7 732	0	0.000

3. 跨境洪水

右岸防洪保护区范围下止于双辽市平齐铁路,但由于铁路下方有 2 个大型过水涵洞,溃堤洪水在此处可以通过涵洞继续向下游演进,因此洪水分析范围的下边界为东西辽河汇合口。在洪水分析计算中,洪水穿过平齐铁路进入内蒙古自治区境内,在此简要分析内蒙古境内洪水分析计算结果,结果见表 2-4-26。

表 2-4-26　跨境（内蒙古境内）洪水淹没结果统计

序号	方案编码	淹没面积（km²）	区域水量（万 m³）	平均水深（m）
1	DY21	204.8	31 953	1.32
2	DY22	155.9	8 653	0.42
3	DY23	100.2	4 792	0.24
4	DY24	53.3	2 223	0.13
5	DY25	27.2	978	0.08
6	DY26	205.7	39 574	1.64
7	DY27	199.9	22 073	0.95
8	DY28	165.3	10 173	0.48
9	DY29	127.8	6 246	0.30
10	DY30	106.7	4 876	0.25

根据 DY21～DY30 方案洪水分析结果,各计算方案溃堤洪水均穿过平齐铁路,淹没面积、区域水量与平均水深均与洪水量级大小成正比。

五、洪水影响与损失估算分析

（一）洪水影响统计分析

洪水影响分析是指统计不同量级洪水各级水深淹没区域内的经济指标和社会指标,及其在不同等级水深范围内所占总数的百分比,以此来反映各级洪水的风险程度,其中经济指标主要包括国内生产总值和耕地面积,社会指标主要为人口。编制东辽河风险图时主要考虑的淹没水深分为五级（<0.5 m、0.5～1.0 m、1.0～2.0 m、2.0～3.0 m 和>3.0 m）,考虑的指标包括受淹面积、受淹耕地面积、受灾人口总数、受影响交通线路及重要设施、受影响行政区域以及国内生产总值等。

1. 社会经济数据库的建立

收集社会经济调查资料、社会经济统计资料以及空间地理信息资料,运用面积权重法等对社会经济数据进行空间求解,生成具有空间属性的社会经济数据库,反映社会经济指标的分布差异。

东辽河风险图编制的社会经济数据主要来自各受影响地区 2013 年的经济统计年鉴,包括《四平统计年鉴(2014)》《四平 2013 年统计数据)、《梨树县国民经济统计资料(二〇一三年)》、《公主岭市统计年鉴》和《双辽市统计年鉴》。另外,现场调查时收集到的可能淹没区的各村屯人口及耕地数据,包括沿左岸的蔡家镇、东河镇、双河乡、小城子镇、小宽镇、孤家子镇、沈洋镇和刘家馆子镇共 8 个乡镇 105 个村;右岸的南崴子街道、朝阳坡镇、大榆树镇、秦家屯镇、八屋镇、十屋镇、桑树台镇、新立乡、柳条乡、双山镇、东明镇、王奔镇、刘家馆镇共 13 个镇 79 个村。

社会经济数据库的数据如表 2-4-27 所示。

表 2-4-27　社会经济数据库的数据

表名称	字段名称
综合	面积、地区生产总值
人口及居民生活	常住人口、户数、户均生产资料价值、户均生活用品价值、户均住宅价值
农业	耕地面积、农业总产值
工业/建筑业	工业及建筑业总产值
第三产业	第三产业总产值

2. 受影响人口、道路、国内生产总值统计

1) 人口

采用居民地法对影响人口数据进行统计,即认为人口是离散地分布在该行政区域的居民地范围内,每块居民地上又是均匀分布的变量。受影响人口计算公式如下:

$$P_e = \sum_i \sum_j A_{i,j} \cdot d_{i,j} \tag{2-4-1}$$

式中　P_e——受灾人口,人;

　　　$A_{i,j}$——第 i 行政单元第 j 块居民地受淹面积,km^2;

　　　$d_{i,j}$——第 i 行政单元第 j 块居民地的人口密度,人/km^2。

2) 道路

道路遭受冲淹破坏是洪水灾害的主要类型之一。重点考虑保护区内高速公路、国道、省道和铁路的受淹情况。受淹道路的统计通过道路线图层与淹没结果面图层叠加运算实现,获得不同淹没方案、不同水深下的受淹道路长度等数据信息。

3）国内生产总值（GDP）

采用人均 GDP 法进行统计，按照不同行政单元内受影响人口与该行政单元人均 GDP 相乘来计算受影响 GDP。

3. 洪水影响统计分析成果

洪水影响统计分析主要以不同计算方案下的淹没面积、淹没耕地面积、受影响人口、受影响 GDP、淹没道路长度来反映研究区域受灾情况。左、右岸各方案统计成果见表 2-4-28 和表 2-4-29。

（二）洪灾损失估算

1. 确定损失率

洪灾损失率是描述洪灾直接经济损失的一个相对指标，通常是指各类财产损失的价值与灾前或正常年份原有各类财产价值之比，与洪灾发生区域的淹没水深、淹没历时、财产类别、成灾季节、抢救措施等有关。通常在洪灾区选择一定数量、一定规模的典型区做调查，并在实地调查的基础上，建立洪灾损失率与淹没深度、时间、流速等因素的相关关系。

表 2-4-28　东辽河左岸防洪保护区洪水灾情统计

序号	方案代码	计算分区	淹没面积（km²）	淹没耕地（hm²）	影响人口	影响 GDP（万元）	影响公路（km）	影响铁路（km）
1	DZ1	左岸 A	14.51	1 181.37	3 758	17 470.80	3.475	3.248
2	DZ2	左岸 A	12.22	995.01	3 165	14 714.88	3.088	3.097
3	DZ3	左岸 A	10.21	831.22	2 644	12 292.60	2.726	2.445
4	DZ4	左岸 A	5.83	474.29	1 509	7 014.11	2.244	1.532
5	DZ5	左岸 A	5.59	455.16	1 448	6 731.16	2.128	1.260
6	DZ6	左岸 B	175.90	13 038.99	50 418	234 372.34	4.121	
7	DZ7	左岸 B	120.57	8 897.65	34 786	161 705.42	2.477	
8	DZ8	左岸 B	94.86	7 129.40	26 529	123 323.43	2.404	
9	DZ9	左岸 B	35.97	2 968.95	8 288	38 527.02	0.614	
10	DZ10	左岸 B	5.11	420.18	1 167	5 424.75		
11	DZ11	左岸 B	175.19	12 981.63	50 240	233 544.85	4.098	
12	DZ12	左岸 B	72.62	4 945.73	23 666	110 013.69	1.655	
13	DZ13	左岸 B	61.10	4 081.74	20 394	94 804.46	1.604	
14	DZ14	左岸 B	39.51	2 882.86	11 707	54 419.02		
15	DZ15	左岸 B	8.84	710.83	2 231	10 371.79		
16	DZ16	左岸 C	120.27	7 821.95	17 672	82 150.36		
17	DZ17	左岸 C	85.04	5 700.15	11 112	51 656.04		
18	DZ18	左岸 C	81.26	5 446.07	10 494	48 783.02		
19	DZ19	左岸 C	77.42	5 194.81	9 835	45 718.89		
20	DZ20	左岸 C	72.14	4 838.18	9 126	42 420.72		

表 2-4-29　东辽河右岸防洪保护区洪水灾情统计

序号	方案代码	计算分区	淹没面积（km²）	淹没耕地（hm²）	影响人口	影响 GDP（万元）	影响公路（km）	影响铁路（km）
1	DY1	右岸 A	79.1	5 704	24 743	89 093	15.10	16.60
2	DY2	右岸 A	34.9	2 613	10 734	38 652	3.72	2.79
3	DY3	右岸 A	29.8	2 238	9 150	32 947	3.48	2.52
4	DY4	右岸 A	20.3	1 501	6 364	22 914	3.48	2.12
5	DY5	右岸 A	9.4	698	2 960	10 660	2.50	1.80
6	DY6	右岸 B	23.5	1 953	5 523	19 886		
7	DY7	右岸 B	20.7	1 727	4 883	17 581		
8	DY8	右岸 B	20.4	1 698	4 802	17 291		
9	DY9	右岸 B	19.4	1 612	4 557	16 410		
10	DY10	右岸 B	16	1 328	3 756	13 524		
11	DY11	右岸 C	157.5	12 646	37 691	135 718	12.38	
12	DY12	右岸 C	120.2	9 546	28 541	102 769	9.90	
13	DY13	右岸 C	102.8	8 153	24 429	87 964	8.26	
14	DY14	右岸 C	97.5	7 715	23 077	83 093	7.20	
15	DY15	右岸 C	92.3	7 272	21 744	78 294	6.80	
16	DY16	右岸 D	87.8	6 096	17 211	79 822	5.64	
17	DY17	右岸 D	67.6	4 692	13 381	62 281	4.76	
18	DY18	右岸 D	48.20	3 368	9 335	42 747	4.20	
19	DY19	右岸 D	27.8	1 981	4 912	20 932	3.92	
20	DY20	右岸 D	18.6	1 351	2 985	11 626	3.72	
21	DY21	右岸 E	253	17 936	42 436	219 886	35.22	5.36
22	DY22	右岸 E	196.6	14 020	32 587	169 302	33.50	5.36
23	DY23	右岸 E	188.1	13 404	31 180	162 073	31.90	4.96
24	DY24	右岸 E	178.4	12 642	29 350	152 675	29.28	4.96
25	DY25	右岸 E	172.1	12 168	28 233	146 936	29.26	3.96
26	DY26	右岸 E	231.8	16 469	39 375	203 761	36.36	5.36
27	DY27	右岸 E	94.2	7 266	17 905	91 961	19.08	5.36
28	DY28	右岸 E	92.4	7 137	17 582	90 305	18.88	5.36
29	DY29	右岸 E	90.1	6 957	17 141	88 041	18.08	5.36
30	DY30	右岸 E	83.8	6 477	15 957	81 960	14.78	5.00

　　为了便于社会经济与财产调查，参考《洪水风险图编制技术细则》的洪灾损失类别划分，考虑统计习惯及财产耐淹特性等因素，将洪灾损失分为家庭财产及住宅损失、农林渔牧

业损失、工业与建筑业损失、第三产业损失及道路交通损失 5 大类。洪灾损失率分析按照上述财产分类,分别建立各项财产洪灾损失率与洪水要素的关系。

1) 家庭财产及住宅损失率

根据东辽河防洪保护区的经济水平和财产结构,并考虑家庭财产的耐淹程度、抢救难易程度等差别,将家庭财产分为房屋与其他财产两类。表 2-4-30 为中水东北勘测设计研究有限责任公司于 2000 年编制的《西辽河干流(红山水库以下)洪灾损失基本资料调查分析报告》中居民家庭财产洪灾损失率。

表 2-4-30　西辽河干流家庭财产及住宅损失率　　　　　　　　　　　　　　(%)

项目	淹没水深(m)				
	<0.5	0.5~1.0	1.0~2.0	2.0~3.0	>3.0
房屋	15	30	47	58	60
其他财产	15	37	65	78	85

表 2-4-30 中的房屋损失率主要是根据 2000 年前后西辽河干流房屋以土坯和砖土混合为主的情况调查而来的。由于近年来保护区面貌日新月异,原有的砖土房多翻新为砖混或钢混结构,因此本区域各级水深的房屋损失率明显低于表 2-4-30 中的数值。综合考虑本区的现有房屋情况及房屋价值与其他财产价值的比例,确定东辽河防洪保护区的家庭财产及住宅损失率成果见表 2-4-31。

表 2-4-31　东辽河防洪保护区的家庭财产及住宅损失率　　　　　　　　　(%)

项目	淹没水深(m)				
	<0.5	0.5~1.0	1.0~2.0	2.0~3.0	>3.0
家庭财产及住宅	9	19	33	46	58

2) 农林渔牧业损失率

东辽河防洪保护区是国家重点商品粮基地,农产品主要有玉米、水稻、大豆、小麦等。本次调查收集了《西辽河干流(红山水库以下)洪灾损失基本资料调查分析报告》与《黄河下游防洪工程体系减灾效益分析方法及计算模型研制报告》中的各类作物损失率,成果见表 2-4-32。

表 2-4-32　西辽河干流及黄河下游农作物损失率　　　　　　　　　　　　(%)

项目	淹没水深(m)					备注
	<0.5	0.5~1.0	1.0~2.0	2.0~3.0	>3.0	
粮食作物	70	80	90	100	100	黄河
油料	80	90	100	100	100	下游
玉米	35	47	75	100	100	西辽河
大豆	25	35	65	100	100	干流

由表 2-4-32 可知,当淹没水深小于 2 m 时,不同作物的损失率相差较大。综合考虑东辽河左岸防洪保护区农作物的组成情况,参考西辽河干流及黄河下游不同农作物的洪灾损失率,确定本区各级淹没水深农业损失率见表 2-4-33。

林业、渔业及牧业在东辽河左岸防洪保护区的 GDP 中所占比重相对较小,且三者的损失率受地区差异影响较小,因此直接采用大连理工大学丁勇博士根据辽河中下游地区的相关产业特点分析得出的损失率成果,具体见表 2-4-34。

表 2-4-33　东辽河防洪保护区农业损失率　　　　　　　　　　　　（%）

项目	淹没水深（m）				
	<0.5	0.5~1.0	1.0~2.0	2.0~3.0	>3.0
农业	60	80	90	100	100

表 2-4-34　东辽河左岸防洪保护区林渔牧业损失率　　　　　　　（%）

项目	淹没水深（m）				
	<0.5	0.5~1.0	1.0~2.0	2.0~3.0	>3.0
林业	2	5	15	30	40
牧业	0	8	25	45	70
渔业	30	60	80	100	100

3）工业与建筑业损失率

东辽河左岸防洪保护区的建筑业的 GDP 在第二产业中所占比重较小,此处仅分析保护区不同水深的工业损失率。本次调查收集了黄河下游、西辽河干流以及广州市不同淹没水深的工业洪灾损失率,成果见表 2-4-35。

表 2-4-35　各地区工业损失率调查结果　　　　　　　　　　　（%）

项目	淹没水深（m）					备注
	<0.5	0.5~1.0	1.0~2.0	2.0~3.0	>3.0	
房屋	0	5	10	15	20	黄河下游
设备	0	10	20	30	40	
库存	5	10	20	35	50	
年增加值	10	15	25	25	25	
固定资产	10	15	35	70	80	西辽河干流
流动资产	10	15	40	85	90	
固定资产	10	15	18	26	32	广州市
流动资产	14	20	23	31	37	

由表 2-4-35 可以看出,黄河下游与广州市各级水深工业损失率较为接近,西辽河干流的工业损失率在水深超过 1.0 m 时则明显偏高,原因在于 2000 年左右西辽河干流的工业企

业多为砖厂和食品加工厂,且厂房多为土坯或砖土结构,厂房及原材料在水深超过1.0 m时损毁严重,而黄河下游与广州市的工业门类较为齐全,且厂房多为砖混或钢混结构,厂房及原材料相对耐淹。考虑到东辽河左岸防洪保护区的现有工业种类及厂房结构更为接近黄河下游与广州市,本次主要参考黄河下游及广州市的工业损失率调查成果,结合本区域的实际情况确定第二产业损失率,成果见表2-4-36。

表2-4-36　东辽河防洪保护区工业与建筑业损失率　　　　　　　　（%）

项目	淹没水深(m)				
	<0.5	0.5~1.0	1.0~2.0	2.0~3.0	>3.0
工业及建筑业	5	10	15	30	40

4)第三产业损失率

第三产业主要包括交通运输业,仓储业,邮电通信业,住宿,餐饮业,金融业,房地产业,营利性服务业,非营利性服务业。其中,交通运输业、仓储业、邮电通信业固定资产投入较大,在发生洪灾时资产较难转移,但由于固定资产本身具有一定抗毁性,在水深较浅时损失率不大;住宿、餐饮业,金融业,营利性服务业与非营利性服务业的流动资产比重较大,对外界因素较为敏感,洪灾损失一般较大。东北农业大学资源与环境学院张慧教授根据哈尔滨地区历史洪灾调查情况并以1998年各行业损失率为参考,在综合统计淹没区分类资产的基础上,得出了直接经济损失与第三产业损失率,见表2-4-37。

表2-4-37　哈尔滨地区第三产业损失率　　　　　　　　（%）

项目	淹没水深(m)					备注
	<0.5	0.5~1.0	1.0~2.0	2.0~3.0	>3.0	
第三产业	20	20	50	50	50~70	哈尔滨地区

哈尔滨地区第三产业发达,根据2012年统计资料,哈尔滨地区三产结构为11.1∶36.1∶52.8。哈尔滨的第三产业特点是批发零售贸易、餐饮业、运输业、邮电通信业、社会服务业比重最大,约占第三产业的68%。公主岭地区与四平地区相比哈尔滨地区商业欠发达,第三产业比重相对较小,第三产业中各行业比重比较平均。从第三产业总体情况来看,公主岭地区与四平地区固定资产与流动资产比重相当,而哈尔滨地区流动资产比重较高,所以公主岭地区与四平地区的不同水深损失率应较哈尔滨地区较小。参考哈尔滨地区第三产业损失率,并遵循损失率整体上呈现S形曲线的原则,得出本区第三产业损失率,成果见表2-4-38。

表2-4-38　东辽河防洪保护区第三产业损失率　　　　　　　　（%）

项目	淹没水深(m)				
	<0.5	0.5~1.0	1.0~2.0	2.0~3.0	>3.0
第三产业	16	21	30	39	43

5)道路交通损失率

由于不同淹没水深相应的道路损失率研究成果相对较少,且道路损失率受地区差异影响较小,因此直接采用中国水利水电科学研究院编制的损失评估软件中默认的铁路与公路损失率成果,具体见表 2-4-39。

表 2-4-39　东辽河防洪保护区道路交通损失率　　　　　　　　（%）

项目	淹没水深(m)				
	<0.5	0.5~1.0	1.0~2.0	2.0~3.0	>3.0
铁路	8	12	24	30	36
公路	3	9	27	36	42

2. 损失估算成果

根据淹没水深、各类资产损失率及收集得到的社会经济数据,即可进行分类洪灾直接经济损失估算。东辽河风险图编制中各类承灾体主要直接经济损失的计算方法如下。

(1)城乡居民家庭财产及住宅直接经济损失采用下式计算:

$$R_{家} = \sum_{i=1}^{n} (W_{家i}\eta_i) \qquad (2\text{-}4\text{-}2)$$

式中　$R_{家}$——城乡居民家庭财产及住宅直接经济损失,元;

　　　$W_{家i}$——第 i 级淹没水深范围内家庭财产及住宅灾前价值,元;

　　　η_i——第 i 级淹没水深相应的家庭财产及住宅洪灾损失率。

(2)农业、林业、牧业、渔业直接经济损失采用下式计算:

$$R_{农} = \sum_{i=1}^{n} (W_{农i}\eta_i) \qquad (2\text{-}4\text{-}3)$$

式中　$R_{农}$——农、林、牧、渔业直接经济损失,元;

　　　$W_{农i}$——第 i 级淹没水深范围内农、林、牧、渔业正常年产值,元;

　　　η_i——第 i 级淹没水深相应的农、林、牧、渔业洪灾损失率。

(3)工业及建筑业直接经济损失采用下式计算:

$$R_{工} = \sum_{i=1}^{n} (W_{工i}\eta_i) \qquad (2\text{-}4\text{-}4)$$

式中　$R_{工}$——工业及建筑业直接经济损失,元;

　　　$W_{工i}$——第 i 级淹没水深范围内工业及建筑业灾前价值,元;

　　　η_i——第 i 级淹没水深相应的工业及建筑业洪灾损失率。

(4)第三产业直接经济损失采用下式计算:

$$R_{三} = \sum_{i=1}^{n} (W_{三i}\eta_i) \qquad (2\text{-}4\text{-}5)$$

式中　$R_{三}$——第三产业直接经济损失,元;

　　　$W_{三i}$——第 i 级淹没水深范围内第三产业灾前价值,元;

　　　η_i——第 i 级淹没水深相应的第三产业洪灾损失率。

(5)公路、铁路直接经济损失采用下式计算:

$$R_{路} = \sum_{i=1}^{n} (L_{路i}W_{路}\eta_i) \qquad (2\text{-}4\text{-}6)$$

式中　$R_{路}$——公路、铁路直接经济损失,元;

$L_{路i}$——第 i 级淹没水深范围内公路、铁路受影响长度,km;

$W_{路}$——公路、铁路修复费用单价,万元/km,高速公路、国道修复费用取 800 万元/km,
铁路修复费用取 600 万元/km;

η_i——第 i 级淹没水深相应的公路、铁路洪灾损失率。

(6)总经济损失。各类财产损失值的计算方法如上所述,各行政区总损失包括城乡居民家庭财产及住宅损失,农、林、牧、渔业损失,工业及建筑业损失,第三产业洪灾损失等,各行政区损失累加得出受影响区域的经济总损失,采用下式计算:

$$D = \sum_{i=1}^{n} R_i = \sum_{i=1}^{n} \sum_{j=1}^{m} R_{ij} \qquad (2\text{-}4\text{-}7)$$

式中　R_i——第 i 个行政分区的各类总损失,元;

R_{ij}——第 i 个行政分区内,第 j 类损失值,元;

n——行政分区数;

m——损失种类数。

计算得到各计算方案下的损失估算成果,包括农、林、牧、渔业损失值,工业及建筑业损失值,第三产业损失值等。东辽河风险图编制各方案统计成果见表 2-4-40 和表 2-4-41。

六、避洪转移分析

(一)确定转移范围及转移单元

编制东辽河风险图时选择 100 年一遇洪水作为避洪转移分析的洪水量级。避洪转移范围的确定以 100 年一遇洪水及各溃口的淹没分析结果作为依据,将各溃口 100 年一遇洪水分析方案计算结果的最大淹没水深分布范围叠加得到可能最大淹没范围包络,以该最大淹没范围包络信息为基础,确定避洪转移范围。有些地区虽然未被淹没,但是由于可能被洪水围困或是邻近淹没区,也被列在转移范围内。

根据确定的避洪转移范围,利用居民区人口空间分布数据,通过叠加分析得出需要转移的人员数量及其空间分布。

避洪转移一般以某一范围内的需转移人员作为一个整体转移单元进行分析和实施,这里主要根据转移居民区的行政隶属关系,确定转移单元。根据《吉林省洪水风险图编制项目 2014 年度实施方案》的具体要求,确定东辽河防洪保护区避洪转移的转移单元为淹没范围内的自然屯。左岸防洪保护区共涉及居民点 148 个,约 7.1 万人;右岸防洪保护区涉及居民点 274 个,约 11 万人。

(二)确定安置区

东辽河防洪保护区洪水淹没区涉及四平市梨树县,孤家子镇、公主岭市和双辽市,针对保护区洪水淹没情况,在不跨东辽河安置的原则下,选择满足避洪转移安置场所的村庄、广场、学校等区域作为灾民的安置场所,并保证安置场所的总安置容量可以满足安置需要。

在东辽河左岸共选择周边 92 个村屯、单位作为本次避洪转移方案的安置场所,安置区总面积 1 617 万 m^2,取 15% 作为有效可利用的安置面积,按人均 8 m^2 计算,可安置总人数约 30.3 万人,本次共需安置总人数约 7.1 万人,左岸安置区完全满足左岸避洪转移安置需求。

在东辽河右岸共选择周边 54 个村屯、单位作为本次避洪转移方案的安置场所,安置区总面积 1 608 万 m^2,取 15% 作为有效可利用的安置面积,按人均 8 m^2 计算,可安置总人数约 30.2 万人,本次共需安置总人数约 11 万人,右岸安置区完全满足右岸避洪转移安置需求。

表 2-4-40　东辽河左岸防洪保护区各方案分类资产洪灾损失评估结果 (万元)

序号	方案编码	损失评估结果									直接经济总损失
		农业	林业	牧业	渔业	工业及建筑业	第三产业	家庭财产及住宅	公路	铁路	
1	DZ1	2 120.14	3.68	315.09	2.68	822.40	1 634.69	4 260.02	538.25	310.49	10 007.44
2	DZ2	1 477.38	1.01	54.02	1.43	356.26	998.27	1 871.24	301.06	183.31	5 243.98
3	DZ3	1 183.73	0.66	24.15	1.07	263.26	790.86	1 354.94	191.52	141.60	3 951.79
4	DZ4	659.23	0.33	7.50	0.57	139.57	438.22	709.12	132.24	85.39	2 172.17
5	DZ5	640.23	0.35	10.86	0.56	139.39	427.91	715.12	109.25	69.60	2 113.27
6	DZ6	25 507.00	25.72	1 912.92	27.93	7 208.44	17 980.29	39 398.01	337.44		92 397.75
7	DZ7	16 007.67	10.07	482.75	15.11	3 754.71	10 746.53	19 515.25	180.74		50 712.83
8	DZ8	11 776.13	6.24	195.39	10.44	2 570.47	7 839.41	13 146.80	128.36		35 673.24
9	DZ9	3 508.59	1.53	5.05	2.84	697.53	2 329.50	3 498.27	9.21		10 052.52
10	DZ10	491.52	0.21	0.00	0.39	96.73	326.44	484.33			1 399.62
11	DZ11	24 129.91	18.89	1 187.73	24.43	6 139.27	16 510.18	32 823.12	221.16		81 054.69
12	DZ12	10 829.62	6.74	312.71	10.13	2 514.34	7 276.88	13 091.35	84.71		34 126.48
13	DZ13	9 186.18	5.19	199.50	8.36	2 062.12	6 129.71	10 618.19	58.64		28 267.89
14	DZ14	5 065.97	2.38	38.57	4.28	1 050.40	3 359.34	5 304.34			14 825.28
15	DZ15	955.74	0.43	4.53	0.79	194.39	634.09	978.55			2 768.52
16	DZ16	9 517.12	16.15	1 336.31	11.48	3 644.71	7 331.14	18 343.21			40 200.12
17	DZ17	5 913.93	7.75	628.40	6.96	1 888.93	4 348.75	10 387.31			23 182.03
18	DZ18	5 391.96	5.78	443.24	6.03	1 574.01	3 828.83	8 599.53			19 849.38
19	DZ19	4 918.99	4.61	331.19	5.29	1 361.64	3 425.71	7 328.10			17 375.53
20	DZ20	4 421.27	3.65	236.64	4.54	1 160.42	3 036.96	6 136.65			15 000.13

表2-4-41　东辽河右岸防洪保护区各方案分类资产洪灾损失评估结果

序号	方案编码	损失评估结果（万元）									
		农业	林业	牧业	渔业	工业及建筑业	第三产业	家庭财产及住宅	公路	铁路	直接经济总损失
1	DY1	11 196.00	10.00	1 221.00	38.00	4 488.00	7 262.00	3 844.61	2 094.24	1 818.00	31 971.85
2	DY2	4 447.08	1.80	176.86	13.12	1 180.14	2 524.24	1 192.39	225.60	162.72	9 923.95
3	DY3	3 590.60	1.23	95.28	9.77	876.14	2 021.71	932.04	90.24	120.96	7 737.98
4	DY4	2 333.19	0.55	13.44	5.61	490.25	1 286.05	682.74	83.52	101.76	4 997.11
5	DY5	1 065.14	0.24	1.97	2.47	215.93	587.79	164.31	60.00	86.40	2 184.25
6	DY6	2 645.46	2.52	313.62	9.63	1 076.00	1 743.29	429.38			6 219.90
7	DY7	2 253.30	1.69	204.56	7.79	794.14	1 408.57	294.10			4 964.14
8	DY8	2 133.25	1.31	153.13	7.00	671.63	1 286.93	268.90			4 522.14
9	DY9	1 981.16	1.09	123.52	6.30	592.56	1 175.08	233.14			4 112.85
10	DY10	1 494.74	0.57	49.22	4.17	374.82	852.27	169.68			2 945.48
11	DY11	16 535.84	9.94	1 139.73	53.37	5 181.23	9 935.18	4 191.68	520.80		37 567.77
12	DY12	12 137.82	5.66	602.98	37.22	3 454.10	6 987.18	2 407.13	443.40		26 075.49
13	DY13	10 196.89	4.53	459.84	30.49	2 833.44	5 847.99	1 742.93	362.70		21 478.81
14	DY14	9 454.56	3.99	382.13	27.53	2 554.34	5 403.31	1 532.02	336.60		19 694.48
15	DY15	8 660.41	3.42	296.61	24.21	2 247.55	4 940.55	1 478.11	327.00		17 977.86
16	DY16	7 665.47	15.26	865.90	17.06	4 882.32	5 269.37	2 431.36	195.00		21 341.76

续表 2-4-41

损失评估结果（万元）

序号	方案编码	农业	林业	牧业	渔业	工业及建筑业	第三产业	家庭财产及住宅	公路	铁路	直接经济总损失
17	DY17	5 255.74	5.41	245.58	10.19	2 334.83	3 325.05	1 759.52	135.00		13 071.32
18	DY18	3 684.35	4.19	193.75	7.22	1 690.27	2 342.48	758.52	63.00		8 743.79
19	DY19	1 811.74	0.88	23.23	3.62	561.26	1 065.73	263.37	58.80		3 788.63
20	DY20	1 080.22	0.34	4.59	2.34	264.13	611.36	151.05	55.80		2 169.83
21	DY21	20 384.45	64.25	3 487.80	38.59	18 006.58	15 489.34	10 070.74	4 976.00	456.00	72 973.76
22	DY22	15 432.15	35.96	1 901.71	28.18	11 149.44	10 937.04	6 248.24	3 745.44	386.64	49 864.79
23	DY23	14 203.21	27.51	1 411.18	24.65	9 195.54	9 746.32	5 429.49	2 802.72	279.60	43 120.23
24	DY24	12 746.79	19.58	938.61	20.70	7 304.22	8 457.11	4 340.12	2 138.88	258.24	36 224.27
25	DY25	11 663.35	14.59	602.61	17.62	6 060.77	7 571.43	3 555.59	1 716.96	203.52	31 406.44
26	DY26	17 690.00	54.00	2 752.00	31.00	15 457.00	13 400.00	7 667.00	4 695.00	473.04	62 219.04
27	DY27	8 800.83	29.04	1 513.59	17.48	7 902.43	6 807.96	3713.47	2 620.32	430.32	31 835.43
28	DY28	8 435.03	25.97	1 340.79	16.33	7 232.46	6 415.42	3 241.54	2 235.84	391.68	29 335.06
29	DY29	7 968.47	21.62	1 108.70	14.86	6 223.78	5 901.50	2 872.19	1 729.92	339.84	26 180.89
30	DY30	7 292.08	18.05	923.06	13.30	5 339.79	5 301.63	2 533.01	1 390.56	279.12	23 090.60

（三）确定转移路线

转移路线的确定即计算从转移点到安置点的最佳转移路线,不仅需考虑路网中距离最短的路线,还要考虑路网中道路的通行能力。东辽河左岸防洪保护区以乡村公路为主,极少有省级以上道路。各行政村之间均由乡道或村道连接,路面为柏油路面或水泥路面;自然屯之间也存在能够通行农用机动车的机耕路等道路。

根据《吉林省洪水风险图编制项目 2014 年度实施方案》的具体要求,东辽河防洪保护区避洪转移分析对保护区内各转移单元建立了两套避洪转移方案,即首选方案和备选方案,同时为各转移单元确定两条转移路线和两个安置点。首选方案中的转移路线是利用 GIS 软件建立路网分析计算模型,结合安置区的安置能力及道路通行能力,分析出转移单元与相应转移安置区转移时间最短的最优路径。备选方案是考虑首选方案中转移道路受灾或者其他突发事故道路不畅通时的备用路线,选取时同样考虑安置区的安置能力及道路通行能力,选择除首选方案外的转移时间最短的转移路线。

（四）避洪转移分析成果

在此仅展示左岸 C 分区的避洪转移成果。先根据各计算分区洪水分析方案的计算结果得到 100 年一遇洪水最大淹没范围,再根据此淹没范围确定需转移单元。每个转移单元均有首选和备选两套方案。分区内需转移单元、安置地点及首选方案的转移路线见附图 4。

七、风险图图件制作

编制东辽河风险图时,根据洪水分析、洪水影响分析、避洪转移分析成果,在以行政区划、地形、水系、防洪工程、交通道路、居民地等图层为基础的工作底图上,根据国家防总公布的《重点地区洪水风险图编制项目软件名录》,选用中国水利水电科学研究院洪水风险图绘制系统,绘制东辽河防洪保护区的洪水风险图。依据拟订的 50 个洪水分析计算方案,绘制了各方案的最大淹没水深图、最大洪水流速图、洪水到达时间图以及各计算分区的淹没范围图和避洪转移图。

（一）洪水风险图绘制步骤

1.基本图绘制

编制东辽河风险图时,选用国家防总公布的《重点地区洪水风险图编制项目软件名录》中的风险图绘制系统。具体绘制流程为:用户输入数据检测风险图层处理制图表达确定成图范围与版面用户输出。主要的绘制流程包括用户输入、数据检测、风险图层处理、制图表达、成图范围及版面设置、用户输出等部分。

1）用户输入

用户输入就是图层加载,加载内容包括风险点底图及风险专题图层。加载时就直接根据显示比例尺将对应符号库中的符号应用于图形展示。

2）数据检测

检测输入的图层数据主要包括:

（1）数据内容。

（2）图层格式。

（3）图层投影方式及坐标系统。

3）风险图层处理

风险图层处理包括相关图层数据检测、空间插值 GRID、等值线生成。

（1）相关图层数据检测。主要检测洪水风险专题图层属性表内容是否完整，即细则中规定的属性项是否都具备并符合要求。洪水风险专题图层包括淹没水深、洪水到达时间、洪水淹没历时、洪水流速，为了空间插值，必须提供计算范围图层，如果计算范围内有堤防，须同时加载堤防图层，做硬断线。

（2）空间插值 GRID。洪水风险分析计算时的基本单元为规则或不规则格网，洪水风险成果以规则或不规则格网多边形呈现，风险信息存储在对应属性表中。受计算工作量及数据可得性的制约，计算格网不可能过细，所以需要将以计算格网为单位输出的风险信息计算成果进行空间插值，得到风险要素呈自然过渡的晕渲图。

（3）等值线生成。利用 GIS 等值线生成功能生成到达时间、洪水流速等值线。

4）制图表达

制图表达包括基础制图表达与高级制图表达两部分内容。基础制图表达时，根据比例尺选择对应符号库对图形数据进行展示；高级制图表达时，根据生成洪水风险图的需要，进行例如河流渐变、注记修改、测站与河流垂直等处理。

5）成图范围及版面设置

以洪水分析范围作为成图范围，将其位于图版中间，同时根据成图需求拉框选择，确定成图范围。

版面的内容及布局遵从《洪水风险图编制导则》地图版面布局的规定，布局合理；编辑图标题、制图信息、风险信息、说明等文本，并放置在合理位置。

6）用户输出

用户输出内容包括 mxd 地图文件、jpg 或 pdf 格式文件、既定数据模型三部分，这三部分内容是需要提交给流域委的成果。

（1）mxd 地图文件。用来生成地图服务。如果用户有条件和能力继续对风险图进行美化、加工、编辑，在桌面平台打开继续编辑、保存。

（2）jpg 或 pdf 等图片格式成果图。

（3）自动将图形及属性表数据输出到既定的数据模型。

2.避洪转移图绘制

以东辽河防洪保护区各计算分区东辽河干流 100 年一遇洪水量级洪水风险计算方案的洪水风险信息图为底图，绘制相应方案下各转移居民点到转移安置区的最优路径，根据《洪水风险图制图技术要求》，转移路径用带箭头的线条表示，将安置区(面)用绿色标示。对照避洪转移信息表，即可根据各转移路径追踪出每个转移单元向相应的安置区的转移过程。

（二）洪水风险图信息

本项目需要绘制洪水风险基础图(洪水最大淹没水深、洪水到达时间、洪水最大流速等)和避洪转移图。风险图图层一般按照基础底图信息图层、防洪工程信息图层、防洪非工程信息图层、风险要素信息图层、社会经济信息图层等类别划分。具体分为基础底图信息数据、防洪工程信息数据、防洪非工程信息数据、风险要素数据、社会经济信息数据。

（1）基础底图信息是根据国家基础地理信息标准规定的、具有空间分布特征的地理信息。主要包括县级以上行政区、各级居民地、主要河流、主要湖泊、主要交通道路等。

（2）防洪工程信息指防洪工程数据库规定的、具有空间分布特征的、与洪水风险密切相关的信息。其主要包括控制站、水库、堤防、穿堤建筑物、水闸、泵站等。

（3）防洪非工程信息指防洪区土地利用规划、防洪减灾、洪水保险等领域实际工作中采取的以非工程形式管理洪水风险的、具有空间分布特征的信息。其主要包括防洪区土地利用规划、防汛道路、撤退道路、避险地点、避险楼台、洪水预警报点、防汛物资、抢险队伍等。

（4）风险要素信息指通过洪水分析计算得到的、反映洪水风险各要素的、具有空间分布特征的信息，如最大淹没范围、最大淹没水深、洪水最大流速、到达时间等。

（5）社会经济信息指洪水影响区内的人口和资产信息。

（三）洪水风险图示例

根据《洪水风险图编制导则》，绘制了东辽河防洪保护区溃堤情况下8个计算分区10个溃口共50个方案包括淹没范围、淹没水深、洪水流速、到达时间4个种类的洪水风险图，以及8个分区各两套转移方案的避洪转移图。绘制成果包括纸质洪水风险图与电子洪水风险图两种。纸质洪水风险图是在电子洪水风险图基础上，按照信息显示要求进行编辑加工后的打印版，基本内容与电子版洪水风险图保持一致。以左岸C分区东辽河干流100年一遇洪水展示淹没水深图、洪水流速图、到达时间图以及避洪转移图（首选），以左岸C分区展示淹没范围图，见附图1～附图5。

第五节　洪水风险图推广应用

洪水风险图能直观反映区域洪水风险要素空间分布特征和洪水风险管理信息，是建立洪水风险管理制度，开展洪水风险管理的基础和依据，在防洪减灾决策、洪水应急管理、洪涝灾害损失评估、防洪排涝规划方案制订、洪泛区土地利用和管理、蓄滞洪区安全建设和管理、水库大坝下游风险管理、洪水保险和公众洪水风险和防洪减灾意识教育等方面具有广泛的应用价值。

美国、日本等国外发达国家非常重视洪水风险图的研究和应用，总结和归纳了系统的绘制方法和较成熟的技术手段，并在洪泛区管理、洪水保险、避险转移和洪水风险意识教育等方面的洪水风险图应用中取得了较为显著的效果。我国虽然较早在一些城市开展了洪水风险图编制的研究和探索，但是，受认识不到位、法律法规缺乏、成果精度较低等因素影响，洪水风险图应用的深度和广度受到严重制约，实际应用效果并不理想。1998年长江、松花江流域大水后，我国提出"退耕还林、退田还湖、平垸行洪、移民建镇"的治水思路，防洪管理理念逐步发生较大调整，强调在科学发展观指导下，逐步实现"由控制洪水向洪水管理转变"，实现人与自然和谐相处。为适应新形势和新要求，加快构建更加完善的防汛抗旱减灾体系，努力提升我国抗御洪涝灾害的能力和洪水风险管理水平，洪水风险图编制工作进程加快，我国洪水风险图编制工作在研究和试点基础上，进入生产和推广应用阶段，并在防洪减灾决策、抗洪抢险、应急预案制订、洪灾损失评估、防洪规划编制等方面取得了良好成效，应用领域不断拓宽，应用深度持续加强，作用发挥明显。

洪水风险图在各领域的应用与作用体现，需要依托高质量、高精度的洪水风险图成果。但由于洪水风险图编制工作涉及面广、技术复杂、技术标准体系和应用管理体系尚未完善，从已完成的洪水风险图成果来看，使用中可能存在一定的局限性，推广应用中需结合应用目标、应用区域特点等,灵活把握。结合全国重点地区洪水风险图编制项目试点研究和编制应用中遇到的实际问题,对洪水风险图的进一步推广应用有以下几点认识。

一、加强洪水风险图成果的核实、检验工作,保障成果质量和精度

洪水风险图编制需要可靠的基础资料数据支持,要求基础资料数据来源可靠、精度达标,并能真实反映现状情况。但往往由于编制需求的基础资料数据量大、资料分属不同部门掌握收集难度大、不同部门来源数据不统一、资料获取费用高等原因,导致洪水风险图编制采用的基础资料无法完全达到相关技术标准中的要求,影响成果质量。应用中宜根据逐步积累和增加的资料对洪水风险图成果进行核实。

洪水风险图编制中建立的洪水分析模型需要进行率定和验证,以保证模型计算结果满足精度要求。实际洪水风险图编制过程中,很多编制区域缺乏用于模型率定和验证的实测和调查资料,特别是二维水力学模型淹没区的率定和验证资料缺乏,或者有资料但年代较远,其下垫面条件与现状下垫面条件差异较大,用其率定和验证的模型参数计算成果已不能很好地反映现状实际特点,承担单位往往对此进行了弱化处理。应用中宜注重对此类资料的收集整理,并开展必要的观测和调查,待资料逐步丰富完善后,充分利用实测洪涝水数据和可靠灾害损失调查数据,对洪水风险图成果进行补充检验。

二、开展洪水风险图应用试点,总结应用和管理经验

洪水风险图应用和管理是一项长期的持久性工作,在目前洪水风险图编制、管理、发布和应用的配套管理办法及相关法规政策体系不完备的条件下,宜渐进式推进。选择洪水风险图编制成果质量较好,不同流域、不同经济发展水平、不同洪水灾害成因等地区,在目前应用较多的防洪减灾决策、应急预案制订等经验基础上,开展洪灾评估、蓄滞洪区补偿、洪水影响评价、水利工程规划、洪水保险以及风险警示等领域试点应用,总结应用和管理中的成熟经验以及存在的问题,逐渐健全和完善洪水风险图应用及管理相关制度、法规。

三、滚动更新洪水风险图成果,保证洪水风险图成果持续发挥作用

洪水风险图编制成果基于现状下垫面、水利工程等条件编制。随国民经济的快速发展以及相关流域防洪、治理工程实施,编制区域的水利工程格局、洪水特性、下垫面条件都有可能发生较大变化。为使洪水风险图成果能持续发挥作用,宜对洪水发生频繁、区域下垫面条件变化较大和社会经济快速发展地区及时更新基础数据和洪水风险图成果。

四、构建洪水风险综合管理系统,发挥项目整体作用

加快洪水风险图管理应用平台全国和流域、各省区已建和在建的防汛抗旱指挥系统、山洪灾害预警系统、水库调度系统的整合,使各系统间有机结合、互通互联、共享资源、共同构建洪水风险管理系统,发挥项目整体作用。

五、逐步开发实时洪水风险分析和洪水风险图编制系统,提高应用深度

现状洪水风险图编制成果大多为静态洪水风险图成果,为在特定的洪水来源、洪水量级、洪水组合方式、溃口位置和尺寸等条件下编制,一般都以反映可能的最大洪水淹没范围

为原则确定相关计算条件和设置方案。应用中需根据实际洪水发生情况选择条件相近的计算方案成果,灵活运用。考虑实际洪水发生时的水情、雨情和工程状况难以可靠预报,为满足防汛管理实时预警预报要求,宜逐步开发实时洪水风险分析和洪水风险图编制系统,针对实时水情、雨情和工程调度信息,利用洪水分析模型,预测可能的洪涝水淹没情况,并动态编制各种情景下的洪水风险图。

第三章　防洪保护区洪水风险区划关键技术

区划是地理学的传统工作和重要研究内容,是从区域角度观察和研究地域综合体,探讨区域单元的形成发展、分异组合、划分合并和相互联系,是对过程和类型综合研究的概括和总结。我国学者早在 20 世纪 20～30 年代便已开始区划的研究工作。中华人民共和国成立以后,随着国民经济建设事业的迅速发展,我国把自然区划工作列为国家科学技术发展规划中的重点项目,组织开展并完成了一批综合自然区划成果。与此同时,各部门的区划研究亦同期展开,先后完成了水文区划、植被区划、农业区划、交通区划、地震区划等成果。按照水利部和国家防总的部署,各相关流域机构于 2014 年开始相继开展了洪水风险区划研究工作,本章内容是编者在开展松辽流域辽浑、浑太防洪保护区风险区划研究工作期间的成果之一。

第一节　洪水风险区划主要内容

洪水风险区划在实施技术流程,主要包括洪水风险评价、洪水风险区划与区划图绘制三大关键环节。本节系统阐述了洪水风险定量评估的主要方法,包括基于概率论的洪水风险概率评价法、基于评价指标的洪水风险指标评价法与基于洪灾过程模拟的洪水风险情景模拟法,论述了洪水风险区划的原则、方法及技术手段,并提出了洪水风险区划图的绘制要求与方法。

一、洪水风险区划技术流程

洪水风险区划的过程主要包括三方面的内容。

(一)洪水风险评价

洪水风险评价的核心任务是估计评价区域的洪灾损失程度,即依据评价区域的地形地势、土地利用情况、水文气象、防洪工程、社会经济以及历史洪灾等资料,利用洪水风险评估模型开展风险评价工作。从以往经验来看,洪灾损失数据多由民政和水利部门负责统计和发布,一般情况下是以年度为基本时间单元的。但这些历史洪灾损失数据往往在时间和空间范畴上无法满足评价要求,同时大量防洪工程的修建也改变了洪灾发生的环境,使得洪灾损失系列不满足一致性要求,无法直接用于洪水风险评估。因此,在洪水风险区划时通常需要先对洪水风险进行评估,即以间接方式估计洪灾损失风险。

(二)洪水风险区划

在完成洪水风险评价的基础上,即可以风险评价结果作为区划的指标,根据既定的区划原则与方法进行区域划分,形成洪水风险区划方案。

(三)区划图绘制

洪水风险区划图将评价区域遭受洪水风险情况以图的形式直观表示出来,是评估成果的直观表现。洪水风险区划图要能满足各级防汛主管部门管理和决策的需要,以适应新形势对防洪减灾工作的要求,使洪水风险区划图能为各级防汛主管在制定防汛抢险决策时提供必要的参考和分析依据,对不同地区可能出现的洪水灾情及时预警,提醒各级政府及时采取抗洪措施,起到主动防洪、抗洪的功能,改变过去被动抗洪的局面。

二、洪水风险评价方法

洪水风险评价是洪水风险区划的主要内容之一,也是洪水风险管理的关键途径。严格来讲,风险评价(risk evaluation)是根据一定的标准对风险危害大小做出判断;而风险评估(risk assessment)是对风险发生的强度和概率进行评定和估计。进行风险评估时,相应的参数均有定义域,其边界可以看作某种标准,所以风险评估常常被视为风险评价。国内学者习惯于将风险评估称为风险评价,为与其他说法协调,这里我们把"风险评估"也称为"风险评价"。风险评价结果的可靠性不仅取决于方法问题,也取决于拥有什么样的资料。针对不同的资料情况,应该采用不同的风险评价方法。当前,国内外常用的洪水风险评价方法可归纳为三类:①洪水风险概率评价法;②洪水风险综合评价法;③洪水风险情景模拟评价法。

(一)洪水风险概率评价法

不确定性是风险的基本特征,风险分析的目的就是度量风险的不确定性,风险评价的关键是将风险的不确定性量化,目前概率统计分析是进行不确定性分析的最常用方法之一。洪水风险概率评价法是根据致灾因子(洪水)发生概率和承灾体相应的洪灾损失,应用数理统计中的概率分析方法推求洪灾损失发生概率的风险评价方法。

根据风险的定义与概率论,可建立洪水风险概率计算的一般公式:

$$R = \int_0^\infty f(x)p(x)\,\mathrm{d}x \tag{3-1-1}$$

式中　　R——洪水风险;

　　　　x——洪水事件;

　　　　$f(x)$——洪水事件 x 的损失函数;

　　　　$p(x)$——洪水事件 x 的概率密度函数。

洪水风险概率评价法的基本原理是将洪灾看作一种随机事件,假设洪灾的发生概率符合特定的随机概率分布,运用特定的概率函数来拟合洪水风险,从而估算不同程度洪水灾害发生的超越概率。

由于历史灾损数据通常包含时间序列,因此需要对其进行时间序列分析和去趋势处理。时间序列分析和去趋势处理主要有两层目的:其一,社会经济水平上升、区域防灾能力提高等原因导致了洪灾系统本身随时间发生的变化,因此历史灾损数据存在随时间变化的趋势,利用去趋势处理将历史灾损数据折算到当前条件下再进行不确定性分析更符合风险评估的目标。其二,从统计学角度来讲,具有时间趋势的数据属于非平稳时间序列,此类数据序列不具备进行概率密度拟合的基本前提条件。时间序列分析和去趋势处理可以在一定程度上处理非平稳性,保证在时间轴上损失的期望值和方差是稳定的。

去趋势时间序列分析方法种类繁多,其中基于时间指数的方法有线性回归法、指数线性回归法、稳健回归法、稳健局部回归法,基于数据序列本身的方法有滑动平均法、指数平滑法、自回归法、自回归综合滑动平均法、卡尔曼滤波器法等。上述方法在捕捉真实趋势的能力上差别较大,方法选择会对评估结果造成较大的不确定性,在应用过程中应采用多种方法,对计算结果进行综合分析,合理选定。

按照收集的洪灾资料系列长度,可将洪水风险概率评价法分为资料完备型和资料欠缺型两种。当拥有的洪灾资料系列较长时可采用资料完备型洪水风险评价法,否则采用资料欠缺型洪水风险评价法。

1. 资料完备型洪水风险概率评价法

在进行洪水风险评价时,若能获得较长系列的洪灾损失数据,可采用概率统计方法直接推求洪灾损失的概率分布曲线,从而定量洪水风险,亦称为洪水概率风险。该方法主要适用于尚无防洪设施保护的洪泛区的洪水风险评估,主要步骤如下:

(1)统计评价区域历年洪灾损失,并将其折算至同一基准年,形成洪灾系列。

(2)计算洪灾系列中各项洪灾的经验频率。

①在 n 项连序洪灾系列中,按大小顺序排位的第 m 项洪灾的经验频率 p_m,可采用下列数学期望公式计算:

$$p_m = \frac{m}{n+1} \quad (m = 1, 2, \cdots, n) \tag{3-1-2}$$

式中　　p_m——第 m 项洪灾的经验频率;

　　　　n——洪灾序列项数;

　　　　m——洪灾在连序系列中的序位。

②在调查考证期 N 年中有特大洪灾 a 个,其中 l 个发生在 n 项连序系列内,这类不连序洪灾系列中各项洪灾的经验频率可采用下列数学期望公式计算。

a 个特大洪灾的经验频率为

$$P_M = \frac{M}{N+1} \quad (M = 1, 2, \cdots, a) \tag{3-1-3}$$

式中　　P_M——第 M 项特大洪灾经验频率;

　　　　N——历史洪灾调查考证期;

　　　　a——特大洪灾个数;

　　　　M——特大洪灾序位。

$n - l$ 个连序洪灾的经验频率为

$$p_m = \frac{a}{N+1} + \left(1 - \frac{a}{N-1}\right)\frac{m-l}{n-l+1} \quad (m = l+1, l+2, \cdots, n) \tag{3-1-4}$$

或

$$p_m = \frac{m}{n+1} \quad (m = l+1, \cdots, n) \tag{3-1-5}$$

式中　　l——从 n 项连序系列中抽出的特大洪灾个数。

(3)选定洪灾频率曲线线型,一般可使用水文领域常用的皮尔逊 - Ⅲ型(P—Ⅲ),亦可使用对数皮尔逊 - Ⅲ型(LP—Ⅲ)、极值Ⅰ型(EVI)等其他线型。

皮尔逊 - Ⅲ型分布的概率密度函数为

$$f(x) = \frac{\beta^\alpha}{\Gamma(\alpha)} (x - \delta)^{\alpha-1} e^{-\beta(x-\delta)} \tag{3-1-6}$$

式中　　$\Gamma(\alpha)$——α 的伽马函数;

　　　　α、β、δ——皮尔逊 - Ⅲ型分布的形状、刻度和位置参数。

皮尔逊 - Ⅲ型分布的三个参数 α、β、δ 可用常用的统计参数 $\overline{X}$、C_v 和 C_s 表示:

$$\alpha = \frac{4}{C_s^2} \tag{3-1-7}$$

$$\beta = \frac{2}{\overline{X} C_v C_s} \tag{3-1-8}$$

$$\delta = \overline{X}\left(1 - \frac{2C_v}{C_s}\right) \tag{3-1-9}$$

式中　$\overline{X}$——频率曲线均值；

　　　C_v——变差系数；

　　　C_s——偏态系数。

（4）采用矩法或其他方法初步估计频率曲线的统计参数，然后采用适线法调整并确定统计参数。

（5）计算不同频率的洪灾损失，其中皮尔逊－Ⅲ型分布的计算公式为

$$x_P = \overline{X}(1 + C_v \Phi) \tag{3-1-10}$$

式中　x_P——发生频率为 P 的洪灾损失；

　　　Φ——根据频率 P 与偏态系数 C_s 值查算。

（6）含零系列洪灾频率分析。

一般情况下，小洪水年份的洪灾损失通常为0，因此洪灾系列采用一般的频率分析方法往往无法适线，需要做一些特殊处理才能获得较好的效果。常用的含零系列频率分析方法有频率比例法和Ⅱ型乘法分布法等，此处仅介绍频率比例法。

设洪灾系列的全部项数为 n，其中非零项数为 k，零值项数为 $n-k$。将 k 项非零系列视作一个独立的系列，按前述方法进行频率分析计算，求得一条频率曲线 A。对 k 项非零系列中任何一个测点 x_i，通过下式对其频率进行转换：

$$P_b = P_a \cdot \frac{k}{n} \tag{3-1-11}$$

式中　P_b——相应于 n 项系列的频率；

　　　P_a——相应于 k 项系列的频率。

根据计算的 P_b 值点绘 x_i 点，连成一条新的频率曲线，即为所求的 n 项含零系列的频率曲线。

2. 资料欠缺型洪水风险概率评价法

当评价区域较小时，历史洪灾资料通常严重不足，能够获得的只是小样本数据，样本所提供的关于风险的信息并不完备。在此条件下，基于传统的概率统计方法得出的结果可信度不高，应考虑采用其他手段对小样本数据进行分析处理。黄崇福指出，信息扩散技术能有效利用不完备信息中的模糊信息，明显提高风险分析的可靠性。信息扩散技术主要基于信息分配方法和信息扩散理论，本质上是一种模糊统计技术，它解决了从普通样本转变为模糊样本的问题，从而规避了传统模糊集技术依赖专家选定隶属函数的随意性，确保了分析结果的客观性。

基于信息扩散技术的洪水风险评估方法具体步骤如下：

（1）首先将评价区域历年洪灾损失折算至同一基准年，得到 n 年的洪灾损失样本，即

$$X = \{x_1, x_2, \cdots, x_n\} \tag{3-1-12}$$

（2）根据样本容量 n 和样本集 X 中的最大值和最小值，选取适当的步长 Δx，生成洪灾损失样本的控制点空间 U：

$$U = \{ u_1, u_2, \cdots, u_m \} \tag{3-1-13}$$

（3）采用信息分配公式将 X 中样本点 $x_i(i=1,2,\cdots,n)$ 携带的信息分配给论域 U 中的点 $u_j(j=1,2,\cdots,m)$。常用的信息分配公式有一维线性分配公式和标准正态扩散公式。

一维线性分配公式：

$$f(u_j) = \begin{cases} 1 - \dfrac{|x_i - u_j|}{\Delta x}, & |x_i - u_j| \leq \Delta x \\ 0, & 其他 \end{cases} \tag{3-1-14}$$

标准正态扩散公式：

$$f(u_j) = \frac{1}{h\sqrt{2\pi}}\exp\left[-\frac{(x_i - u_j)^2}{2h^2}\right] \tag{3-1-15}$$

式中：h 为扩散系数，由样本集合中的最大值 b、最小值 a 和样本容量 n 确定。

$$h = \begin{cases} 0.8146(b-a), & n=5 \\ 0.5690(b-a), & n=6 \\ 0.4560(b-a), & n=7 \\ 0.3860(b-a), & n=8 \\ 0.3362(b-a), & n=9 \\ 0.2986(b-a), & n=10 \\ 2.6851(b-a)/(n-1), & n \geq 11 \end{cases} \tag{3-1-16}$$

（4）令 $C_i = \sum_{j=1}^{m} f(u_j)$，则相应的模糊子集隶属函数为

$$\mu_{x_i}(u_j) = \frac{f(u_j)}{C_i} \tag{3-1-17}$$

称 $\mu_{x_i}(u_j)$ 为 x_i 的归一化信息分布。继续对 $\mu_{x_i}(u_j)$ 做进一步处理，便可得到效果较好的风险评估结果。令

$$q(u_j) = \sum_{i=1}^{n} \mu_{x_i}(u_j) \tag{3-1-18}$$

其物理意义是由样本集 X 经信息扩散可推断得到，如果观测值只能在论域 U 中取值，在将 x_i 均看作是样本代表时，观测值为 u_j 的样本点个数为 $q(u_j)$。再令

$$Q = \sum_{j=1}^{m} q(u_j) \tag{3-1-19}$$

Q 即为各 u_j 点上样本点数的总和，可得公式

$$p(u_j) = q(u_j)/Q \tag{3-1-20}$$

$p(u_j)$ 就是样本点落在 u_j 处的频率值，也就是概率风险的估计值。最后可以得到超越 u_j 的概率值

$$P(u \geq u_j) = \sum_{k=j}^{m} p(u_j) \tag{3-1-21}$$

式中：$P(u \geq u_j)$ 称为超越概率风险估计值。

洪水风险概率评价法的优点是原理比较简单、易于从时间和空间尺度上进行比较。缺

点主要有以下几点:①将洪水风险看成是一种随机过程,假设风险概率符合特定的随机概率分布,但是假设的统计规律很难得到充分证实。②概率统计分析需要足够的样本容量,当样本容量较小时,由样本得到的估计参数与总体参数之间可能存在较大的差异,由此导致分析结果极不稳定,甚至可能与实际情况相差甚远。③风险评价的结果为洪水风险大小,无法反映形成洪水风险的各要素之间的内部联系和不同因素对评价对象洪水风险的作用程度,不利于制定防洪减灾的应对策略。④概率分析的前提条件是系统中的随机过程为平稳随机过程,即不随时间的推移而改变。当评价区域的部分条件发生变化时,评价结果无法进行相应调整,这显然与多数评价区域的现状情况不符。

(二)洪水风险综合评价法

洪水风险综合评价法是根据洪水风险系统构成,利用合成法对影响洪水风险的各项因子进行组合,建立洪水风险指数,从而进行洪水风险评价。由前文可知,洪水风险综合评价法的评价内容一般包括风险源危险性评价、承灾体易损性评价和承灾体损失度评价(洪水风险综合评价)三部分内容。

1. 风险源危险性评价

风险源通常亦被称为致灾因子,风险源的危险性可用风险源的灾变可能性和变异强度两个因素进行度量。危险性的高低是致灾因子的变异强度及发生概率的函数:

$$H = f(M, P) \tag{3-1-22}$$

式中　H——风险源的危险性;

　　　M——致灾因子的变异强度;

　　　P——致灾因子的发生概率。

目前,常用的风险源危险性评价方法共有两种:①指标体系评价法。该方法首先采用特定的指标分别描述洪水的变异程度和发生概率,然后采用一定的方法将两者合成为洪水危险性指标。②情景分析法。该方法首先确定洪水的理论分布曲线,然后采用数学模型推求特定场景下评价区域的淹没范围、淹没水深等洪水要素,以此来表征评价区域的洪水危险性。

2. 承灾体易损性评价

承灾体易损性包括承灾体的物理暴露(暴露量)和脆弱性两部分,因此易损性评价也应包括物理暴露评价和脆弱性评价两部分。物理暴露评价的主要目的是评估区域内的人口、房屋、各类资产以及基础设施等的数量和价值,方法较为简单,一般可用区域内的人口、GDP、耕地面积等指标表征;脆弱性评价则是为了衡量各类承灾体在遭受不同程度自然灾害后的损失程度,方法相对复杂,因此国内外对承灾体易损性的研究主要集中在脆弱性研究上。

由于人类社会自古以来始终积极采取防灾减灾行动,以降低自然灾害可能产生的风险。因此,承灾体脆弱性又可以分为承灾体的灾损敏感性和防灾减灾能力。承灾体的灾损敏感性是承灾体一旦遭受自然灾变打击所表现出来的可能受到的影响和破坏的一种度量。

目前,脆弱性分析主要有三类方法:①基于历史灾情数据统计承灾体脆弱性与致灾因子灾变强度之间的关系,从而得出区域承灾体的脆弱性。②基于指标体系的区域脆弱性评价。在脆弱性形成机制研究还不充分的情况下,指标合成是目前脆弱性评价中较为常用的一种方法。该方法从脆弱性的表现特征和发生原因等方面建立评价指标体系,利用统计方法或其他数学方法综合成脆弱性指数,以此来表示评价单元脆弱程度的相对大小。③基于实验模拟或实际调查的承灾体脆弱性评价。该方法通过建立致灾因子的灾变强度与各类承灾体损失率之间的量化关系,并以表格、曲线或数学方程等形式表示,评价结果的精度相对较高。

3. 洪水风险综合评价

由于洪水风险(R)是洪水的危险性(h)和承灾体的易损性(v)的函数,洪水风险综合评价需要首先构建指标体系来分别表征评价区域危险源的危险性和承灾体的易损性,然后采用层次分析法或主成分分析法等方法确定各项指标的权重,最后采用加权综合评价法或模糊综合评判法等方法得出洪水风险度的大小。

洪水风险综合评价法基于一种由因推果的简单逻辑思维,总体上说对资料的要求不高,所以资料易于获取。此外,这种方法的计算过程相对简单,因此在洪水风险评价领域应用较为广泛。不过此类方法的可预测性不强,只能以一定的数值大小来综合反映风险度的相对量,而无法具体给出承灾体的损失和洪灾发生的概率。

(三)洪水风险情景模拟评价法

洪水风险情景模拟评价法是以评价区域的数字高程模型和地物、地类数据为基础,建立评级区的水动力模型,通过模型计算得出特定场景下各区域的淹没水深、流速等洪水要素信息,再结合 GIS 软件和不同地物的脆弱性曲线得出评价区的洪灾损失数据。该方法适用于防洪保护区与蓄滞洪区等受防洪设施保护的区域,主要包括水文分析、洪水淹没分析、灾情分析、损失计算和洪水风险估算等内容,主要步骤如下。

1. 水文分析

根据评价区域及其附近流域的水文资料,采用流量资料或暴雨资料推求设计断面的设计洪水过程,也可采用历史上实际发生或预计可能发生的典型洪水过程。

2. 洪水淹没分析

根据评价区域的自然地理特征、洪水特征和资料条件等,选用水力学法或水文学法进行洪水淹没分析,得到评价区域的各频率洪水的淹没范围、水深及历时等洪水淹没特征值。

水文学法主要包括降雨产汇流方法、河道洪水演算方法和计算封闭区域淹没范围、水深的水量平衡方法等。水力学法则是通过数值求解一维或二维水动力学方程进行洪水分析,从而获得评价区域的水位、流量、流速及其随时间的变化过程,其中河道洪水宜采用一维或二维水力学法分析,淹没区洪水应采用二维水力学法分析,当评价区域为城市且排水管网数据完备时,宜采用地表水流与管网水流耦合方法分析。

3. 灾情分析

根据评价区域的特点和资料条件等,选用实地调查法或模拟分析法进行灾情分析,掌握不同水深淹没区内的人口、耕地、固定资产、地区生产总值、交通干线等灾害损失情况。

实地调查可采用全面调查与典型调查相结合的方法进行。当评价范围不大时应进行全面调查;当评价范围很大,难以全面调查时,可选择具有代表性的地区作典型调查,然后根据典型调查分析成果进行扩大计算。

模拟分析方法是指采用 GIS 软件对土地利用矢量数据和洪水淹没矢量数据进行空间分析,从而对评价区域受影响的社会经济状况进行分类统计。

4. 损失计算

洪灾损失计算包括对洪水泛滥导致的居民财产、农林牧渔、工业信息、交通运输、水利设施等方面的直接损失和间接损失的估算。

直接损失可采用分类损失率法、单位面积综合损失法和人均综合损失法计算。分类损失率法通常分行政区按类别进行累加计算洪灾损失,公式如下:

$$D = \sum_{i=1}^{n} R_i = \sum_{i=1}^{n} \sum_{j=1}^{m} \sum_{k=1}^{l} \eta_{ijk} W_{ijk} \tag{3-1-23}$$

式中　D——评价区域各类财产总损失,元;

　　　　R_i——第 i 个行政分区的各类财产总损失,元;

　　　　W_{ijk}——第 i 个行政分区内,第 k 级淹没水深下,第 j 类资产价值,元;

　　　　η_{ijk}——第 i 个行政分区内,第 k 级淹没水深下,第 j 类资产洪灾损失率(%);

　　　　n——行政分区数;

　　　　m——资产种类数;

　　　　l——淹没水深等级数。

洪灾损失率通常是选取具有代表性的典型地区和典型部门作洪灾损失调查,根据调查资料估算不同淹没水深下各类资产的洪灾损失率,从而建立淹没水深与各类资产洪灾损失率的相关关系。对于资料缺乏的地区,可根据农业种植结构、经济发展规模、经济结构类型等,参考相似地区分类资产洪灾损失率,以确定本区域的洪灾损失率。

洪灾间接损失主要包括:①由农产品减产、农业基础设施受损和土壤受淹所造成的损失;②由工矿企业停产、商业停产造成的损失;③由停水、断电、交通运输受阻等造成的损失;④因抗洪救灾的投入费用;⑤由洪水挟带的泥沙、污染物造成的环境影响及次生灾害等。间接损失一般采用经验系数法或统计计算法进行估算。

经验系数法是根据调查研究成果综合分析确定间接经济损失系数,以间接经济损失系数乘以直接经济损失求得间接经济损失。统计计算法是根据评价区域的调查统计资料,通过数理统计和时间序列分析,直接估算洪灾间接经济损失。

5. 洪水风险估算

在已知各频率洪灾损失的基础上,洪水风险可按下式估算:

$$R = \int D_P \mathrm{d}p = \sum_{i=1}^{N} \frac{(D_{i+1} + D_i)(P_{i+1} + P_i)}{2} \tag{3-1-24}$$

式中　R——洪水风险;

　　　　D_P——洪水发生频率为 P 时的洪灾损失;

　　　　P_i、P_{i+1}——洪水发生频率;

　　　　D_i、D_{i+1}——洪水发生频率分别为 P_i、P_{i+1} 时的洪灾损失;

　　　　N——选取的洪水频率曲线分段的个数。

洪水风险情景模拟评价法的优点是科学性强,可给出未来不同灾害强度及发生概率下的损失水平,但该方法在操作上存在较大的难度:①对基础资料要求较高,需要获取评价区域各评估单元的水文气象、地形地貌、土地类型、水利工程等数据和承灾体物理暴露量(数量及价值量);②不同类别承险体灾损敏感性与损失率之间的对应关系难以获取;③模型计算需要投入大量的人力、物力,且耗时较长。

三、洪水风险区划方法

在洪水风险评价工作完成后,即可进行洪水风险区划图的编制。洪水风险区划是按照洪水风险的大小进行合理分级,对处于同等级别风险水平的区域进行合并处理,结果表现为不同洪水风险水平的空间分布状况。洪水风险区划图是洪水风险评价的基本成果,也是指导区域防洪减灾规划的基础资料。

(一)区划总原则

参考葛全胜等关于自然灾害风险图编制的规范要求,洪水风险区划图的编制应遵循以下原则。

1.科学性原则

科学性体现在制图的过程和结果两个方面。在过程上,洪水风险区划图的制作应以洪水风险评估的科学方法为指导,并且要符合地图制图的一般规定。在结果方面,无论采用何种分析方法和技术路线进行风险分析,风险区划图成果必须符合洪水的自然规律和社会属性,客观地体现研究区域的洪水风险特征。

2.实用性原则

实用性主要体现为洪水风险区划图的设计应充分考虑不同使用者的需要及已有的基础资料精度,设计不同评估尺度及精度的多级洪水风险区划图,以满足不同目标用户的需要。此外,实用性还体现在对成果的标准化、规范化方面,要求风险信息便于共享和更新,有利于持续完善,避免重复建设,提出既要运用高新技术(GIS 平台,数据库等)开发、管理和运用成果,又要兼顾多方面的需要,洪水风险区划图的成果应包括电子版和纸质图件两种形式。

3.系统性原则

系统性包括两个方面,首先同一区域、不同尺度的洪水风险区划图之间和同一尺度、不同区域的洪水风险区划图之间均应协调一致,共同构成一个完整的系列,便于组成地区的、国家的洪水风险区划图体系,利于进行集成管理;其次洪水风险区划图的内容应包括危险性、易损性以及洪水风险等级三方面内容。

4.标准化和规范化原则

标准化和规范化原则主要体现在资料来源标准化、分析过程规范化、绘图结果标准化三个方面。

(1)资料来源标准化。编制洪水风险区划图所采用的各类基础地理资料应为测绘部门认可的最新版地形图或其他测量资料;灾害资料来源应是权威的历史文献、档案、灾害调查报告,或经过论证被水利或民政部门认可的资料;社会经济资料应是各级政府统计部门公布的资料;水文气象资料应是各级水文气象部门整编的资料;水利工程资料应是各级水利部门认可的最新资料;其他资料也应是其领域主管部门认可的,能够满足研究需要的资料。

(2)分析过程规范化。洪水风险区划图的编制过程中,涉及数字化等相关技术数字化过程要以国家规定的相关技术规程执行;确定洪水风险分析方法时,应根据区域洪水特性及基础资料情况等因素,选择一种或多种科学的方法操作。

(3)绘图结果标准化。洪水风险区划图成果要以统一的标准来指导出版,图名的字体、字号、置放位置,比例尺及指北针等要有统一的安排。

5.可操作性原则

考虑到资料的可获得性,研究基础和工作条件等客观因素,力求在保证洪水风险区划图质量的前提下,尽可能提高区划的可操作性。

（二）区划方法

1.“自上而下”和“自下而上”的区划方法

区划的本质就是将大区域划分成若干小区域的过程。从逻辑关系来讲，区划的方法可分为“自上而下”和“自下而上”两种。

（1）“自上而下”的区划方法是指按照特定的区划标准，从大到小逐级划分，从而将相对较大的区域拆分成更小的区域。这种方法在我国早期的全国性区划工作中应用较广，如中国综合自然地理区划、中国农业气候区划、中国水文区划、中国主体功能区划等。在“自上而下”的区划过程中，首先依据大尺度的地带性和非地带性差异规律，将热量带和大自然区进行叠置，得出地区一级单位，依据地区内的地段性差异划分地带、亚地带，再往下一级划分自然省、自然州和自然地理区。

（2）“自下而上”的区划方法是将空间上连续的小单元依据某些定性或定量特征，从小到大逐级合并，将等级低的区划单元合并成等级高的区划单元的过程。“自下而上”的区划方法要求拥有空间分辨率较高的基础数据，对地理信息系统技术要求更高。赵松乔等首先提出此种方法可与全国土地利用类型划分工作相结合，此后该方法随着遥感与地理信息系统的发展得到更为广泛的应用。

洪水风险区划应采用“自上而下”和“自下而上”相结合的区划方法。以防洪保护区、蓄滞洪区等相对独立的防洪单元为临界尺度，在此空间单元以上的区划强调地带性规律的主导性，采用自上而下逐级划分的方法；而在小于此空间尺度的范围内，则强调非地带性规律，采用“自下而上”的方法进行区划。两者最终在临界尺度一级进行对接，从而实现从全国到地方的各级洪水风险区划方案。

2.区划的技术手段

区划的技术手段主要有地理相关法、叠置法、主导标志法、聚类分析法、遥感分析法等。在实际区划过程中，通常是几种方法结合使用。

（1）地理相关法是最常用的区划方法之一，该方法主要是依据各自然要素区域分异界线之间的相关性进行综合自然区划。传统的地理相关法是通过人工比较各要素的分析图和分布图，在了解各要素地域分异规律的基础上，再按若干重要因素的相关关系，制定区划界线的依据。现代地理相关法则是以 GIS 技术和自然要素数据库为基础，采用定量相关分析与专家经验判断相结合的方法进行区划的。

（2）叠置法实质上也是一种地理相关法。传统叠置法是将若干要素的分布图或区划图叠置在一起，然后选择其中重叠最多的线条作为综合自然区划的依据。现代叠置法则是利用 GIS 技术将各要素图层分层叠加，从而确定分区界线。

（3）主导标志法是指从多个备选的自然要素中选取起主导作用的要素标志进行区划的方法。该方法的关键环节是如何在多个备选要素中准确鉴别出“主导标志”。传统的主导标志法是在综合相关分析的基础上选择“主导标志”；现代主导标志法则多采用统计检验方法确定“主导标志”，以尽可能避免主观任意性。

（4）聚类分析法是一种多变量统计分析方法，它能够依据一定的聚类原则，将样本数据（基本单元）按照它们在性质上的亲疏程度在没有先验知识的情况下自动进行分类。该方法首先基于区域基本单元数据库计算各基本单元的相似系数与差异系数等统计特征，然后据此判别基本单元之间的相似或亲疏程度，之后从相似性最大的两个基本单元开始逐级聚类,自下而上形成聚类体系,由此进行区划工作。

(5)遥感分析法是基于区域遥感图像,把相互差异的自然地理单元进行解译和分区、分类的区划方法,通常采用目视与计算机监督分类相结合的分析过程。目视分析与计算机监督分类分析的区别在于前者是从宏观角度通过视觉和先验知识进行区域划分,可以较好地把握地域分异的宏观规律;后者是从微观角度,通过建立遥感图像解译标志和相应的分类系统划分区域界限,可以较好地把握土地类型的组合规律。

综合来看,在大数据和 GIS 平台的支持下,区划的技术手段正从以目视判断、专家经验为主的传统方法向基于详细数据支持的空间分析方法逐渐过渡,形成了以定量分析为基础、专家经验为决定因素的综合分析方法。

四、洪水风险区划图绘制

(一)基本要求

1. 数学基础

1)平面坐标系

坐标系统采用 2000 国家大地坐标系(CGCS2000)。

2)投影方式

1:5 000 ~1:10 000 区划图采用高斯 – 克吕格投影,3°分带;

1:25 000 ~1:500 000 区划图采用高斯 – 克吕格投影,6°分带;

1:1 000 000 及以下比例区划图采用正轴等角圆锥投影。

3)高程系统

高程系统采用 1985 国家高程基准,计量单位为 m。

2. 图幅

洪水风险区划图的图幅应根据制图需要与图面信息负载量确定,绘制地图时应优先采用 A0、A3、1:50 000 标准分幅三种规格,必要时可使用在规定图幅基础上加长、加宽或缩小幅面的非标准图幅。

1)A0 幅

将编制单元在 A0(841 cm×1 189 cm)标准幅面内展现。

2)A3 幅

将编制单元在 A3(297 cm×420 cm)标准幅面内展现。

3)1:50 000 标准分幅

将编制单元在 1:50 000 标准幅面内展现。

3. 版面布局

(1)明确标示区划图的标题、图例、指北针、比例尺、编制单位、编制日期等信息。

(2)区划图的指北针应为黑白色,形态简明朴素。指北针一般置于图幅左上角或右上角,大小根据图幅规格确定。

(3)图例一般置于图幅右下角,布置顺序从左至右,自上而下依次为点状图例、线状图例、面状图例。

(4)编制单位、编制日期等置于下图框外左下角或右下角。

(5)图中各要素按照美观、简洁、和谐的原则设置。

（二）基本资料

1. 资料来源

制图资料来源一般包括以下三个方面：

（1）成图资料。主要包括已出版的各类地形图等。

（2）数字资料。包括遥感影像图、数字正射影像图、DEM 等。

（3）其他资料。包括洪水风险评价所需的水利工程资料、社会经济资料、洪灾损失资料等。

2. 选用原则

（1）以最新版地形图或测绘资料作为基本资料，其他作为补充资料；必要时辅以现场调研。

（2）水利工程资料应是各级水利部门认可的最新资料。

（3）社会经济资料应是政府统计部门公布的资料。

（4）洪水损失资料应来自权威的历史文献、灾害调查报告，或被水利或民政部门认可的资料。

（5）其他资料均应是其领域主管部门认可的，能够满足研究需要的资料。

（三）区划图的内容体系

1. 洪水风险区划图类型

（1）防洪工程安全性区划图。

（2）致灾因子危险性区划图。

（3）承灾体暴露性区划图。

（4）应对恢复能力区划图。

（5）危险源危险性区划图。

（6）承灾体易损性区划图。

（7）洪水风险区划图（综合）。

2. 区划图表达内容与方式

不同类型区划图在图中需要反映的信息类别和信息量各不相同，主要包括以下几方面。

1）基础地理信息

基础地理信息主要包括行政区、居民地、主要河流、交通道路等要素。由于区划的空间尺度不同，其要表达的基础地理要素细节也有所差异。各类要素的图式参照执行对应比例尺范围的地形图图式国家标准。

2）水利工程信息

水利工程信息主要包括控制站、水库、堤防、蓄滞洪区、闸坝等要素，要素的取舍根据工程重要性及制图比例尺确定，要素的图式参照《防汛抗旱用图图式》（SL 73.7—2013）。

3）风险专题信息

风险专题要素的表示不考虑制图比例尺，各风险要素均根据其风险程度划分为 4 级，即极高风险（Ⅰ级）、高风险（Ⅱ级）、中风险（Ⅲ级）、低风险（Ⅳ级）。不同等级的具体着色要求如表 3-1-1 所列。

表 3-1-1 不同等级风险要素着色要求

风险等级	参数设置		
I 级		R：245 G：77 B：25	C：4 M：70 Y：90 K：0
II 级		R：245 G：163 B：122	C：4 M：36 Y：52 K：0
III 级		R：255 G：255 B：0	C：0 M：0 Y：100 K：0
IV 级		R：128 G：153 B：255	C：50 M：40 Y：0 K：0

（四）工作环境配置

1. 硬件环境配备

洪水风险区划图制作使用个人微机系统。硬件配置要求不低于以下标准：处理器 Intel Core i5 2.8 G 以上，内存 4.0 G 以上，硬盘 500 G 以上。

2. 基础软件平台

洪水风险评价与区划图绘制过程中涉及大量空间数据的存储与运算，因此需要配置相应的地理信息系统（geographic information system，简称 GIS）软件。目前常用的地理信息系统软件有 ArcGIS、MapInfo、MapGIS、superMap、GeoStar 等，推荐采用 ArcGIS10.0 以上版本进行洪水风险评价与区划图绘制。

（五）制图步骤与流程

1. 准备阶段

（1）收集制图区域的基础资料，根据需要进行必要的实地补充调查。拟收集的资料包括基础地图资料、水利工程资料、社会经济资料、洪灾损失资料等。

（2）对收集的资料进行分析和评价，评价内容主要包括资料精度、现势性、可靠性、完备性等。

2. 制图初期阶段

对收集到的纸质地形图资料先进行扫描、配准、矢量化，然后进行坐标转换和拼接处理。

3. 制图中期阶段

首先根据制图区域的范围确定图幅大小，然后进行基础地理信息与水利工程信息的要素取舍和图形概括，最后依据洪水风险评价结果绘制各类风险信息图层。

4.制图后期阶段

结合相关资料对区划图成果进行合理性检查,对不合理成果重新进行洪水风险评价与风险信息图层绘制。

(六)成果审查及提交

1.成果审查

对区划图成果进行审查和验收,内容主要包括:①基本资料的可靠性与现势性;②洪水风险评价方法与评价结果的合理性;③图形要素的正确、美观、协调性。

2.成果提交

洪水风险区划图绘制完成后应形成和提交如下成果:

(1)区划图成果数据集(数字地形图、元数据);

(2)文字报告和纸质区划图等。

文字报告和纸质区划图以纸介质形式输出,装订成册,同时提交 Word 或 PDF 格式电子文档;区划图成果数据集以光盘形式提交。

第二节　防洪保护区洪水风险区划关键技术解析

常用的洪水风险评价方法有概率评价法、情景模拟评价法和综合评价法三类。概率评价法需要足够的灾损样本容量,当样本容量较小时,分析结果极不稳定;情景模拟评价法对地形地物等基础资料精度要求较高,且需要投入大量的人力、物力进行模型计算;综合评价法对资料的要求不高,计算过程相对简单,在洪水风险评价领域应用较为广泛。本节重点论述了指标体系构建、评价方法选择、权重计算方法等防洪保护区洪水风险综合评价法的关键技术。

一、洪水风险评价指标体系构建

(一)指标体系构建原则

洪水风险评价必须要有一套明确的量化指标,指标体系的建立是洪水风险评价的核心部分,是关系到评价结果可信度的关键因素。构建科学合理的洪水风险评价指标体系应遵循科学性、系统性、综合性、层次性、可操作性、区域性、动态性等基本原则。

1.科学性原则

洪水风险评价指标体系必须遵循自然规律和社会规律,采用科学的方法和手段,确立的指标必须是能够通过观察、测试、评议等方式得出明确结论的定性或定量指标。指标体系应较为客观和真实地反映防洪保护区洪水风险发展演化的状态,从不同角度和侧面衡量评价区域的洪水风险程度,都应坚持科学发展的原则,统筹兼顾,指标体系过大或过小都不利于做出正确的评价。因此,必须以科学态度选取指标,以便真实有效地做出评价。

2.系统性原则

洪水灾害具有自然和社会双重属性。"系统性"要求洪水风险评价中要坚持全局意识、整体观念,把洪水灾害看成人与自然这个大系统中的一个子系统来对待,指标体系要综合地反映区域洪水风险系统中各子系统、各要素相互作用的方式、强度和方向等各方面的内容,是一个受多种因素相互作用、相互制约的系统的量。因此,必须把洪水风险视为一个系统问题,并基于多因素来进行综合评估。

3. 综合性原则

任何整体都是由一些要素为特定目的综合而成的,洪水风险评价作为一项系统性、综合性极强的工作,是由自然、社会等多种要素构成的综合体,这些要素多种结构联系、领域交叉,仅仅根据某一单要素进行分析判断,很难得出理想的结果,应综合平衡各要素,考虑周全、统筹兼顾,通过多参数、多标准、多尺度分析衡量,从整体的联系出发,注重多因素的综合性分析,求得一个最佳的综合效果。

4. 层次性原则

层次性是指指标体系自身的多重性。由于洪水风险评价内容涵盖的多层次性,指标体系也是由多层次结构组成的,反映出各层次的特征,同时各个要素相互联系构成一个有机整体。洪水风险程度是多层次、多因素综合影响和作用的结果,评价体系也应具有层次性,能从不同方面、不同层次反映区域洪水风险的实际情况。一是指标体系应选择一些指标从整体层次上把握评价目标的协调程序,以保证评价的全面性和可信度。二是在指标设置上按照指标间的层次递进关系,尽可能体现层次分明,通过一定的梯度,能准确反映指标间的支配关系,充分落实分层次评价原则,这样既能消除指标间的相容性又能保证指标体系的科学性。

5. 可操作性原则

评价选取的指标应当能够获取相应的数据资料。任何一套指标体系,即使设计的再完美,如果收集不到相应的数据资料,对于最终评价来说也是毫无意义的。在确定指标体系时就应该考虑该指标体系涉及的数据能否获取,是直接获取还是通过计算间接获得。此外各指标还应该尽量简单明了、微观性强,具有可比性。

6. 区域性原则

洪水风险评价指标体系应在不同的评价区域间具有相同的结构。洪水风险分布具有明显的地域性,不同区域的洪水风险系统在空间上具有较大的差异,建立指标体系时应包含可以反映不同区域风险特色的评价指标,以尽可能反映区域之间的风险差异。

7. 动态性原则

古希腊哲学家赫拉克利特曾说过,所有事物都是流动的,没有任何事物是静止不变的。防洪保护区的洪水风险系统由于自然环境的变化和人类自身的作用也始终处于动态的变化过程中,洪水风险评价指标应能反映评价区域洪水风险的动态性变化。

(二)指标体系构建

从前述分析可知,洪水风险系统具有自然属性和社会属性双重特征,是由风险源的危险性(自然属性)和承灾体的易损性(社会属性)构成的。洪水的危险性可由变异强度和灾变可能性两个物理量来表征,承灾体的易损性由各类承灾体的物理暴露和脆弱性构成,不同种类的承灾体,其脆弱程度亦不相同。

根据《防洪标准》(GB 50201—2014),防洪保护区是指洪水(潮水)泛滥可能淹及且需要防洪工程设施保护的区域。对于受洪水威胁的防洪保护区而言,其洪水风险源应为与之相邻的河道洪水,风险源危险性的评价则应考虑防洪工程的安全性(灾变可能性)与保护区泛滥洪水的危险性(变异强度)两部分的内容。

承灾体的脆弱性是承灾体抗击灾害能力的一种度量,也可说是其在遭受灾害打击时可能的损失程度。对于同一种风险源,不同承灾体的脆弱性是不同的;同一种承灾体对于不同的风险源,其脆弱性也是不同的。防洪保护区中的防护对象(承灾体)种类繁多,常见的有人口、房屋、农作物、牲畜、工矿企业、交通运输、动力、通信、环保、文物等设施和水利工程等,在进行防洪保护区洪水风险评价时,很难精确构建各类承灾体的脆弱性曲线,因此在防洪保护区洪水风险评价时不单独考虑各类承灾体的脆弱性,而是采用应对恢复能力因子来表征保护区在面对洪水灾害时防护对象整体的脆弱性。

鉴于上述原因,本章将洪水风险区划的指标体系分为目标层、准则层、因素层和指标层四个层级。目标层为洪水风险程度,准则层由风险源的危险性和承灾体的易损性组成,因素层由防洪工程安全性、致灾因子危险性、承灾体的暴露性和应对恢复能力四个要素构成,指标层由构成各个因素的若干评价指标组成。

1. 风险源的危险性

河道洪水为防洪保护区的洪水风险来源,其危险性由防洪工程的安全性与致灾因子(保护区泛滥洪水)的危险性两个要素组成。

1)防洪工程的安全性

防洪保护区的洪水防御任务通常是依靠包括堤防、水库在内的多项防洪工程组成的防洪体系来完成的,但考虑到水库等防洪工程的设计和校核标准远高于堤防工程的设计防洪标准,也就是说堤防失事的概率远大于水库等防洪工程的失事概率。为了简化洪水风险评价过程,在防洪保护区洪水风险评价时仅考虑堤防工程的安全性。

堤防工程的安全性首先取决于工程本身的级别,堤防工程级别越高,堤防的安全加高值越高,抗滑(倾覆)稳定安全系数也越大,相应的工程也就越安全,而堤防工程的级别则取决于其所保护对象的防洪标准,因此首先选择堤防工程所保护对象的防洪标准作为防洪工程安全性的评价指标之一。考虑到国内的工程设计人员和管理人员通常将堤防工程所保护对象的防洪标准称为堤防工程的防洪标准,本书在下文中也沿用此说法。

堤防工程安全评价是堤防加固设计前期工作的重要组成部分,也是堤防加固完成后工程安全运行管理的重要依据。对于堤防工程安全评价的指标体系,国内目前已有较多研究。水利行业标准《堤防工程安全评价导则》(SL/Z 679—2015)规定应从运行管理、工程质量、防洪标准、渗流安全性、结构安全性等方面进行评价与复核,但评价过程需要的基础资料较多,且方法相对烦琐。丁丽等建立了包括荷载作用、保护情况、堤身特性、堤基特性、险情统计和加固情况等6个因素的堤防工程安全评价指标体系。王亚军等分别建立了包括护岸工程和堤身工程在内的堤防工程风险评价指标体系。吴威等从工程地质条件、河势稳定性、渗流稳定性、滑动稳定性、变形稳定、应力稳定、地震液化等7个方面对荆江大堤安全度进行了综合评判。严伟等从工程地质条件、河势稳定性、渗透稳定性、滑动稳定性、堤防整体性、工程管理6个方面评价了长江堤防的安全性。雷鹏等从堤防的破坏模式和成因出发,针对堤防溃决、冲决和漫决破坏模式,分别建立了不同的安全评价体系,其中溃决破坏评价指标体系包括允许坡降、计算坡降、隐患管理、日常管理、历史险情、除险加固、保护情况7个因素。陈玲玲从堤身安全性、堤基安全性、护岸安全性3个方面评价了马圩东大堤的安全性态。冯峰等从堤身因素、堤基因素、隐患因素、河道因素和抢险因素5个方面评价了黄河堤防工程的安全性。康业渊等从荷载作用、河道特性、保护情况、堤身特性、堤基特性、加固情况、险情统计等7个方面构建了堤防工程安全综合评价指标体系。何晓洁等建立了包括荷载特性、河道特性、保护特性、堤身特性、堤基特性、护坡和加固 6 个因素的堤防工程安全综合评价指标体系。

由以上可知,虽然不同学者建立的评价指标体系有所差异,但多数情况下均考虑了堤身特性、堤基特性(工程地质条件)、河道特性 3 个因素对堤防工程安全性的影响,因此本书选取防洪标准、堤身特性、堤基特性与河道特性 4 个因素作为堤防工程的安全评价指标。

(1)防洪标准。

堤防工程保护对象的防洪标准直接决定了堤防工程的级别,同时也决定了堤防工程的安全超高和抗滑(倾覆)稳定系数,因此堤防工程保护对象的防洪标准与堤防工程的安全性直接相关。所以,本书选用堤防工程保护对象的防洪标准作为防洪工程安全性的主要表征指标之一。

(2)堤身特性。

堤身是堤防工程的主体部分,在汛期直接面临水流冲刷或风浪作用,堤身安全性主要取决于堤顶高程、堤身材料、断面形式、堤防边坡等因素,考虑到堤身的渗透稳定、抗滑稳定、抗冲性和变形程度均与筑堤材料密切相关,选择筑堤材料为代表指标来评判堤身的安全性。

(3)堤基特性。

堤防基础是堤防工程重要的组成部分之一,堤基地质条件的优劣直接影响着堤防工程的渗透稳定、抗滑稳定和沉降量,从而影响着堤防工程的安全性,因此选择地质条件作为评判堤基安全性的评价指标。

(4)河道特性。

河道在洪水的作用下形态不断变化,横河、斜河、滚河等不利河势将导致洪水直接冲击大堤、顺堤行洪或大堤偎水,可能造成堤防决溢。表示河势特征的因子有河道弯曲率、过水断面宽深比、横比降、滩槽差、防洪工程分布情况、科氏力等。考虑到堤防工程的险工险段有很大一部分都分布在河流弯道的迎流顶冲位置,而弯道的数量及弯曲程度可用河道弯曲率(沿河流中线两点间的实际长度与其直线距离的比值)来表征,本书选用河道弯曲率作为河道特性的代表指标以表征河势对堤防安全的影响。

2)致灾因子的危险性

致灾因子是指自然或人为环境中,能够对人类生命、财产或各类活动产生不利影响,并达到造成灾害程度的罕见或极端事件,具体到本书中,则是指溃(漫)堤洪水。溃(漫)堤洪水对防洪保护区的影响主要体现在洪水对各类承灾体的淹没和冲击作用,因此洪水风险评价中致灾因子的危险性应体现出洪水的淹没和冲击作用。

对于已编制完成洪水风险图的防洪保护区,保护区内各点不同频率的淹没水深等洪水要素可从洪水分析结果中直接提取,洪水对保护区的淹没作用可用淹没水深和淹没历时来表征,冲击作用则可用洪水流速来表示。

(1)淹没水深。

在防洪保护区溃(漫)堤洪水的淹没水深、淹没历时和洪水流速三个要素之中,淹没水深与各类承灾体的损失率(脆弱性)之间的相关关系最为密切,因此国内外有关承灾体脆弱性的研究主要集中在承灾体损失率与水深的关系上。黄委治黄科研专项"黄河下游防洪工程体系减灾效益分析方法及计算模型研制报告"研究了各类农作物、各类企业单位固定资产、农村居民家庭财产在不同水深下的损失率,发现淹没水深与承灾体损失率呈显著正相关。李汉浸等对河南濮阳高新区的洪涝损失进行了研究,指出不同类型资源损失率与洪灾水深的相关性最为明显。刘耀龙等根据"莫拉克"暴雨内涝后房屋财产和商业资产的损失调查,得出房屋财产和商业资产灾损率与淹没水深呈指数关系。由于不同量级洪水造成的淹没区水深各不相同,本书选择期望淹没水深作为洪水致灾因子的主要评价指标。

(2)淹没历时。

除洪水淹没水深外,淹没历时与各类承灾体损失率(脆弱性)之间的关联性也较高。1977 年,英国洪灾研究中心(FHRC)的 Penning‑Roswell 等研究了建筑物脆弱性与洪水淹没水深及淹没历时的关系,发现在淹没水深相同的情况下,淹没历时长的房产损失率明显高于淹没历时短的房产损失率。李香颜等根据基于模拟实验研究了淹没历时对玉米生长及产量的影响,指出玉米脆弱性与淹没天数两者之间显著相关。考虑到不同量级洪水的淹没历时有所差异,本书选择期望淹没历时作为洪水致灾因子的评价指标之一。

(3)洪水流速。

洪水流速对承灾体的影响主要体现在洪水对承灾体的冲刷作用上。在淹没水深与淹没历时相同的情况下,洪水流速越大,承灾体的损失率就越高。美国陆军工程兵团(USACE)在进行洪灾评估时,考虑到洪水的冲击作用,将房屋按材料分为木质、石质和钢质三类,并由此构建了不同水深和流速组合时房屋倒塌的临界曲线。鉴于不同量级洪水的洪水流速不尽相同,本书选择期望洪水流速作为洪水致灾因子的评价指标之一。

对于尚未编制洪水风险图的防洪保护区,无法直接获取保护区内各点的淹没水深等洪水要素,需要通过间接方法估算各点相对的洪水要素。地理环境中地形、地貌是构成洪水灾害孕灾环境的主要要素,在洪水风险分析中可通过地形特征来表征致灾因子的危险性。

(1)淹没水深与淹没历时。

保护区内各点的淹没水深与淹没历时均与地势密切相关,地势越高,淹没水深越小,淹没历时也越短,因此可用地势表征各点的相对淹没水深与淹没历时,地势采用高程表示,可采用 GIS 软件直接从 DEM 中提取。

洪水淹没历时不仅受地势影响,还与地形相关性较大,地形变化越小,淹没历时越长。地形变化程度可采用高程标准差表示,对 DEM 中任一格点,可通过计算其与周围一定范围内格点高程的标准差获得。

(2)洪水流速。

保护区内各点的洪水流速主要取决于各点顺河道水流方向的地表坡度及其与溃口位置的距离。地表坡度越大,与溃口距离越近,则水流速度越快。溃口位置对洪水流速的影响随着各点与溃口位置距离的增加迅速衰减,其影响范围一般局限在溃口位置附近的局部区域,通常情况下可只考虑地表坡度对洪水流速的影响。在实际操作时,应首先对保护区的 DEM数据进行洼地填充处理,然后提取顺河道水流方向的地表坡度作为洪水流速的表征指标。

2. 承灾体的易损性

洪水作用系统是一个由物理、化学、生物、社会、经济等因素多层次复合而成的多谱系统,洪水的影响涉及自然生态系统、社会经济系统、国家政策的影响三个方面,其中洪水对社会经济系统(包括经济系统和社会人文系统)的影响是洪水影响的传统研究对象,也是对人类生产、生活、健康等最为直接的影响,因此在本书中承灾体只考虑社会经济系统。

洪水对经济系统的影响体现在洪水会造成淹没区财产损失和工农业、交通运输、邮电通信、商业等国民经济各部门的经济损失。洪水对社会人文系统的影响则体现在洪水可能引起灾后瘟疫的流行和某些急性传染病发病率的上升。

由前述分析可知,承灾体的易损性可分为暴露性和脆弱性两部分。对于同一风险源,不同承灾体的脆弱性各不相同,防洪保护区内承灾体种类繁多,脆弱性也各不相同,为简化洪水风险评价过程,本书用应对恢复能力因子来代表防洪保护区的整体脆弱性,即采用暴露性和应对恢复能力表征防洪保护区的整体易损性。

1) 承灾体暴露性

承灾体的暴露性是指暴露在自然灾害下的人口、房屋、家庭财产、农林渔牧业、工商业、交通运输、基础设施等的数量和价值量。目前,国内对于洪水灾害的物理暴露性已有较多研究。王亚梅采用人口、GDP、耕地、交通4个指标评价了洞庭湖区洪水灾害风险的易损性。王建华采用人口密度、居民财产、工业产值、农林牧渔产值4个指标评价了湖州市洪水灾害承灾体的暴露性。蔡哲等采用人口密度和经济密度两个指标计算了济南市城区内涝风险的易损性。杨小玲选取人口密度、工业产值、农业产值、道路网密度等指标评价承灾体的暴露性。夏秀芳则针对研究区土地利用的主要类型,将承灾体分为耕地、园地、林地、城镇住宅用地、农村居民点、工业用地、商服用地、公共用地、绿化用地、交通用地、水域、未利用土地等共12类。刘娜选取人口密度、地均GDP、道路密度3个指标建立了承灾体易损性的评估模型。邹洁云等从人口、国内生产总值、农业耕种面积3个方面评估了江苏省暴雨洪涝风险承灾因子易损性。李奥典等采用人口密度、耕地百分比(密度)、人均GDP评价了宿迁市宿城区城市洪灾风险承灾因子的暴露性。方建等选用人口与GDP为承灾体暴露度评价指标,评价了全球暴雨洪水灾害风险。张先起等选择玉米、大豆、花生、林地(园地)与房屋等五个指标表征黄河下游滩区承灾体的暴露性。

由以上可知,多数学者均选用人口、GDP、耕地等作为承灾体暴露性的评价指标,原因在于上述几项指标不仅容易获取,而且还可以相对客观地表征各地区的大致经济类型与经济发展水平,因此本书首先选用人口密度、经济密度、耕地密度3个因素作为承灾体暴露性的评价指标。

此外,考虑到防洪保护区道路交通在被洪水淹没后,一方面道路的路基和路面均会受到不同程度的破坏;另一方面还会降低运输效率,影响当地民众的出行,在一定程度上阻碍了社会经济的发展,因此选用路网密度作为承灾体暴露性的评价指标之一。

(1) 人口密度。

溃(漫)堤洪水最大的危害对象是当地居民的人身安全,因此人口是洪水灾害的承灾体中最重要的组成部分,人口指标对于洪灾承灾体暴露性评估来说是一个最重要的影响要素,考虑到防洪保护区洪水风险评价指标应消除评价单元面积大小对指标数值的影响,故采用人口密度指标来反映溃(漫)堤洪水对防洪保护区人口的威胁情况。

(2) 经济指标。

除人口指标外,防洪保护区的经济发展现状是评估承灾体暴露性的另一个重要指标。国内生产总值是指在一定时期内,一个国家或地区的经济中所生产出的全部最终产品和劳务的价值,常被公认为衡量地区经济状况的最佳指标。因此,本书在进行承灾体暴露性评估时选择经济密度(地均GDP)作为评估经济现状的重要指标。

（3）耕地密度。

对于防洪保护区内广大的农村地区，耕地是溃（漫）堤洪水威胁的主要对象之一，也是当地人民群众收入的重要来源之一，因此选用耕地密度（比例）来表征防洪保护区洪灾承灾体的暴露性。

（4）路网密度。

道路是一个地区基础设施建设的重要组成部分，也是区域交通的主要承载体，一些交通干道、国道亦是洪灾易发区域，溃（漫）堤洪水会对道路行车安全和周边居民生活造成严重影响。因此，本书选用路网密度表征防洪保护区交通设施的暴露性。

2）应对恢复能力

应对能力是系统能够修正或改变自身特征的行为，以便更好地应对现实存在或预期会发生的外部打击的能力。应对的直接结果是降低承灾体的脆弱性，提高系统应对外部打击的能力，从而可在一定程度上降低灾害风险。恢复能力是承灾体（自然的或人类社会经济的）承受灾害打击，遭受损失和破坏后，能够通过系统调整来恢复常态的能力。恢复能力越强，灾后的恢复越快，意味着可能遭受的后续影响和损失越少，遭受下一轮打击之前的脆弱性也越低。因此，防洪保护区的应对恢复能力评价是洪水风险评价的重要组成部分之一。

应对恢复能力也可称为防灾减灾能力。防灾减灾措施是人类社会特别是风险承担者用来应对灾害所采取的方针、政策、技术、方法和行动的总称，一般分为工程性防灾减灾措施和非工程性防灾减灾措施两类。对于防洪保护区而言，工程性防灾减灾措施一般指在洪灾到来时临时加高加固堤防、修筑子堤等措施，非工程性防灾减灾措施则包括洪水监测预警、政府防灾减灾决策和组织实施水平以及公众的防灾意识等几个方面。

考虑到上述工程性防灾减灾措施和非工程性防灾减灾措施必须要有当地政府的经济支持，本书选用保护区的人均 GDP 作为应对恢复能力的评价指标之一。此外，评价区域与周边地区的交通便利性与应对恢复能力也存在密切关系，受灾地区的外部交通越便利，抗洪救灾人员与物资的运输也就越便捷，区域的防灾减灾能力也就越强，因此选用外部交通条件作为应对恢复能力的另一个评价指标。

（三）洪水风险评价概念框架

由上述分析可知，防洪保护区的洪水风险是风险源的危险性和承灾体的易损性综合作用的结果，风险源危险性包括防洪工程安全性与致灾因子危险性两个因子，承灾体易损性包括承灾体暴露性与应对恢复能力两个因子，每个因子又由若干评价指标组成。根据自然灾害的风险理论和防洪保护区洪水风险的形成机制，建立防洪保护区洪水风险评价概念框架（见图 3-2-1）。

二、洪水风险综合评价方法

目前，国内外常用的综合评价方法主要有简单叠加法、算术平均法、加权平均法、混合加权模式法以及模糊综合评判法等，本书采用加权综合评价法与模糊综合评判法对评价单元的洪水风险程度进行评价。

（一）加权综合评价法（线性模型与指数模型）

加权综合评价法综合考虑各个具体指标对评价因子的影响程度，把各个具体指标的作用大小综合起来，用一个数量化指标加以集中，计算公式分为线性模型与指数模型两类：

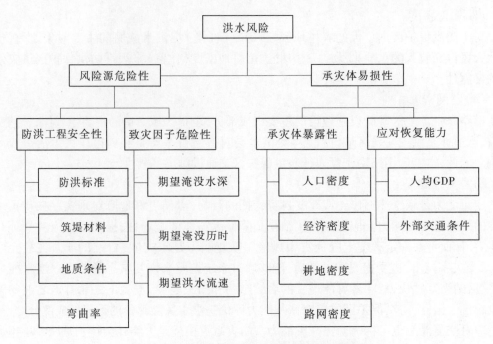

图 3-2-1　防洪保护区洪水风险评价概念框架

$$V = \sum_{i=1}^{n} (w_i D_i) \quad （线性模型） \tag{3-2-1}$$

$$V = \Pi_{i=1}^{n} D_i^{w_i} \quad （指数模型） \tag{3-2-2}$$

式中　　V——评价因子的计算值；

w_i——指标 i 的权重；

D_i——指标 i 的规范化值；

n——评价指标个数。

（二）模糊综合评判法

模糊综合评判法是按照给定目标,应用模糊集理论对各对象进行分类排序的过程,具有结果清晰、系统性强的特点,能较好地解决模糊的、难以量化的问题,其主要步骤如下。

步骤1:确定评价对象因素集 $U = \{u_1, u_2, \cdots, u_n\}$,其中 $u_1, u_2, \cdots, u_n$ 为评价对象的 n 个因素(或指标)。

步骤2:确定评价等级集 $V = \{v_1, v_2, \cdots, v_m\}$,其中 $v_1, v_2 \cdots, v_m$ 为 m 个评价等级。

步骤3:进行单因素 u_i 评价,得到 V 上的模糊集 $(r_{i1}, r_{i2}, \cdots, r_{im})$,进而可以确定模糊矩阵:

$$\boldsymbol{R} = \begin{bmatrix} r_{11} & r_{12} & \cdots & r_{1m} \\ r_{21} & r_{22} & \cdots & r_{2m} \\ \vdots & \vdots & & \vdots \\ r_{n1} & r_{n2} & \cdots & r_{nm} \end{bmatrix} \tag{3-2-3}$$

步骤4:确定评价因素的权重模糊集 $A = \{a_1, a_2, \cdots, a_n\}$。

步骤5:用权重模糊集 A 对各单因素评价的结果 R 进行综合,一般是通过以下模糊合成运算实现：

$$B = A° \quad R = (b_j); b_j = V_{i=1}^{n}(a_i \wedge r_{ij}) \quad (j = 1,2,\cdots,m) \quad (3\text{-}2\text{-}4)$$

步骤 6：综合评判，一般是根据 B 各分量的大小，按照最大隶属度原则对评判对象进行评判。

三、评价指标标准化

由于防洪保护区洪水风险评价指标体系中的防洪工程安全性、致灾因子危险性、承灾体暴露性和应对恢复能力 4 个评价因子又各包含若干个评价指标，为了消除各指标的量纲和数量级的差异，使得不同评价单元、不同数值的各评价指标等级界限值能统一运用，需对每一个指标值进行规范化处理，给出相应的标准化数值。根据各类标准化处理方法的特点，结合防洪保护区洪水风险评价的特点，本书指标体系中各项指标均采用赋值结果连续变化的极差变换法进行规范化处理。

（1）正向指标（指标值越大，风险度越高）。

$$r_{i,j} = 0.25(4 - k + \frac{R_{i,j} - R_{\min,k}}{R_{\max,k} - R_{\min,k}}) \quad (3\text{-}2\text{-}5)$$

式中　$r_{i,j}$——第 i 个评价单元第 j 个指标的标准化值；

k——第 i 个评价单元第 j 个指标值所属风险等级；

$R_{i,j}$——第 i 个评价单元第 j 个指标值；

$R_{\min,k}$——第 j 个指标第 k 等级的最小值，$R_{\min,k} \leq R_{i,j} < R_{\max,k}$；

$R_{\max,k}$——第 j 个指标第 k 等级的最大值，$R_{\min,k} \leq R_{i,j} < R_{\max,k}$。

（2）逆向指标（指标值越小，风险度越高）。

$$r_{i,j} = 0.25(5 - k - \frac{R_{i,j} - R_{\min,k}}{R_{\max,k} - R_{\min,k}}) \quad (3\text{-}2\text{-}6)$$

式中符号含义同前。

四、权重计算方法

风险评价指标体系中因素层各因子、准则层各准则以及目标层洪水风险度的计算方法主要包括两个步骤，首先是分级确定各项指标、因子以及准则的权重系数，其次是采用适当的方法根据指标数值和权重系数计算各因子、准则以及风险度的数值。

洪水风险评价中因子（或指标，下同）的权重是指某个评价因子在同组所有评价因子中占有的比重，评价因子权重的分配直接影响到评价的结果。根据本书构建的洪水风险评价指标体系，准则层仅有两项准则，且每项准则仅对应因素层的两项因子，故在计算权重系数时，仅分析确定指标层各指标之间和因素层各因子之间的权重分配系数，准则层两项准则的权重系数由其所对应的因素层因子直接求和得到。

通常根据原始数据的来源可以将指标权重确定方法分为主观赋权法与客观赋权法两类。其中，主观赋权法主要依据专家经验确定指标权重，具体包括古林法、Delphi 法、AHP 法等，目前在各类风险评价中应用较广泛，但具有一定的任意性，客观性较差；客观赋权法则根据原始数据运用统计方法计算而得，目前在风险评价中应用较多的有主成分分析法、熵权法等,由于它们不依赖于人的主观判断,客观性强,但计算结果受原始数据影响较大。

相对而言,客观赋权法虽然在确定权重的过程中较为客观,但所确定的权重都受各评价指标具体数值的影响,不能反映专家的知识经验,难以真实表征评价指标的相对重要性,有时得到的权重可能与实际重要程度完全不相符;而主观赋权法虽然权重确定的过程较为主观,但一般都能基本反映评价指标间的相对重要性差异。考虑到洪水风险评价本身就具备了一定程度的主观性,采用主观赋权法有其科学合理性,其实用性要强于客观赋权法。

本书选择目前应用较广的层次分析法、主成分分析法和熵权法计算指标层中各评价指标和因素层中各评价因子的权重。

(一)层次分析法

层次分析法(analytic hierarchy process,AHP)是美国运筹学家匹茨堡大学教授萨蒂(Saaty)于 20 世纪 70 年代为美国国防部研究"根据各工业部门对国家福利的贡献大小进行电力分配"课题时,应用网络系统理论和多目标综合评价方法,提出的一种层次权重决策分析方法。该方法将一个复杂的多目标决策问题作为一个系统,将目标分解为多个目标或准则,进而分解为多指标(或准则、约束)的若干层次,通过定性指标模糊量化方法算出层次单排序(权数)和总排序,以作为多目标、多方案优化决策的系统方法。运用层次分析法建模大体上可以分为以下四个步骤进行。

步骤 1:建立递阶层次结构。

应用 AHP 进行决策时,首先应根据对问题的了解和初步分析,把复杂问题按照特定的目标、准则和约束等分解成因素的各个组成部分,并将这些因素按属性的不同分成若干层次。同一层次的因素对下一层次的相关因素起支配作用,同时又受上一层次因素的支配,由此形成了一个自上而下的递阶层次。这些递阶层次可以分为三类:

(1)最上层:该层中一般只有一个因素,是系统的预定目标或理想结果,通常也称为目标层。

(2)中间层:这一层次包含了为实现目标所涉及的中间环节,它可以由若干个层次组成,包括所需考虑的准则、子准则,因此也称为准则层。

(3)最底层:这一层次包括了为实现目标可供选择的各项措施、方案等,因此也称为措施层、方案层或属性层。

递阶层次结构中的层次数与问题的复杂程度有关,层次数不受限制。但为了避免给后续的两两比较带来困难,每一层次中受上一层同一元素所支配的元素一般不要超过 9 个。

步骤 2:构造判断矩阵。

在建立了层次结构后,针对某一层的某个因素,将下一层与之有关的因素通过两两比较,用评分的方法判断出它们相对的重要程度,并将判断的结果构成一个判断矩阵。这种比较,一般先从最底层开始,如针对准则 c_k,对下一层次与之相关的 $p_1,p_2,\cdots,p_n$ 个方案两两进行重要性评比,评比结果构成下列形式的判断矩阵(见表 3-2-1)。

为了确定判断矩阵中元素 b_{ij} 的值,Saaty 提出了"1~9"比较标度法。比较标度及其含义见表 3-2-2。

表 3-2-1　判断矩阵(c_k—p)

准则 c_k		方案			
		p_1	p_2	$\cdots$	p_n
方案	p_1	b_{11}	b_{12}	$\cdots$	b_{1n}
	p_2	b_{21}	b_{22}	$\cdots$	b_{2n}
	$\vdots$	$\vdots$	$\vdots$		$\vdots$
	p_n	b_{n1}	b_{n2}	$\cdots$	b_{nn}

表 3-2-2　比较标度及其含义

标度	含义
1	表示两个因素相比,同等重要
3	表示两个因素相比,一个比另一个稍微重要
5	表示两个因素相比,一个比另一个明显重要
7	表示两个因素相比,一个比另一个强烈重要
9	表示两个因素相比,一个比另一个极端重要
2,4,6,8	上述相邻判断的中间值
以上数值的倒数	若因素 p_i 与 p_j 的重要性比值为元素 b_{ij},则因素 p_j 与 p_i 比较的判断值 $b_{ji}=1/b_{ij}$

步骤 3:层次单排序及一致性检验。

层次单排序是根据判断矩阵计算出下一层有关因素针对本层某一因素的重要程度数值,然后根据这些数值对有关因素进行重要程度排序。因素的重要性数值是通过求判断矩阵 B 的最大特征值 λ_{max} 所对应的特征向量 W,W 的各分量值就是相应因素的重要性数值。

判断矩阵是建立在两两比较进行评分的基础上的,如果两两比较具有客观上的一致性,那么判断矩阵应具有完全一致性。但由于客观事物的复杂性和人类认识的片面性,通过两两比较得出的判断矩阵往往不具备完全一致性。因此,需要对判断矩阵进行一致性检验,以确定是否能接受该判断矩阵。

经证明,具有完全一致性的 n 阶判断矩阵具有性质:$\lambda_{max}=n$,其余特征值则全为零。而当判断矩阵不完全一致时,必有 $\lambda_{max}>n$。因此,可利用 λ_{max} 与 n 的数值差作为一致性检验的标准。判断矩阵一致性检验的步骤如下:

(1)计算判断矩阵的最大特征值 λ_{max}。

判断矩阵的最大特征值计算对精度要求不高,因此可采用较为简单的求和法或方根法进行计算。此外考虑到 Matlab 等数学软件应用较广,也可采用该类软件进行快速计算。

(2)计算一致性指标 CI。

$$CI = \frac{\lambda_{max} - n}{n - 1} \tag{3-2-7}$$

(3)确定平均一致性指标 RI,Saaty 给出了不同矩阵阶数 n 所对应的平均一致性指标 RI 值,具体见表 3-2-3。

表 3-2-3　　AHP 法平均一致性指标 RI 值

n	1	2	3	4	5	6	7	8	9	10	11	13	15
RI	0	0	0.58	0.90	1.12	1.24	1.32	1.41	1.45	1.49	1.52	1.56	1.59

（4）计算随机一致性比值 CR。

$$CR = \frac{CI}{RI} \qquad (3\text{-}2\text{-}8)$$

对于 1、2 阶判断矩阵，CR 规定为零。一般情况下，当 $CR \leq 0.10$ 时，可认为判断矩阵的一致性较为满意，可以进行层次单排序；当 $CR > 0.10$ 时，判断矩阵的一致性偏差过大，需要对判断矩阵的数值进行调整，直到使其满足 $CR \leq 0.10$ 为止。

当所有判断矩阵的一致性检验都满足要求后，即可认为通过层次单排序得到的结论合理、有效。

步骤 4：层次总排序及一致性检验。

层次总排序是指利用层次单排序结果，综合得出本层次各因素对更上一层次的优劣顺序，最终得到最底层（方案层）对于最顶层（目标层）的优劣顺序。如现有目标层 a、准则层 c 和方案层 p 三个层次，层次 c 对层次 a 的单排序结果为 $a_1, a_2, \cdots, a_m$，而层次 p 对层次 c 第 j 个因素 C_j 的单排序结果数值分别为 $w_{1j}, w_{2j}, \cdots, w_{nj}$；则层次 p 各因素对层次 a 的总排序数值可按表 3-2-4 计算。

表 3-2-4　　方案层 p 总排序权重计算

方案层 p	准则层 c				方案层 p
	C_1	C_2	$\cdots$	C_m	总排序权重
	a_1	a_2	$\cdots$	a_m	
P_1	w_{11}	w_{12}	$\cdots$	w_{1m}	$\sum\limits_{j=1}^{m} w_{1j}a_j$
P_2	w_{21}	w_{22}	$\cdots$	w_{2m}	$\sum\limits_{j=1}^{m} w_{2j}a_j$
$\vdots$	$\vdots$	$\vdots$		$\vdots$	$\vdots$
P_n	w_{n1}	w_{n2}	$\cdots$	w_{nm}	$\sum\limits_{j=1}^{m} w_{nj}a_j$

虽然各层次的判断矩阵均已通过层次单排序的一致性检验，但在综合考察时，各层次的非一致性仍有可能累积起来，导致最终结果的一致性较差。因此，在层次总排序结束，需要对其进行一致性检验。

设层次 p 与层次 c 第 j 个元素 C_j 相关的因素所组成的对比较判断矩阵在层次单排序中经一致性检验，求得一致性指标为 $CI_j (j = 1, 2, \cdots, m)$，相应的平均一致性指标为 RI_j，则层次 p 总排序的随机一致性比值为

$$CR = \frac{\sum\limits_{j=1}^{m} CI_j a_j}{\sum\limits_{j=1}^{m} RI_j a_j} \qquad (3\text{-}2\text{-}9)$$

当 $CR < 0.10$ 时,认为层次 p 总排序结果具有较满意的一致性,分析结果可以接受。

(二)主成分分析法

主成分分析法也称主分量分析法,是利用降维的思想,在损失较少信息的前提下,把多个指标转化为少数几个综合指标的多元统计方法。通常把转化生成的综合指标称为主成分,其中每个主成分都是原始变量的线性组合,且各个主成分之间互不相关。该方法的主要步骤如下:

步骤1:指标数据标准化。

由于不同的指标具有不同的量纲和尺度,而主成分分析法的计算结果取决于各项指标的尺度。因此,需要将初始指标数值标准化,使所有指标都拥有相同的量纲和尺度。现将 m 个样本(评价单元),n 个评价指标组成的原始数据矩阵按照前文所述方法进行标准化处理,形成一个标准化的数据矩阵 X:

$$X = \begin{bmatrix} x_{11} & x_{12} & \cdots & x_{1m} \\ x_{21} & x_{22} & \cdots & x_{2m} \\ \vdots & \vdots & & \vdots \\ x_{n1} & x_{n2} & \cdots & x_{nm} \end{bmatrix} \tag{3-2-10}$$

步骤2:求数据矩阵 X 的协方差矩阵或相关系数矩阵。

数据矩阵 X 的协方差矩阵 C 为

$$C = \frac{1}{n} X X^{\mathrm{T}} \tag{3-2-11}$$

相关系数矩阵 R 为

$$R = C/D(X) \tag{3-2-12}$$

步骤3:求协方差矩阵 C 或相关系数矩阵 R 的特征根系以及各个特征根对应的特征向量。

协方差矩阵 C 或相关系数矩阵 R 的特征值 $\lambda_i (i=1,2,\cdots,n)$ 及相应的特征向量 $v^{(i)}$ $(i=1,2,\cdots,n)$ 可采用雅可比法或雅可比过关法求解。

步骤4:计算每个特征值的贡献率。

将 n 个特征值按从大到小的顺序排列,即 $\lambda_1 \geqslant \lambda_2 \geqslant \cdots \geqslant \lambda_n$,其相应的特征向量 $v^{(i)}$ $(i=1,2,\cdots,n)$ 组成正交方阵 V,对矩阵 X 作变换:

$$Y = VX \tag{3-2-13}$$

则矩阵 Y 的各分量 $y_1,y_2\cdots,y_n$ 互不相关。新变量 $y_1,y_2\cdots$ 分别称为第一主分量,第二主分量……特征值 λ_i 就是新变量 y_i 的方差。

第 i 个特征值(主分量)的贡献率(方差)为

$$\rho_i = \frac{\lambda_i}{\sum\limits_{i=1}^{n} \lambda_i} \tag{3-2-14}$$

当前面 p 个主分量的方差占总体方差的比例 $\rho \geqslant 0.7$ 时,就可选用前 p 个主分量代替原来 n 个指标,前 p 个主分量称为公共因子。

步骤5:计算各指标的权重系数。

首先计算 n 个指标在 p 个公共因子上的荷载向量:

$$\alpha_i = \sqrt{\lambda_i} \boldsymbol{v}^{(i)} \quad (i = 1,2,\cdots,p) \tag{3-2-15}$$

然后即可计算各指标的权重系数 h_j

$$h_j = \sqrt{\sum_{i=1}^{p} \alpha_{ij}^2} \quad (j = 1,2,\cdots,n) \tag{3-2-16}$$

由上文可见,主成分分析法中的权重系数是通过数据矩阵的协方差矩阵或相关系数矩阵求解的,两者的应用范围不同,计算结果也不相同。朱晓峰曾指出,协方差矩阵主要用于单个指标的方差对研究目的起关键作用的的情形,当指标方差之间不具有可比性时,采用协方差矩阵有所不妥;相关系数矩阵是随机变量标准化后的协方差矩阵,其剥离了单个指标的方差,仅保留了指标间的相关性,主要用于提取相关性大、相关指标数多的指标。

(三)熵权法

熵权法是一种客观赋权方法,该方法是根据各指标的变异程度利用其信息熵计算权重。如果某个指标的熵值越小,说明其指标值的变异程度越大,则权重就越大。熵权法本身并不表示指标的重要性,而是表示在该指标下对评价对象的区分度。熵权法求各指标权重的过程如下:

步骤 1:现有 n 个样本(评价单元),m 个评价指标形成原始数据矩阵,对其进行标准化处理,构成一个标准化数据矩阵 $\boldsymbol{X}$:

$$\boldsymbol{X} = \begin{bmatrix} x_{11} & x_{12} & \cdots & x_{1m} \\ x_{21} & x_{22} & \cdots & x_{2m} \\ \vdots & \vdots & & \vdots \\ x_{n1} & x_{n2} & \cdots & x_{nm} \end{bmatrix} \tag{3-2-17}$$

步骤 2:计算第 j 个指标下第 i 个样本的指标值的比重 p_{ij}:

$$p_{ij} = \frac{x_{ij}}{\sum_{i=1}^{n} x_{ij}} \tag{3-2-18}$$

步骤 3:计算第 j 个指标的熵值 e_j:

$$e_j = -k \sum_{i=1}^{n} p_{ij} \times \ln p_{ij}, k = 1/\ln m \tag{3-2-19}$$

步骤 4:计算第 j 个指标的熵权 w_j:

$$w_j = (1 - e_j) / \sum_{j=1}^{m} (1 - e_j) \tag{3-2-20}$$

五、评价指标计算与等级划分

(一)指标分级概述

1. 分级概念与目的

风险评价指标的分级是指根据一定的方法或标准把指标值所组成的数据集划分成不同的子集,以凸显不同评价单元间的个体差异性,并作为下一步风险综合评价的基本依据。

2. 分级原则

风险评价指标值的分级原则一般有以下几点:

(1)科学性原则。指标值分级要遵循科学规律,应着力于改善分级间隔的规则性、同级之中的同质性以及不同级别之间的差异性。

（2）适用性原则。对于一个由评价指标值所组成的数据集,其数值的分级结果应该根据风险评估区域的具体情形或应用需要而进行。

（3）美观性原则。风险评价指标值的分级方法及分级数目应重在体现评价指标值的空间分异特征,但同时也要使得图面色彩平衡,特征明显,易于理解。

3. 分级统计方法

风险评价指标的分级,如同其他数据集一样,有着多种多样的方法,在应用时应根据具体案例点的情形而加以选择。本书主要介绍以下几种分级模式。

1）等间距分级

等间距分级是按某个恒定间隔来对数据进行分级。假定数据集里有最大值 $X_{\max}$ 和最小值 $X_{\min}$,要求分出的级别数为 n,则分级间距 D 采用下式计算:

$$D = \frac{X_{\max} - X_{\min}}{n} \tag{3-2-21}$$

这种分级方式最为简明实用,适用于风险指标值具有均匀变化的情形,但对于数据分布差异过大的情形则不太适用,因为其分级间距易受极端数值的影响,在数值分布差异过大的情形下,无法有效地反映数据的离散情形,会影响风险评价的效果。

2）分位数分级

分位数分级也是一种等值分级法。它将指标值数列按大小排列,然后把数列划分为相等个数的分段,处于分段点上的值就是分位数。分段数根据风险评价分级的具体要求,可以选择 3~7 分位。分位数分级可以使每一级别的数据个数接近一致,可产生较好的制图效果。

3）标准差分级

标准差是反映数据间的离散程度的一个参数,它的表达式是:

$$\sigma = \sqrt{\frac{\sum (X_i - X)^2}{2}} \tag{3-2-22}$$

这种分级方法适用情形为风险度数值的分布,具有正态分布规律。其具体操作步骤如下:首先计算平均值和标准差,然后以算术平均值作为中间级别的分界点,以 1 倍标准差（或是 2 倍标准差、3 倍标准差等）参与其他级别的划分。其余级别的分界点相应地为: $\bar{X} \pm \sigma$、$\bar{X} \pm 2\sigma$、$\bar{X} \pm 3\sigma \cdots$。显然,分级数目是由数据本身的离散程度和采用的标准差倍数所决定的。从分级过程可以看出,标准差分级是一种不等值分级方法。

4）自然断点法

自然断点法也是一种不等值分级方法。它的方法原理是任何统计数列都存在一些自然转折点、特征点,而这些转折点的选择及相应的数值分级可以基于使每个范围内所有数据值与其平均值之差最小的原则来寻找,常见的转折点寻找方法有频率直方图法、坡度曲线图法、积累频率直方图法等。

除上述风险指标值分级方法外,等比分级、等差分级和按嵌套平均值分级也是可以使用的方法。

4.风险等级划分

参考国内外有关风险等级划分,将防洪保护区的洪水风险等级划分为4级,即极高风险(Ⅰ级)、高风险(Ⅱ级)、中风险(Ⅲ级)、低风险(Ⅳ级)。

(二)风险源危险性指标

风险源危险性指标可分为防洪工程安全性指标与致灾因子危险性指标两类,其中防洪工程安全性指标主要用于评价堤防工程本身的安全性,因此其基本计算单元应为堤段,致灾因子危险性指标主要用于评价保护区内各点的危险性程度,且基础数据多来源于洪水风险图的洪水分析结果,因此基本计算单元应以洪水分析时的网格剖分结果为准。

1.防洪标准

本书将防洪保护区洪水风险划分为4个等级,相应地需要将各指标的取值范围划分为4个等级。根据《堤防工程设计规范》(GB 50286—2013),堤防工程的级别是根据确定的保护对象的防洪标准确定的,并由此划分为5个级别,具体见表3-2-5。

表 3-2-5　堤防工程的级别

防洪标准(年)	≥100	<100 且≥50	<50 且≥30	<30 且≥20	<20 且≥10
堤防工程的级别	1	2	3	4	5

为了让防洪标准指标分级尽可能与上述标准保持一致,可在表3-2-5中选取两个相邻的级别合并为1个级别。参考《防洪标准》(GB 50201—2014)中城市防护区的防护等级和防洪标准(见表3-2-6),可将堤防工程级别的3级与4级合并为一个级别,由此防洪保护区的防洪标准分为4个等级(由Ⅰ级至Ⅳ级,危险性依次降低,下同):Ⅰ级,10~20年,为低标准;Ⅱ级,20~50年,为中等标准;Ⅲ级,50~100年,为高标准;Ⅳ级,100~500年,为特高标准。

表 3-2-6　城市防护区的防护等级和防洪标准

防护等级	重要性	常住人口 (万人)	当量经济规模 (万元)	防洪标准 [重现期(年)]
Ⅰ	特别重要	≥150	≥300	≥200
Ⅱ	重要	<150,≥50	<300,≥100	100~200
Ⅲ	比较重要	<50,≥20	<100,≥40	50~100
Ⅳ	一般	<20	<40	20~50

2.筑堤材料

据不完全统计,我国堤防总长度已超过26万km,按筑堤材料可分为土堤、砌石堤、土石混合堤、钢筋混凝土防洪墙等,其中土堤的筑堤土料又可细分为无黏性土(包括砂土和粉砂)、少黏性土(包括粉土、砂壤土、粉质砂壤土、轻壤土、轻粉质壤土)与黏性土堤(包括中壤土、中粉质壤土、重壤土、重粉质壤土、砂质黏土、粉质黏土、黏土、重黏土)。

根据不同种类筑堤材料的材料特性,参考《堤防工程施工规范》(SL 260—2014)附录中各类土对筑堤的适用性,将筑堤材料分为以下4个等级:Ⅰ级,以砂土与粉土为主;Ⅱ级,以壤土与黏土(不包括重黏土)为主;Ⅲ级,以砌石为主;Ⅳ级,以钢筋混凝土为主。

3. 地质条件

堤防工程的地质条件可通过勘测、试验、设计和历史资料等方面分析。对堤防工程稳定性影响较大且较为常见的地质问题主要有以下3类：①堤基存在软弱夹层或软弱结构面，存在潜在的抗滑稳定问题；②堤基渗透性较强，容易引起渗透稳定性问题；③堤基存有古河道、暗沟、井窖、杂填土等隐患。地质条件的划分标准根据以上3项条件判断：Ⅰ级，堤防工程地质条件很差，同时存在上述3类问题；Ⅱ级，堤防工程地质条件较差，同时存在上述2类问题；Ⅲ级，堤防工程地质条件一般，仅存在上述1类问题；Ⅳ级，堤防工程地质条件较好，不存在上述问题。

4. 河道弯曲率

河道弯曲率对堤防工程安全性的影响主要体现在当河道弯曲率较大时，横向水流出现概率增多，由此会引发水流正面冲击堤身堤脚，易出现险工险情。目前，国内外尚未有关于河道弯曲率分级标准方面的研究，本书对东辽河、辽河干流、松花江干流局部河段的弯曲率与险工险情的相关性进行了初步分析，由此确定了河道弯曲率的分级标准如下：Ⅰ级，2.0～5.0，蜿蜒型河段；Ⅱ级，1.5～2.0，弯曲河段；Ⅲ级，1.25～1.5，较弯曲河段；Ⅳ级，1.0～1.25，顺直河段（一般经过人工裁弯取直）。

5. 期望淹没水深

淹没水深是与洪灾损失的相关性最高的一个指标，也是防汛指挥部门最为关心的洪水风险指标之一。鉴于洪水风险区划主要用于反映期望洪水风险的空间分布，因此洪水风险评价指标体系中的各项指标应尽可能采用期望值来表征。对于淹没水深而言，应采用评价单元的期望淹没水深作为评价指标。

由于在洪水风险图编制时通过洪水分析得出的淹没水深均为相应于不同频率洪水的数值，所以如何通过特定的计算方法将其转换为相应的期望值是洪水风险区划研究的一个难点。参考《防洪风险评价导则》（SL 602—2013）中关于洪水风险的定义，本书采用以下公式计算评价单元的期望淹没水深：

$$\overline{H} = \int_0^{P_0} h_P \mathrm{d}P \approx \sum_{i=1}^{N+1}(P_{i+1}-P_i)\frac{h_{i+1}+h_i}{2} \tag{3-2-23}$$

式中　$\overline{H}$——评价单元的期望淹没水深，m；

P_0——现状防洪标准相应的频率；

h_P——洪水发生频率为P时的淹没水深，m；

P_i、P_{i+1}——洪水发生的频率；

h_i、h_{i+1}——洪水发生频率为P_i、P_{i+1}时的淹没水深，m；

N——洪水风险图编制时选取的低于P_0的频率个数。

评价单元各频率洪水相应的最大淹没水深可从洪水风险图汇总集成成果中提取。当评价单元出现同一频率洪水由于溃口位置差异造成具有多个洪水计算方案时，评价单元最大淹没水深可取该频率洪水不同计算方案最大淹没水深的外包值。

在《洪水风险图编制导则》（SL 483—2017）中，淹没水深分级标准为：<0.5 m、0.5～1.0 m、1.0～2.0 m、2.0～3.0 m和>3.0 m共5个等级，根据相关研究，水深在3.0 m以上时，种植业、建筑物和财产的洪灾损失率变化均较小，因此本书首先将各频率洪水的淹没水深分为<0.5 m、0.5～1.0 m、1.0～2.0 m和2.0～3.0 m共4个等级，在淹没水深大于3.0

m 时,水深取 3.0 m。经调查,我国境内大江大河防洪保护区多数已达到 50 年一遇防洪标准,因此以 $P = 2\%$ 为基准,乘以上述水深分级作为防洪保护区期望淹没水深的分级标准:Ⅰ级,0.04 ~ 0.06 m;Ⅱ级,0.02 ~ 0.04 m;Ⅲ级,0.01 ~ 0.02 m;Ⅳ级,< 0.01 m。

6. 期望淹没历时

防洪保护区的淹没历时也是与洪灾损失相关性较高的一个洪水要素。评价单元期望淹没历时可采用下式计算:

$$\overline{T} = \int_0^{P_0} t_P \mathrm{d}P \approx \sum_{i=1}^{N+1} (P_{i+1} - P_i) \frac{t_{i+1} + t_i}{2} \tag{3-2-24}$$

式中　$\overline{T}$——评价单元的期望淹没历时,h;

　　　P_0——现状防洪标准相应的频率;

　　　t_P——洪水发生频率为 P 时的淹没历时,h;

　　　P_i、P_{i+1}——洪水发生的频率;

　　　t_i、t_{i+1}——洪水发生频率为 P_i、P_{i+1} 时的淹没历时,h;

　　　N——洪水风险图编制时选取的低于 P_0 的频率个数。

评价单元各频率洪水相应的淹没历时可从洪水风险图绘制成果中提取。当评价单元出现同一频率洪水由于溃口位置差异造成具有多个洪水计算方案时,评价单元淹没历时可取该频率洪水不同计算方案淹没历时的外包值。

在《洪水风险图编制导则》(SL 483—2017)中,淹没历时分级标准为:< 12 h、12 h ~ 1 d、1 ~ 3 d、3 ~ 7 d 和 > 7 d 共 5 个等级,根据相关研究,淹没历时在 7 d 以上时,农作物、建筑物等承灾体的洪灾损失率变化均很小,因此本书将各频率洪水的淹没历时分为 < 12 h、12 h ~ 1 d、1 ~ 3 d 和 3 ~ 7 d 共 4 个等级,在淹没历时大于 7 d 时,历时取 7 d。考虑到我国境内大江大河防洪保护区多数已达到 50 年一遇防洪标准,因此以 $P = 2\%$ 为基准,乘以上述淹没历时分级作为防洪保护区期望淹没历时的分级标准:Ⅰ级,1.44 ~ 3.36 h;Ⅱ级,0.48 ~ 1.44 h;Ⅲ级,0.24 ~ 0.48 h;Ⅳ级,< 0.24 h。

7. 期望洪水流速

除淹没水深与淹没历时外,与洪灾损失联系较为密切的洪水要素还有洪水流速。评价单元期望洪水流速可采用下式计算:

$$\overline{v} = \int_0^{P_0} v_P \mathrm{d}P \approx \sum_{i=1}^{N+1} (P_{i+1} - P_i) \frac{v_{i+1} + v_i}{2} \tag{3-2-25}$$

式中　$\overline{v}$——评价单元的期望洪水流速,m/s;

　　　P_0——现状防洪标准相应的频率;

　　　v_P——洪水发生频率为 P 时的洪水流速,m/s;

　　　P_i、P_{i+1}——洪水发生的频率;

　　　v_i、v_{i+1}——洪水发生频率为 P_i、P_{i+1} 时的洪水流速,m/s;

　　　N——洪水风险图编制时选取的低于 P_0 的频率个数。

评价单元各频率洪水相应的最大洪水流速可从洪水风险图绘制成果中提取。当评价单元出现同一频率洪水由于溃口位置差异造成具有多个洪水计算方案时,评价单元最大洪水流速可取该频率洪水不同计算方案最大洪水流速的外包值。

在《洪水风险图编制技术细则》中,洪水流速分级标准为:< 0.5 m/s、0.5 ~ 1.0 m/s、

1.0~2.0 m/s 和 >2.0 m/s 共 4 个等级,根据相关研究成果,防洪保护区内由于地表阻水物较多,溃(漫)堤洪水的流速明显小于河道洪水流速,除溃口附近区域外很少能达到 3 m/s 以上,因此本书将各频率洪水流速分为 <0.5 m/s、0.5~1.0 m/s、1.0~2.0 m/s 和 2.0~3.0 m/s 共 4 个等级,在洪水流速大于 3.0 m/s 时,流速取 3.0 m/s。考虑到我国境内大江大河防洪保护区多数已达到 50 年一遇防洪标准,因此以 $P = 2\%$ 为基准,乘以上述洪水流速分级作为防洪保护区期望洪水流速的分级标准:Ⅰ级,0.04~0.06 m/s;Ⅱ级,0.02~0.04 m/s;Ⅲ级,0.01~0.02 m/s;Ⅳ级, <0.01 m/s。

(三)承灾体易损性指标

承灾体易损性指标可分为承灾体的暴露性和应对恢复能力两类,这些评价指标主要涉及保护区的人口、GDP、耕地及道路状况等社会经济指标,上述指标除道路状况外其余均来自各地区的统计年鉴,且一般都是以乡镇为基本统计单元,因此本次洪水风险评价承灾体易损性的评价指标均以乡镇行政区划为基本计算单元。

1.人口密度

评价单元的人口密度根据社会经济统计数据(以乡镇为单元的行政区域土地面积、年末总人口)采用下式计算:

$$p = P/A \qquad (3\text{-}2\text{-}26)$$

式中　p——评价单元人口密度,人/km²;

　　　P——评价单元人口数量,人;

　　　A——评价单元面积,km²。

依据辽宁省各县(区)的人口统计资料,人口密度的分级标准采用自然段点法确定如下(由Ⅰ级至Ⅳ级,易损性依次降低,下同):Ⅰ级,1 000~10 000 人/km²;Ⅱ级,500~1 000 人/km²;Ⅲ级,100~500 人/km²;Ⅳ级, <100 人/km²。

2.经济密度

评价单元的经济密度根据社会经济统计数据(以乡镇为单元的行政区域土地面积、国内生产总值)采用下式计算:

$$g = G/A \qquad (3\text{-}2\text{-}27)$$

式中　g——评价单元经济密度,万元/km²;

　　　G——评价单元国内生产总值,万元;

　　　A——评价单元面积,km²。

经济密度的分级标准依据辽宁省各县(区)的经济统计资料采用自然断点法确定如下:Ⅰ级,5 000~20 000 万元/km²;Ⅱ级,1 000~5 000 万元/km²;Ⅲ级,500~1 000 万元/km²;Ⅳ级, <500 万元/km²。

3.耕地密度

评价单元的耕地密度根据社会经济统计数据(以乡镇为单元的行政区域土地面积、耕地面积)采用下式计算:

$$f = F/A \qquad (3\text{-}2\text{-}28)$$

式中　f——评价单元耕地密度;

　　　F——评价单元耕地面积,km²;

　　　A——评价单元面积,km²。

耕地密度的分级标准依据辽宁省各县(区)的耕地统计资料采用等间距分级法确定如下:Ⅰ级,0.6~0.8;Ⅱ级,0.4~0.6;Ⅲ级,0.2~0.4;Ⅳ级,<0.2。

4.路网密度

评价单元的路网密度根据国家测绘局出版的1∶50 000地形图的交通道路图层及行政区划界限采用下式计算:

$$R = \frac{1}{A} \sum_{i=1}^{n} w_i \times RL_i \tag{3-2-29}$$

式中　R——评价单元路网密度;

　　　w_i——第 i 种道路的权重系数;

　　　RL_i——评价单元第 i 种道路的长度,km;

　　　A——评价单元面积,km^2。

参照《公路工程技术标准》(JTG B01—2014)、《铁路线路设计规范》(GB 50090—2006),不同等级道路的权重系数确定见表3-2-7。

表3-2-7　不同等级道路的权重系数

道路类别	铁路	高速公路	一级道路	二级道路	三四级道路	其他道路
权重系数	2.0	1.25	1.0	0.875	0.375	0.25

依据辽宁省各县(区)的路网密度数据,结合自然段点法与等间距分级法的分级结果,路网密度的分级标准确定如下:Ⅰ级,0.75~1.5 km^{-1};Ⅱ级,0.50~0.75 km^{-1};Ⅲ级,0.25~0.50 km^{-1};Ⅳ级,<0.25 km^{-1}。

5.人均GDP

为防范和减轻洪涝灾害对防洪保护区所造成的损害,各地采取了大量的工程措施和非工程措施,而这些措施的实施程度和有效性则与各地区的经济运行状况息息相关。人均国内生产总值(人均GDP)是经济学中衡量一个国家和地区宏观经济发展状况的最重要的指标之一,因此本书选用防洪保护区的人均GDP作为洪水风险应对恢复能力的表征指标之一。

人均国内生产总值(人均GDP)是一个国家或地区在核算期内(通常是一年)实现的国内生产总值与这个国家或地区的常住人口(或户籍人口)的比值。

依据辽宁省各县(区)的人均GDP统计资料,人均GDP的分级标准采用自然段点法确定如下:Ⅰ级,<4万元/人;Ⅱ级,4万~6万元/人;Ⅲ级,6万~10万元/人;Ⅳ级,10万~20万元/人。

隶属于应对恢复能力因子的人均GDP与外部交通条件两项指标均为逆向指标,由Ⅰ级至Ⅳ级,应对恢复能力依次增加,风险程度相应降低。

6.外部交通条件

防洪保护区与其他地区之间的交通便利程度对抗洪抢险效率和灾后恢复重建速度影响明显,因此选择外部交通条件作为表征防洪保护区恢复应对能力的另一个评价指标。

外部交通条件的分级标准如下:Ⅰ级,县级以下道路通达;Ⅱ级,省道与县道通达;Ⅲ级,高速公路与国道通达;Ⅳ级,航空与铁路通达。

第三节 防洪保护区洪水风险区划图编制实例

本节以辽宁省中部的辽浑、浑太防洪保护区为案例研究区,通过实地调研,获取相关的基础数据,分别选取乡镇行政区划和二维数学模型计算网格作为评价单元,采用 GIS 软件统计评价单元的各项指标值,采用多种方法计算指标层各项指标和因素层各因子的权重,在此基础上计算因素层、准则层和目标层的评价结果,并绘制了研究区的洪水风险区划图。

一、研究区域与数据

辽浑、浑太防洪保护区地处辽宁省腹地,由辽干铁岭至盘山闸左岸、浑河大伙房至三岔河左右岸、太子河辽阳至三岔河右岸 4 处防洪保护区组成,跨越铁岭、抚顺、沈阳、盘锦、辽阳、鞍山共 6 个地级市,保护区面积 8 926 km²,总人口 285.99 万人,耕地面积 711.45 万亩。研究区地势东北高、西南低,海拔从东北地区的 200 m 逐步降低至西南部的 3 m。研究区范围见图 3-3-1。

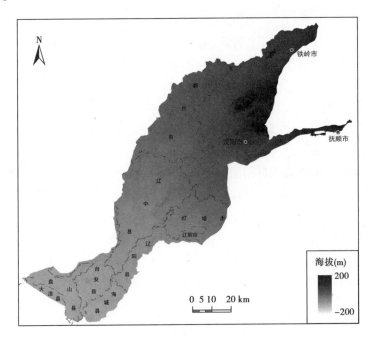

图 3-3-1 研究区范围示意图

(一)河流水系

辽浑、浑太防洪保护区涉及的河流包括辽河(铁岭站—盘山闸段)、浑河(大伙房水库—三岔河段)、太子河(辽阳桥以下)、蒲河等,其中蒲河为浑河支流。辽河流域福德店至河口段水系分布如图 3-3-2 所示。

(1)辽河:我国七大江河之一,发源于河北省承德市七老图山脉的光头山,流经河北、内蒙古、吉林、辽宁 4 省(自治区),在辽宁省盘锦市注入渤海,全长 1 345 km,流域面积 219 631 km²。辽河在保护区内的河段为铁岭站—盘山闸段,属于平原性河道,其中,左侧较大支流

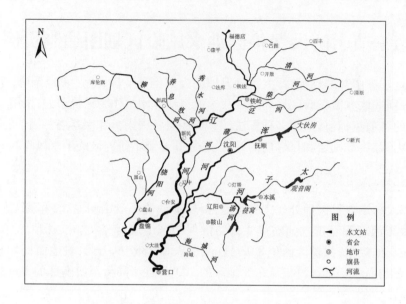

图 3-3-2　辽河流域福德店至河口段水系分布

有凡河,右侧较大支流有秀水河、养息牧河、柳河等。

（2）浑河:发源于辽宁省清原满族自治县湾甸子镇滚马岭,流经抚顺、沈阳,在三岔河处于太子河汇合,注入大辽河。全长415 km,流域面积11 481 km²。浑河在保护区内的河段为大伙房水库—三岔河段,河道长度约为227.8 km,其中大伙房水库坝下至沈阳长大铁路桥段河长74.51 km,为抚顺市与沈阳市的城市防洪工程段,长大铁路桥至三岔河为农村堤防工程段,河长约153.29 km。

（3）太子河:发源于新宾满族自治县平顶山镇大红石砬子,流经本溪、辽阳、鞍山等地,于三岔河同浑河汇合,汇合后称大辽河,蜿蜒南下至营口入渤海,干流全长为413 km,流域面积13 883 km²。太子河自辽阳开始进入辽河冲积平原,从辽阳铁路桥到三岔河为重点防洪河段,河道长107.61 km。

（4）蒲河:为浑河右岸一级支流,是浑河下游右岸最大的支流,发源于铁岭县横道河子乡,上游由棋盘山水库控制,在黄腊陀和邢家窝棚水文站之间的黑鱼沟村汇入浑河。蒲河流域面积2 169 km²,河道全长205 km,沈山铁路桥以上为山区河流,沈山铁路桥以下为平原性河流。

（二）气象概况

1. 辽河流域

辽河流域地处中高纬度,属温带季风型气候,其特点是冬季以西北季风为主,夏季以东南季风为主,四季冷暖干湿分明。辽宁省境内辽河流域多年平均降水量自西北向东南递增,多年平均降水量在400～1 000 mm,降水量年际变化较大,丰、枯水年降水量比值一般可达2.1～3.5倍,年内分配差异也很明显,降水量主要集中在6～9月,约占75%,其中7～8月约占50%。蒸发量自东向西递增,多年平均水面蒸发量在1 100～2 000 mm(20 cm口径蒸发皿)。最大月蒸发量发生在5月。多年平均气温自下游平原向上游山区逐渐递减,月平均最高气温出现在7月,为24 ℃左右;月平均最低气温在1月,为 -17～-9 ℃。

2. 浑河流域

浑河流域属温带季风型大陆性气候,冬季严寒干燥,夏季湿热多雨。多年平均降水量在650~800 mm,上游大于下游,南侧大于北侧。丰、枯水年降水量相差3倍以上。降水主要集中在6~9月,占全年降水量的70%~80%。多年平均水面蒸发量在1 100~1 600 mm(20 cm口径蒸发皿),上游小于下游,南侧小于北侧。年内蒸发量最大发生在5月,最小在1月。多年平均气温在5~9 ℃,自下游向上游递减,但相差不多。全年气温1月最低,7月最高。

3. 太子河流域

太子河流域处于温带半湿润季风气候区,其特点为冬季盛行西北风,夏季盛行东南风,温度变化较大,四季冷暖干湿分明。以辽阳市气象站1961~2000年气象资料为基础统计其气象特征。本区多年平均降水量为720.7 mm,多年平均水面蒸发量为1 659.1 mm(20 cm口径蒸发皿),多年平均气温8.6 ℃,极端最高气温37.0 ℃,极端最低气温-35.6 ℃。

(三)暴雨、洪水特性

1. 暴雨特性

辽河流域暴雨主要是由台风、高空槽、华北气旋、低压冷锋、冷涡、静止锋、江淮气旋等天气系统造成的,多集中在夏季7、8月。一次暴雨历时一般在3 d之内,主要雨量又多集中在24 h内。辽河流域雨区笼罩面积较小,一次暴雨200 mm雨量等值线最大范围1.8万km²,往往只能笼罩一条主要河流或几条支流。如1951年8月13~15日、1953年8月18~20日两场特大暴雨主要影响辽河干流福德店至铁岭区间清河、柴河、凡河等支流及东辽河上游,雨区向西南延伸部分影响到绕阳河地区;1960年8月1~3日暴雨主要影响浑河、太子河地区;1962年7月24~26日暴雨主要影响老哈河和教来河上游地区;1995年7月24~30日暴雨主要影响浑河、太子河、东辽河地区;2013年8月16~17日暴雨主要影响浑河、太子河以及清河、寇河地区。

2. 洪水特性

1) 洪水出现时间

辽河流域的洪水由暴雨产生,受暴雨特性的制约,洪水有80%~90%出现在7、8月,尤以7月下旬至8月中旬为最多。如老哈河1962年洪水,辽干及清河、柴河、凡河1951年、1953年洪水,浑河、太子河1960年、1995年、2013年洪水等。

2) 洪水过程特点

由于暴雨历时短,雨量集中,各主要支流老哈河、东辽河、清河、柴河、凡河、浑河、太子河、柳河等多流经山区和丘陵区,汇流速度快,洪水多呈现陡涨陡落,峰高量小的特点,一次洪水过程不超过7 d,主峰在3 d之内。由于暴雨系统有时连续出现,使一些年份的洪水呈现双峰型,双峰历时一般在13 d左右,两峰间隔3~4 d。

3) 洪水地区组成

辽河流域暴雨、大暴雨的笼罩面积与辽河流域面积相比相对较小,一场暴雨往往不能同时笼罩上游(东、西辽河)和中、下游(辽河干流),即使一场暴雨同时笼罩多条支流,也因干流洪水的推进时间远长于下游支流退峰时间而不致发生两峰遭遇。辽河石佛寺以下洪水主要来自石佛寺以上,石佛寺以上洪水主要来自辽河左侧支流清河、柴河、凡河等;浑河洪水主要来自沈阳以上的山丘区,沈阳以下的蒲河属平原区河流,对干流洪水影响不大;太子河洪水主要来自辽阳以上,辽阳洪水则主要来自葠窝以上。

(四)防洪工程体系

辽浑防洪保护区的防洪工程包括河道堤防、水库、大型拦河闸等。其中,堤防包括辽河左岸防洪大堤、浑河右岸防洪大堤、蒲河两岸堤防、左小河中下游两岸堤防、外辽河两岸堤防、新开河两岸堤防等。为确保沈阳市的安全,石佛寺以上左小河到得胜台段还修建了沈北大堤。辽浑保护区周边有重要控制性工程——石佛寺水库、大伙房水库以及浑河闸。浑太防洪保护区的防洪工程包括河道堤防、水库。堤防包括浑河左岸防洪大堤和太子河右岸大堤。保护区上游已建有观音阁、葠窝、汤河3座大型水库。

1. 堤防

辽河自福德店以下至入海口沿河两岸均建有大堤,其中,左岸堤长327.64 km,右岸堤长326.05 km,辽浑保护区涉及辽干铁岭—盘山段左岸堤防。其中,铁岭—石佛寺段左岸堤防现状防洪标准为30年一遇,规划防洪标准为50年一遇;铁岭城市段现状及规划防洪标准均为100年一遇;石佛寺—盘山段左岸堤防现状和规划防洪标准均为100年一遇。

浑河大伙房水库以下堤防可分为抚顺以上段、抚顺城市段、沈阳城市段及浑河闸以下段。大伙房水库至抚顺段堤防现状防洪标准为100年一遇(部分堤段现状标准为50年一遇),抚顺城市段现状防洪标准为200年一遇,沈阳城市段堤防现状防洪标准为300年一遇,浑河闸以下堤防现状防洪标准为50年一遇。浑河闸以下左、右岸堤防长度分别为129.80 km和129.30 km。

太子河辽阳桥以下至三岔河段,河道长度107.61 km,堤防分布在辽宁省辽阳市和鞍山市的4个县(市、区)境内。右岸堤防长105.90 km,防洪标准为50年一遇。

2. 水库

1) 大伙房水库

大伙房水库位于浑河中上游,是浑河干流上的控制性骨干工程,距下游抚顺市中心约18 km,距沈阳市中心约68 km。水库控制流域面积5 437 km^2,占浑河流域面积的47%。水库按1 000年一遇洪水设计,可能最大洪水校核,调洪库容11.87亿 m^3,总库容22.68亿 m^3,是一座以防洪、灌溉和供水为主,兼顾发电、养鱼、旅游等综合利用、多年调节的大Ⅰ型水利枢纽工程。水库的防洪任务是:为下游农村段50年一遇洪水错峰,为抚顺市200年一遇洪水错峰,为沈阳市300年一遇洪水错峰。

2) 石佛寺水库

石佛寺水库一期工程位于辽河干流,是辽河干流唯一的控制性工程,坝址控制面积164 786 km^2,水库以防洪、供水为主要任务,按100年一遇洪水设计,300年一遇洪水校核,总库容1.85亿 m^3。水库的防洪任务是:提高石佛寺水库以下辽河干流的防洪标准,由现状的30年一遇洪水提高到100年一遇洪水,能防御中华人民共和国成立以来最大的1951年和1953年大洪水。

3) 观音阁水库

观音阁水库位于太子河上,坝址距下游辽阳市158 km,控制面积2 795 km^2,占太子河流域面积的20%。水库的主要任务是防洪和为城市工业供水。水库工程按1 000年一遇洪水设计,10 000年一遇洪水校核,总库容21.68亿 m^3,调洪库容为7.48亿 m^3。水库大坝为碾压混凝土重力坝,建于1990~1995年。

4）葠窝水库

葠窝水库位于太子河上，坝址距下游辽阳市 50 km，控制面积 6 175 km²，占太子河流域面积的 44.5%，水库的主要任务是防洪、灌溉和城市工业供水。水库工程按 100 年一遇洪水设计，1 000 年一遇洪水校核。水库拦河坝为混凝土重力坝，总库容 7.91 亿 m³，调洪库容 7.26 亿 m³，建于 1970 ~ 1972 年。

5）汤河水库

汤河水库位于太子河一级支流汤河上，坝址距下游辽阳市 39 km，控制面积 1 228 km²，占汤河流域面积的 84.1%，水库现以防洪和工业供水为主要任务，水库工程按 1 000 年一遇洪水设计，可能最大洪水校核。水库拦河坝为黏土斜墙坝，总库容 7.23 亿 m³，调洪库容为 3.74 亿 m³，建于 1968 ~ 1969 年。

3. 水闸

1）浑河闸

浑河闸位于浑河中下游，坐落于沈阳市铁西区后谟家堡村。工程主体由拦河闸、浑沙和浑蒲灌渠进水闸三大部分组成。根据辽宁省发改委"辽发改农经〔2008〕809 号文"的批复，在现闸址上游 25 m 位置修建新闸，同时对现状老闸进行拆除，为满足沈阳市在浑河闸至上游砂山橡胶坝区间形成连续景观水面及通航行船的要求，将闸上正常运行水位从现状的 35.0 m 提高到 36.0 m。目前，浑河闸改建工程已基本完成。

浑河闸是沈阳城市防洪的出口控制断面，既是大伙房水库下游灌溉用水控制骨干工程，也担负着沈阳城市的防洪任务，是浑河沈阳城市防洪体系中的一个重要组成部分。浑河闸枢纽工程按 50 年一遇洪水设计，设计洪水位为 36.70 m，设计流量为 4 074 m³/s；按 300 年一遇洪水校核，校核洪水位为 38.20 m，校核流量为 6 083 m³/s；桥梁底高程下可通过 500 年一遇洪峰流量 7 341 m³/s。

2）盘山闸

盘山闸于 1966 年 6 月动工修建，1968 年 11 月竣工，1969 年投入运行，此后又分别于 1995 年和 2014 年进行了改建和除险加固。盘山闸枢纽工程包括深孔闸、浅孔闸、进水闸、船闸、上下游导流堤、小柳河倒虹吸、过水斜堤以及防汛交通桥等。

目前，盘山闸已完成除险加固，该次除险加固工程在满足盘锦市灌溉及城市供水以及不改变深孔闸的运用方式的条件下，为确保设计洪水安全下泄，深孔闸及浅孔闸防洪标准按 100 年一遇洪水设计，200 年一遇洪水校核。水闸设计洪水位 8.10 m，相应泄量 5 000 m³/s；校核洪水位 9.08 m，相应泄量 6 800 m³/s。正常蓄水位仍为 4.30 m。闸下消能防冲标准同水闸的防洪标准一致。

（五）社会经济

辽浑、浑太保护区涉及辽宁省内的沈阳市、抚顺市、铁岭市、鞍山市、盘锦市 5 个地级市。研究区域内城市集中，工业发达，人口稠密，交通路网纵横交错，有京哈、沈大、沈吉、沈丹等铁路，京哈、沈海等高速公路，另有多条国家级和省级干线。

沈阳市有浑河干流穿境而过，是辽宁省政治、经济、文化中心，也是东北地区最大的工业城市，在国家经济建设中具有重要地位。截至 2012 年末，沈阳市常住人口 822.8 万，户籍人口 724.8 万，国内生产总值 6 602.59 亿元；辽中县 1 648 km²，户籍人口 53.6 万，地区生产总值 364.8 亿元；新民市 3 294 km²，户籍人口 69.4 万，地区生产总值 415.8 亿元。

抚顺市位于大伙房水库下游,有浑河干流穿境而过,截至 2012 年,全市户籍人口总数 219.3 万,其中市区人口 144.1 万,实现地区生产总值 1 242.4 亿元,其中第一产业增加值 85.1 亿元、第二产业增加值 742.7 亿元、第三产业增加值 414.5 亿元。

铁岭市位于辽干左岸,石佛寺水库坝址上游,截至 2012 年末,全市总人口 302.2 万,实现国内生产总值 981.4 亿元。铁岭县总面积 2 231 km²,截至 2012 年末,总人口约 39 万,实现地区生产总值 339.8 亿元。

鞍山市是东北地区最大的钢铁工业城市,截至 2012 年末,全市总人口 350.4 万,实现国内生产总值 2 628.7 亿元,其中第一产业增加值 124.4 亿元,第二产业增加值 1 373.2 亿元,第三产业增加值 1 131.1 亿元。台安县总面积约 1 393 km²,2012 年末实现地区生产总值 247.9 亿元,常住人口 33.5 万。

盘锦市地处辽河下游滨海平原区,截至 2012 年末,全市总人口 128.8 万,国内生产总值 1 279.5 亿元。大洼县总面积 1 683.31 km²,截至 2012 年底,常住人口 43.35 万,实现地区生产总值 350.0 亿元;盘山县总面积 2 145.18 km²,截至 2012 年底,常住人口 28.7 万,实现地区生产总值 180 亿元。

辽阳市是以化工、化纤为主的现代化工业城市,同时是辽南地区的重点产粮区和商品粮基地。截至 2012 年末,全市总人口 180.3 万,全市地区生产总值 1 010.3 亿元,其中第一产业增加值 63.3 亿元、第二产业增加值 638.4 亿元、第三产业增加值 308.6 亿元。

(六)基础数据

除研究区的基础地理信息数据外,本案例所使用的基础数据还包括水利工程数据、洪水风险要素、社会经济数据等(见表 3-3-1)。

表 3-3-1　研究区洪水风险区划基础数据清单

数据类型	指标及描述	数据来源
地理信息数据	行政区划、河流水系、道路交通等	国家基础地理信息中心
水利工程数据	堤防防洪标准、筑堤材料、地质条件	各市县水利部门
洪水风险要素	水深、淹没历时	洪水风险图编制单位
社会经济数据	人口、耕地、GDP 等	各市县统计部门

二、研究区洪水风险评估

(一)评价单元选取

评价单元的选择不仅需要考虑评价区域洪水风险要素的空间差异情况,还应该满足防汛管理、国土资源规划以及洪水保险等业务的实际需求。常见的评价单元有两种类型:第一类为网格单元,多为规则的正方形或矩形网格,也可以是不规则的三角形或四边形等网格;第二类为行政区划单元,即省、县(市)、乡镇或村等各级行政区划。一般而言,第一类评价单元的空间尺度远小于第二类评价单元的空间尺度。第一类评价单元的优点是可以较为精确地表征评价区域各类评价指标数值的空间分布情况;缺点是工作量较大,且评价结果易出现斑块状分布,不利于行政管理。第二类评价单元的优点是各基本评价单元(行政区)只有唯一的评价结果,有利于管理,且计算工作量较小;缺点是评价单元面积较大,受数值均化影响,无法精确表征各类评价指标数值的空间分布情况。

为了分析不同类型评价单元的选取对防洪保护区洪水风险评价结果的影响,本书同时以乡镇(区)级行政区划单元和洪水风险图编制时的二维数学模型网格剖分单元作为洪水风险评价单元,其中乡镇(区)级行政区划单元面积在 5.6 ~ 324 km^2,网格单元面积在 0.01 ~ 0.17 km^2。

(二)基本资料录入整理及评价指标计算

洪水风险评价所需的资料主要包括基础地理信息数据、洪水风险数据、社会经济数据、道路交通数据、水利工程数据等,除部分基础地理信息数据包含在矢量地形图中,不需数字化外,其余大部分数据均需进行数字化处理,将其转化为地理信息系统软件可以识别的数据格式,然后方可用于洪水风险评价。需进行数字化处理的资料主要为:行政区划界线,社会经济资料(人口、耕地、GDP 等),地形图上未标出的公路、铁路等交通干线和堤防、闸坝等水利工程。

将防洪工程安全性评价结果、洪水分析结果(用于表征洪水致灾因子危险性)以及各类统计资料(用于表征承灾体易损性和应对恢复能力)输入到 GIS 软件平台,采用适当的空间插值方法即可得到各评价单元的各项指标值。

辽浑、浑太防洪保护区洪水风险评价共涉及辽河中、下游地区的 66 个乡镇(城市以区为基本评价单元),216 941 个计算网格。下文以行政区划评价单元为例,选取防洪标准、期望水深两项指标为代表,阐明各评价指标的取值及标准化方法。

1.防洪标准

辽浑、浑太防洪保护区地处辽河中、下游地区,区内地势平坦,河网密布,不仅有辽河、浑河、太子河 3 条辽宁省境内的主要河流,还有凡河、蒲河、细河、外辽河、新开河等众多支流和导水路排干、沈新辽排干、于家台排干、乌伯牛排干、辽台排干等多处排水干渠。上述各干、支流河道及排水干渠的防洪标准差异很大,且同一乡镇境内可能存在多条干、支流河道及排水干渠。按照"优先考虑洪水威胁大且防洪标准低的河道"的原则,本例选取辽河、浑河、太子河及蒲河作为各评价单元防洪工程安全性与致灾因子危险性两类指标的取值依据。

为获取各评价单元的防洪工程安全性指标,需将其从线状要素转化为面状要素。与同一河流多段堤防邻接(或相交)的乡镇,取其危险性最高堤段的防洪工程安全性评价指标值;与不同河流多段堤防邻接(或相交)的乡镇,当乡镇内存在天然的分水岭时,以分水岭为界将乡镇分成若干区域,各区域均作为独立的评价单元,单独统计各项指标数值,若乡镇地势低平,不存在天然的分水岭,则选取诸河中危险性最高堤段的防洪工程安全性评价指标值;与单段堤防邻接的乡镇,取该堤段的防洪工程安全性评价指标值;其余乡镇可取同一流域内距其最近堤段的防洪工程安全性评价指标值。确定各段堤防的防洪标准后,根据前述的指标标准化公式,即可计算出各乡镇防洪标准指标的标准化值及所属风险等级,具体结果见表 3-3-2 与图 3-3-3。

表3-3-2　防洪标准指标计算成果

序号	县(市)	乡镇(区)	防洪标准		序号	县(市)	乡镇(区)	防洪标准	
			重现期(年)	标准化值				重现期(年)	标准化值
1	铁岭市	开发区	30	0.67	35		肖寨门镇	20	0.75
2		银州区	30	0.67	36		杨士岗镇	20	0.75
3	铁岭县	凡河镇	30	0.67	37		养士堡镇	20	0.75
4		新台子镇	30	0.67	38		朱家房镇	20	0.75
5		腰堡镇	30	0.67	39	辽中县	茨榆坨镇	50	0.50
6		光辉街道	20	0.75	40		四方台镇	50	0.50
7		于洪区(蒲)	20	0.75	41		新民屯镇	50	0.50
8		苏家屯区	50	0.50	42		于家房镇	50	0.50
9		于洪区(浑)	50	0.50	43		长滩镇	50	0.50
10		黄家街道	100	0.25	44		高力镇	50	0.50
11		石佛寺街道	100	0.25	45	台安县	黄沙镇	50	0.50
12	沈阳市	兴隆台街道	100	0.25	46		韭菜台镇	50	0.50
13		大东区	300	0.13	47	盘锦市	兴隆台区	100	0.25
14		东陵区	300	0.13	48		古城子镇	50	0.50
15		和平区	300	0.13	49	盘山县	坝墙子镇	100	0.25
16		皇姑区	300	0.13	50		沙岭镇	100	0.25
17		沈河区	300	0.13	51		吴家镇	100	0.25
18		铁西区	300	0.13	52	大洼县	新开镇	100	0.25
19		法哈牛镇	20	0.75	53		新立镇	100	0.25
20		湖台镇	20	0.75	54		东洲区	200	0.19
21		兴隆堡镇(蒲)	20	0.75	55	抚顺市	望花区	200	0.19
22		张家屯镇	20	0.75	56		新抚区	200	0.19
23		大民屯镇	100	0.25	57		大河南镇	20	0.75
24	新民市	罗家房镇	100	0.25	58		柳条寨镇	20	0.75
25		前当堡镇	100	0.25	59	灯塔市	佟二堡镇	20	0.75
26		三道岗子镇	100	0.25	60		西马峰镇	20	0.75
27		兴隆堡镇(辽)	100	0.25	61		烟台街道	20	0.75
28		兴隆镇	100	0.25	62		沈旦堡镇	30	0.67
29		城郊镇	20	0.75	63		五星镇	30	0.67
30		冷子堡镇	20	0.75	64	辽阳市	王家镇	20	0.75
31	辽中县	辽中镇	20	0.75	65	辽阳县	唐马寨镇	30	0.67
32		刘二堡镇	20	0.75	66		小北河镇	30	0.67
33		六间房镇	20	0.75	67	海城市	高坨镇	30	0.67
34		潘家堡镇	20	0.75	68		温香镇	30	0.67

注:当评价单元的指标数值低于分级标准下限或高于分级标准上限时,取相应的下限或上限。

2.期望水深

辽浑、浑太防洪保护区横跨辽河中、下游14个县(市),辽河、浑河、太子河及蒲河等多

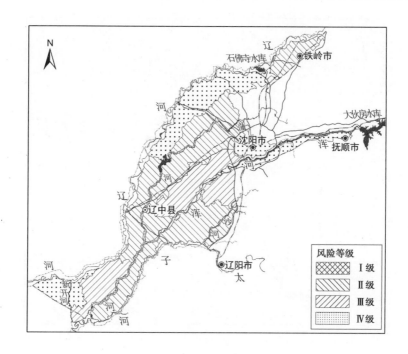

图 3-3-3　防洪标准风险等级划分图

条河流流经本区,因此保护区内不同区域的洪水来源也各不相同。本书是针对已编制完成洪水风险图的防洪保护区进行洪水风险区划,所以根据保护区内的河流分布情况及各区域的洪水风险图编制情况,按照"分区内防洪标准与洪水来源一致"的原则将评价区域划分为多个致灾因子危险性指标计算分区,分别计算各分区的期望水深指标值。

1)分区划分

在已完成的洪水风险图编制成果中,辽浑保护区考虑了 7 个量级洪水、设置了 15 个溃口,共计 42 个计算方案,其中,辽河左岸 8 个溃口,浑河右岸 4 个溃口,蒲河左岸和右岸各 1 个溃口,外辽河右岸 1 个溃口。浑太保护区则考虑了 4 个量级洪水、设置了 16 个溃口,共计 42 个计算方案,其中,浑河左岸 6 个溃口,太子河右岸 4 个溃口,北沙河左岸和右岸各 2 个溃口,白塔堡河左岸和右岸各 1 个溃口。

根据上述洪水分析方案设置情况,本次将辽浑、浑太防洪保护区划分为 11 个分区,具体见图 3-3-4。

(1)分区Ⅰ。该区域位于辽浑保护区最上游,东南至京哈高速公路,南临蒲河,西以沈康高速公路为界。区内洪水主要来自辽河干流石佛寺以上河段,目前该段堤防的防洪标准为 30 年一遇。

(2)分区Ⅱ。该区域上起沈康高速公路,下至京哈高速公路,南达蒲河。区内洪水主要来自辽河干流石佛寺以下河段及蒲河,目前辽河干流石佛寺以下河段堤防的防洪标准已达 100 年一遇,蒲河在国道 G101 以下河段建有堤防,防洪标准为 20 年一遇,国道以上则保持天然状态,未修建堤防。

(3)分区Ⅲ。分区Ⅲ北临蒲河,南傍浑河,东西两侧以沈阳市绕城高速公路为界。该区洪水主要来自浑河干流沈阳市段及蒲河,目前浑河干流沈阳市段右岸堤防的防洪标准已达

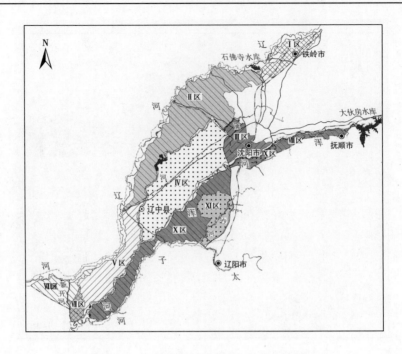

图 3-3-4　致灾因子危险性指标计算分区图

300 年一遇,蒲河在国道 G101 以下河段建有堤防,防洪标准为 20 年一遇,国道以上则未修建堤防。

(4)分区Ⅳ。分区Ⅳ北接蒲河,南邻浑河,上游和分区Ⅲ毗邻,下游至蒲河与浑河交汇处。该区洪水主要来自浑河干流及蒲河,目前浑河干流段堤防的防洪标准已达 50 年一遇,蒲河堤防的防洪标准为 20 年一遇。

(5)分区Ⅴ。分区Ⅴ上起京哈高速公路,下傍外辽河,南临浑河及其支流蒲河。该区洪水主要来自辽河、浑河及蒲河,目前辽河及浑河干流段堤防的防洪标准分别达到了 100 年及50 年一遇,蒲河堤防的防洪标准为 20 年一遇。

(6)分区Ⅵ。分区Ⅵ上起外辽河,下至沟海线,南隔省道 S211、S312 及新开河与分区Ⅶ相望。该区洪水主要来自辽河,目前辽河干流段堤防的防洪标准已达到了 100 年一遇。

(7)分区Ⅶ。分区Ⅶ上邻外辽河,下接新开河,北凭省道 S211、S312 及新开河与分区Ⅵ相望,南至大辽河。该区洪水主要来自大辽河,目前大辽河干流段堤防的防洪标准已达到了50 年一遇。

(8)分区Ⅷ。分区Ⅷ上起大伙房水库,下至沈阳市绕城高速公路,北邻浑河。区内洪水主要来自浑河干流,目前大伙房水库至章党大桥之间的抚顺段左岸堤防现状防洪标准为100 年一遇,章党大桥至东洲河口抚顺段左岸堤防现状标准为 50 年一遇未达标,东洲河口至浑河大桥之间抚顺段左岸堤防的现状标准为 200 年一遇,浑河大桥以下至东陵桥之间的沈抚交界的农村段现状堤防标准为 50 年一遇。

(9)分区Ⅸ。分区Ⅸ北邻浑河,东、南、西三面均以沈阳市绕城高速公路为界。区内洪水主要来自浑河干流,目前浑河干流沈阳市段左岸堤防的防洪标准已达 100 年一遇。

(10)分区Ⅹ。分区Ⅹ上起沈海高速,下至浑河、太子河汇合口,北濒浑河,南以太子河为界,与分区Ⅺ相望。区内洪水主要来自浑河干流与太子河干流,目前浑河与太子河干流堤防的防洪标准已达 50 年一遇。

（11）分区Ⅺ。分区Ⅺ东南隔国道 202，与分区Ⅹ相望。区内洪水主要来自北沙河，目前北沙河两岸堤防不完整，其中，长大铁路桥以上河段未建堤防，沈海高速公路桥（又称为沈大高速公路桥）至长大铁路桥之间的河段堤防不封闭，沈海高速公路下游堤防封闭，两岸堤防的现状防洪标准为 20 年一遇。

2）指标值计算

不同分区的洪水计算方案及堤防工程的防洪标准均不一致，因此需分区计算各评价单元的期望水深指标值。根据《洪水风险图编制技术细则》，对外河洪水，应按照遭遇防洪标准和超标准设计洪水时堤防可能发生溃堤的情形进行洪水分析计算。因此，在进行防洪保护区洪水风险图编制时，各防洪保护区均分析计算了防洪标准和超标准两个量级的溃（漫）堤洪水。此外考虑到中、小洪水的发生概率相对较大，部分编制单位还分析计算了低于防洪标准的溃（漫）堤洪水。由于我国境内江河堤防很少出现在遭遇低于其防洪标准洪水时发生溃决的情况，所以在计算防洪保护区淹没水深期望值时，仅需考虑洪水量级等于和超过堤防防洪标准的溃（漫）堤洪水。

如前所述，本书采用以下公式计算保护区内各评价单元的淹没水深期望值：

$$\overline{H} = \sum_{i=1}^{N+1} (P_{i+1} - P_i) \frac{h_{i+1} + h_i}{2} \tag{3-3-1}$$

式中　$\overline{H}$——评价单元的期望淹没水深，m；

P_i、P_{i+1}——洪水发生的频率；

h_i、h_{i+1}——洪水发生频率为 P_i、P_{i+1} 时的淹没水深，m；

N——洪水风险图编制时选取的低于 P_0 的频率个数。

式（3-3-1）中最大量级洪水的频率 P 可取 0，相应的淹没水深 h 可取与其量级最为接近的洪水淹没水深。

当评价单元出现同一频率洪水由于计算方案差异（如位置、形态、溃决时刻不同等）造成具有多个洪水计算方案时，该频率洪水最大淹没水深可取不同计算方案最大淹没水深的外包值。此外，本书仅限于评价外部洪水对防洪保护区造成的风险，不考虑城市暴雨内涝所导致的风险问题。

（1）分区Ⅰ。分区Ⅰ在洪水风险图编制时仅考虑了辽河干流左岸马蓬沟一个溃口，洪水量级分别为 30 年一遇、100 年一遇和 200 年一遇，因此期望淹没水深采用下式计算：

$$\overline{H}_1 = 0.011\,7h_{30} + 0.014\,2h_{100} + 0.007\,5h_{200} \tag{3-3-2}$$

式中　$\overline{H}_1$——分区Ⅰ淹没水深期望值，m；

h_{30}、h_{100}、h_{200}——30 年、100 年、200 年一遇洪水相应的最大淹没水深，m。

（2）分区Ⅱ。分区Ⅱ在洪水风险图编制时考虑了辽河干流左岸关家店、沈家岗子、小岗子、西章土台、陶家险工 5 个溃口，洪水量级分别为 20 年一遇、100 年一遇和 200 年一遇，鉴于该段堤防的防洪标准已达 100 年一遇，期望淹没水深采用下式计算：

$$\overline{H}_2 = 0.002\,5h_{100} + 0.007\,5h_{200} \tag{3-3-3}$$

式中　$\overline{H}_2$——分区Ⅱ淹没水深期望值，m；

h_{100}、h_{200}——100 年、200 年一遇洪水相应的最大淹没水深,m。

(3)分区Ⅲ。分区Ⅲ在辽浑保护区洪水风险图编制时考虑了浑河干流右岸下木场一个溃口,在沈阳市城市洪水风险图编制时考虑了浑河干流右岸上木场、长青桥西和铁路桥西 3 个溃口,洪水量级均为 300 年一遇和 500 年一遇,期望淹没水深采用下式计算:

$$\overline{H}_3 = 0.000\,66h_{300} + 0.002\,67h_{500} \tag{3-3-4}$$

式中　　$\overline{H}_3$——分区Ⅲ淹没水深期望值,m;

　　　　h_{300}、h_{500}——300 年、500 年一遇洪水相应的最大淹没水深,m。

(4)分区Ⅳ。分区Ⅳ在洪水风险图编制时考虑了浑河干流右岸妈妈街一个溃口与蒲河干流左岸猫耳头一个溃口,浑河洪水量级为 50 年一遇和 100 年一遇,蒲河洪水量级为 20 年一遇和 50 年一遇,期望淹没水深采用下式计算:

$$\overline{H}_4 = 0.015h_{20} + 0.020h_{50} + 0.015h_{100} \tag{3-3-5}$$

式中　　$\overline{H}_4$——分区Ⅳ淹没水深期望值,m;

　　　　h_{20}、h_{50}、h_{100}——20 年、50 年、100 年一遇洪水相应的最大淹没水深,m。

(5)分区Ⅴ。分区Ⅴ在洪水风险图编制时考虑了辽河干流左岸侯头沟一个溃口、蒲河干流右岸敖司牛一个溃口以及浑河干流右岸南天门、偏养子两个溃口,其中辽河洪水量级为 100 年一遇和 200 年一遇,蒲河洪水量级为 20 年一遇和 50 年一遇,浑河洪水量级为 50 年一遇和 100 年一遇,但是由于上游分区Ⅱ的溃堤洪水可能漫过京哈高速公路进入本分区,因此在计算期望水深时还需要考虑分区Ⅱ各溃口溃堤洪水对本区域所造成的影响。期望淹没水深采用下式计算:

$$\overline{H}_5 = 0.015h_{20} + 0.020h_{50} + 0.007\,5h_{100} + 0.007\,5h_{200} \tag{3-3-6}$$

式中　　$\overline{H}_5$——分区Ⅴ淹没水深期望值,m;

　　　　h_{20}、h_{50}、h_{100}、h_{200}——20 年、50 年、100 年、200 年一遇洪水相应的最大淹没水深,m。

(6)分区Ⅵ。分区Ⅵ在洪水风险图编制时仅考虑了辽河干流左岸二道桥子一个溃口,洪水量级为 100 年一遇和 200 年一遇,期望淹没水深采用下式计算:

$$\overline{H}_6 = 0.002\,5h_{100} + 0.007\,5h_{200} \tag{3-3-7}$$

式中　　$\overline{H}_6$——分区Ⅵ淹没水深期望值,m;

　　　　h_{100}、h_{200}——100 年、200 年一遇洪水相应的最大淹没水深,m。

(7)分区Ⅶ。分区Ⅶ在洪水风险图编制时考虑了辽河干流左岸二道桥子一个溃口与外辽河右岸七台子村一个溃口,其中辽河洪水量级为 100 年一遇和 200 年一遇,浑河洪水量级为 50 年一遇和 100 年一遇,期望淹没水深采用下式计算:

$$\overline{H}_7 = 0.005h_{50} + 0.007\,5h_{100} + 0.007\,5h_{200} \tag{3-3-8}$$

式中　　$\overline{H}_7$——分区Ⅶ淹没水深期望值,m;

　　　　h_{50}、h_{100}、h_{200}——50 年、100 年、200 年一遇洪水相应的最大淹没水深,m。

(8)分区Ⅷ。分区Ⅷ在洪水风险图编制时考虑了浑河干流左岸武家堡、高阳橡胶坝下 2 个溃口,洪水量级分别为 50 年一遇、100 年一遇和 200 年一遇,期望淹没水深采用下式计算：

$$\overline{H_8} = 0.005h_{50} + 0.007\,5h_{100} + 0.007\,5h_{200} \tag{3-3-9}$$

式中 $\overline{H_8}$——分区Ⅷ淹没水深期望值，m；

h_{50}、h_{100}、h_{200}——50 年、100 年、200 年一遇洪水相应的最大淹没水深，m。

（9）分区Ⅸ。分区Ⅸ在洪水风险图编制时考虑了浑河干流左岸东陵桥西、长青桥东和铁路桥西 3 个溃口，洪水量级分别为 100 年一遇和 200 年一遇，期望淹没水深采用下式计算：

$$\overline{H_9} = 0.002\,5h_{100} + 0.007\,5h_{200} \tag{3-3-10}$$

式中 $\overline{H_9}$——分区Ⅸ淹没水深期望值，m；

h_{100}、h_{200}——100 年、200 年一遇洪水相应的最大淹没水深，m。

（10）分区Ⅹ。分区Ⅹ在洪水风险图编制时考虑了浑河干流左岸张庄子、迟坨子、刀把子 3 个溃口与太子河干流右岸尤家沟滩、上口门、马家堡子、西高 4 个溃口，浑河与太子河的洪水量级均为 50 年一遇和 100 年一遇，期望淹没水深采用下式计算：

$$\overline{H_{10}} = 0.005h_{50} + 0.015h_{100} \tag{3-3-11}$$

式中 $\overline{H_{10}}$——分区Ⅹ淹没水深期望值，m；

h_{50}、h_{100}——50 年、100 年一遇洪水相应的最大淹没水深，m。

（11）分区Ⅺ。分区Ⅺ在洪水风险图编制时考虑了北沙河左岸南红菱、北小窑 2 个溃口与北沙河右岸北红菱、西大堡 2 个溃口，北沙河两岸堤防的现状防洪标准为 20 年一遇，期望淹没水深采用下式计算：

$$\overline{H_{11}} = 0.015h_{20} + 0.035h_{50} \tag{3-3-12}$$

式中 $\overline{H_{11}}$——分区Ⅺ淹没水深期望值，m；

h_{20}、h_{50}——20 年、50 年一遇洪水相应的最大淹没水深，m。

根据上述公式即可计算评价区域全部计算网格的期望淹没水深值，各乡镇单元的期望淹没水深值则取其境内所有计算网格期望淹没水深的平均值。各乡镇的期望淹没水深值以及其标准化值见表 3-3-3，以计算网格为基本评价单元的期望淹没水深风险等级划分图见图 3-3-5。

（三）指标层、因素层和准则层权重计算

本节分别采用层次分析法、主成分分析法和熵权法计算了指标层中各评价指标层、因素层中各评价因子的权重，准则层各准则的权重则直接由相应的因素层各因子权重相加求得，经综合分析后确定权重采用成果。

辽浑、浑太防洪保护区在洪水风险图编制时未统计各计算方案的最大洪水流速，也没有绘制相应的洪水流速图，而客观权重计算方法则需要根据评价区域各项指标的具体数值计算权重，因此本案例无法采用主成分分析法与熵权法计算期望洪水流速指标的权重系数，即在上述两种权重计算方法的计算结果中，期望洪水流速指标的权重均为零。

表 3-3-3　期望淹没水深指标计算成果

序号	县(市)	乡镇(区)	期望淹没水深		序号	县(市)	乡镇(区)	期望淹没水深	
			指标值(m)	标准化值				指标值(m)	标准化值
1	铁岭市	开发区	0.000 0	0.00	35		肖寨门镇	0.135 4	1.00
2		银州区	0.009 3	0.23	36		杨士岗镇	0.000 0	0.00
3	铁岭县	凡河镇	0.062 9	1.00	37		养士堡镇	0.021 1	0.51
4		新台子镇	0.000 0	0.00	38		朱家房镇	0.037 2	0.71
5		腰堡镇	0.000 0	0.00	39	辽中县	茨榆坨镇	0.012 4	0.31
6		光辉街道	0.001 7	0.04	40		四方台镇	0.000 0	0.00
7		于洪区(蒲)	0.001 7	0.04	41		新民屯镇	0.000 0	0.00
8		苏家屯区	0.002 0	0.05	42		于家房镇	0.054 6	0.93
9		于洪区(浑)	0.001 7	0.04	43		长滩镇	0.000 0	0.00
10		黄家街道	0.000 0	0.00	44		高力镇	0.108 2	1.00
11		石佛寺街道	0.000 0	0.00	45	台安县	黄沙镇	0.070 9	1.00
12	沈阳市	兴隆台街道	0.000 0	0.00	46		韭菜台镇	0.146 2	1.00
13		大东区	0.000 3	0.01	47	盘锦市	兴隆台区	0.006 0	0.15
14		东陵区	0.000 5	0.01	48		古城子镇	0.028 5	0.61
15		和平区	0.008 6	0.21	49	盘山县	坝墙子镇	0.008 0	0.20
16		皇姑区	0.000 2	0.01	50		沙岭镇	0.013 9	0.35
17		沈河区	0.004 3	0.11	51		吴家镇	0.006 7	0.17
18		铁西区	0.009 7	0.24	52	大洼县	新开镇	0.009 5	0.24
19		法哈牛镇	0.001 2	0.03	53		新立镇	0.006 7	0.17
20		湖台镇	0.000 0	0.00	54		东洲区	0.000 4	0.01
21		兴隆堡镇(蒲)	0.006 3	0.16	55	抚顺市	望花区	0.000 0	0.00
22		张家屯镇	0.010 7	0.27	56		新抚区	0.000 0	0.00
23	新民市	大民屯镇	0.008 9	0.22	57		大河南镇	0.000 2	0.01
24		罗家房镇	0.004 5	0.12	58		柳条寨镇	0.009 7	0.24
25		前当堡镇	0.009 8	0.25	59		佟二堡镇	0.009 2	0.23
26		三道岗子镇	0.013 6	0.34	60	灯塔市	西马峰镇	0.000 0	0.00
27		兴隆堡镇(辽)	0.006 3	0.16	61		烟台街道	0.002 4	0.06
28		兴隆镇	0.013 3	0.33	62		沈旦堡镇	0.002 4	0.06
29		城郊镇	0.044 2	0.80	63		五星镇	0.008 5	0.21
30		冷子堡镇	0.009 6	0.24	64	辽阳市	王家镇	0.006 3	0.16
31	辽中县	辽中镇	0.054 5	0.93	65	辽阳县	唐马寨镇	0.034 1	0.68
32		刘二堡镇	0.000 3	0.01	66		小北河镇	0.026 4	0.58
33		六间房镇	0.047 0	0.84	67	海城市	高坨镇	0.048 1	0.85
34		潘家堡镇	0.000 4	0.01	68		温香镇	0.075 4	1.00

1. 层次分析法

层次分析法是一种常用的主观权重计算方法,可充分利用专家的知识和经验来确定权重系数,计算结果可以反映出各项指标的相对重要程度,主要计算步骤为:首先根据评价指

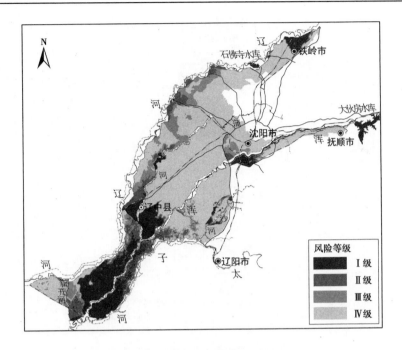

图 3-3-5 期望淹没水深风险等级划分图

标体系建立适当的递阶层次结构；然后依次构造因素层与指标层的判断矩阵；接着计算各比较元素（指标与因子）的相对权重，并检验判断矩阵的一致性；最后计算指标层对于目标层的总排序权重，并检验一致性。具体计算过程如下。

1）建立递阶层次结构模型

根据前述防洪保护区洪水风险评价指标体系，建立洪水风险递阶层次结构模型如图 3-3-6 所示。

2）构造判断矩阵

根据不同因素及指标的相对重要程度，依次构造因素层（C 层）与指标层（D 层）的判断矩阵：

$$(A-C) = \begin{bmatrix} 1 & 0.8 & 2 & 4 \\ 1.25 & 1 & 2 & 5 \\ 0.5 & 0.5 & 1 & 3 \\ 0.25 & 0.2 & 0.33 & 1 \end{bmatrix}$$

$$(C_1-D) = \begin{bmatrix} 1 & 1.5 & 1.5 & 3 \\ 0.67 & 1 & 1 & 2 \\ 0.67 & 1 & 1 & 2 \\ 0.33 & 0.5 & 0.5 & 1 \end{bmatrix}$$

$$(C_2-D) = \begin{bmatrix} 1 & 3 & 4 \\ 1.33 & 1 & 2 \\ 0.25 & 0.5 & 1 \end{bmatrix}$$

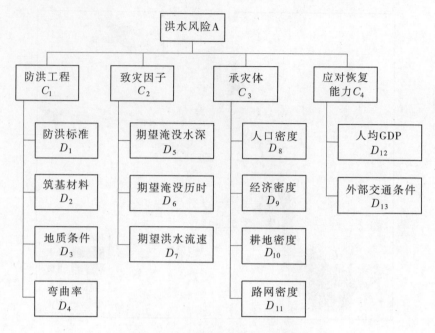

图 3-3-6　洪水风险递阶层次结构模型

$$(C_3 - D) = \begin{bmatrix} 1 & 2 & 3 & 5 \\ 0.5 & 1 & 2 & 3 \\ 0.33 & 0.5 & 1 & 2 \\ 0.2 & 0.33 & 0.5 & 1 \end{bmatrix}$$

$$(C_4 - D) = \begin{bmatrix} 1 & 3 \\ 0.33 & 1 \end{bmatrix}$$

3)计算各比较元素的相对权重,并进行判断矩阵的一致性检验

(1)权重计算。

矩阵$(A—C)$的最大特征根 $\lambda_{\max} = 4.0155$,相应的特征向量 $W = (0.5998, 0.7061, 0.3512, 0.1354)^{\mathrm{T}}$,标准化以后因素层因子 $C_1 \sim C_4$ 的权重分别为$(0.334, 0.394, 0.196, 0.076)$。

矩阵$(C_1—D)$的最大特征根 $\lambda_{\max} = 4.0000$,相应的特征向量 $W = (0.7068, 0.4718, 0.4718, 0.2350)^{\mathrm{T}}$,标准化以后指标层指标 $D_1 \sim D_4$ 的权重分别为$(0.375, 0.250, 0.250, 0.125)$。

矩阵$(C_2—D)$的最大特征根 $\lambda_{\max} = 3.0183$,相应的特征向量 $W = (0.9154, 0.3493, 0.1999)^{\mathrm{T}}$,标准化以后指标层指标 $D_5 \sim D_7$ 的权重分别为$(0.625, 0.239, 0.136)$。

矩阵$(C_3—D)$的最大特征根 $\lambda_{\max} = 4.0145$,相应的特征向量 $W = (-0.8287, -0.4667, -0.2694, -0.1513)^{\mathrm{T}}$,标准化以后指标层指标 $D_8 \sim D_{11}$ 的权重分别为$(0.483, 0.272, 0.157, 0.088)$。

矩阵$(C_4—D)$的最大特征根 $\lambda_{\max} = 1.9999$,相应的特征向量 $W = (0.9480, 0.3160)^{\mathrm{T}}$,标准化以后指标层指标 $D_{12} \sim D_{13}$ 的权重分别为$(0.750, 0.250)$。

(2)一致性检验。

各判断矩阵的一致性检验需首先根据已求得的最大特征根 λ_{max} 按公式 $CI = |\lambda_{max} - 1|/(n-1)$ 计算一致性指标 CI,然后按表 3-3-4 确定平均一致性指标 RI,最后按 $CR = CI/RI$ 计算随机一致性比值 CR。

表 3-3-4 判断矩阵平均一致性指标

n	1	2	3	4	5	6	7	8	9
RI	0	0	0.58	0.90	1.12	1.24	1.32	1.41	1.45

对于 1、2 阶判断矩阵,CI 规定为 0。一般情况下,当 $CR \leqslant 0.1$ 时,认为判断矩阵具有满意的一致性,可进行层次单排序;当 $CR \geqslant 0.1$ 时,需要对判断矩阵进行调整,直至其满足 $CR \leqslant 0.1$。

矩阵(A—C)的一致性检验:

$$CI = \frac{|\lambda_{max} - 1|}{n-1} = \frac{4.0155 - 4}{4 - 1} = 0.005$$

$$CR = \frac{CI}{RI} = \frac{0.005}{0.90} = 0.006 < 0.1;$$

矩阵(C_1—D)的一致性检验结果为:$CR = 0.000 < 0.1$;
矩阵(C_2—D)的一致性检验结果为:$CR = 0.016 < 0.1$;
矩阵(C_3—D)的一致性检验结果为:$CR = 0.005 < 0.1$;
矩阵(C_4—D)的一致性检验结果为:$CI = 0.000$。

可见,各判断矩阵均具有满意的一致性。

4)计算指标层对于系统的总排序权重,并进行一致性检验

(1)层次总排序。

根据上述指标层与因素层的层次单排序的结果,综合得到指标层对于目标层的层次总排序结果,具体见表 3-3-5。

表 3-3-5 指标层总排序

项目	D_1	D_2	D_3	D_4	D_5	D_6	D_7	D_8	D_9	D_{10}	D_{11}	D_{12}	D_{13}
权重	0.125	0.084	0.083	0.042	0.246	0.094	0.054	0.095	0.053	0.031	0.017	0.057	0.019
序号	2	5	6	10	1	4	8	3	9	11	13	7	12

(2)总排序的一致性检验。

$$CI = \sum_{i=1}^{4} (C_i CI_i)$$
$$= 0.334 \times 0 + 0.394 \times 0.009 + 0.196 \times 0.005 + 0.076 \times 0$$
$$= 0.005$$
$$RI = \sum_{i=1}^{4} (C_i RI_i)$$
$$= 0.334 \times 0.9 + 0.394 \times 0.58 + 0.196 \times 0.9 + 0.076 \times 0$$
$$= 0.71$$
$$CR = \frac{CI}{RI} = \frac{0.005}{0.71} = 0.007 < 0.1$$

由此可见,指标层的总排序具有满意的一致性。

指标体系中各层级的权重见表 3-3-6。

表 3-3-6　洪水风险区划指标体系权重(层次分析法)

目标层	准则层	因素层	指标层
洪水风险程度 A	危险源危险性 B_1 (0.728)	防洪工程安全性 C_1 (0.334)	防洪标准 D_1(0.125)
			筑堤材料 D_2(0.084)
			地质条件 D_3(0.083)
			弯曲率 D_4(0.042)
		致灾因子危险性 C_2 (0.394)	期望水深 D_5(0.246)
			期望历时 D_6(0.094)
			期望流速 D_7(0.054)
	承灾体易损性 B_2 (0.272)	承灾体暴露性 C_3 (0.196)	人口密度 D_8(0.095)
			经济密度 D_9(0.053)
			耕地密度 D_{10}(0.031)
			路网密度 D_{11}(0.017)
		应对恢复能力 C_4 (0.076)	人均 GDP D_{12}(0.057)
			外部交通条件 D_{13}(0.019)

由表 3-3-6 可以看出:①准则层中危险源危险性的权重显著高于承灾体易损性的权重;②因素层中防洪工程安全性权重与致灾因子危险性权重相对较大,承灾体暴露性权重较小,应对恢复能力权重最小;③指标层中期望淹没水深权重最大,约占总体权重的 1/4,其次为堤防的防洪标准,占总体权重的 1/8,接下来分别为人口密度、期望淹没历时、筑堤材料、地质条件等指标,权重系数在 8% ~ 10%,路网密度、外部交通条件两个指标权重相对较小,均低于 2%。

2. 主成分分析法

主成分分析法是一种客观的权重计算方法,其计算结果直接取决于样本数据的分布情况。由于该方法的计算量随样本数目的增加呈指数增加,为简化计算过程,本书以乡镇行政区划为评价单元的数据为基础,采用主成分分析法直接求得指标层各项指标相对于目标层的权重,因素层与准则层的权重则通过其所属的指标或因子的权重相加求得,具体计算过程如下:

(1)将评价区域各乡镇的指标数据进行标准化处理,构成标准化数据矩阵 X。

(2)为消除指标方差对计算结果的影响,由相关系数矩阵 R 求解各指标的权重系数。相关系数矩阵可由 MatLab、SPSS 或 DPS 等软件求解。

$$
\boldsymbol{R} = \begin{bmatrix}
1.000\,0 & 0.080\,6 & 0.061\,4 & 0.017\,4 & -0.091\,3 & -0.053\,6 & -0.222\,5 & -0.143\,8 & 0.202\,7 & -0.192\,7 & 0.078\,3 & 0.001\,8 \\
0.080\,6 & 1.000\,0 & 0.137\,6 & 0.333\,8 & 0.292\,2 & 0.471\,0 & -0.573\,9 & -0.432\,7 & 0.563\,6 & -0.525\,9 & 0.151\,5 & 0.333\,8 \\
0.061\,4 & 0.137\,6 & 1.000\,0 & 0.044\,8 & 0.267\,1 & 0.242\,7 & -0.152\,3 & -0.281\,4 & 0.238\,1 & -0.289\,1 & 0.251\,8 & 0.206\,2 \\
0.017\,4 & 0.333\,8 & 0.044\,8 & 1.000\,0 & 0.261\,5 & 0.357\,8 & -0.470\,7 & -0.450\,5 & 0.406\,4 & -0.328\,4 & 0.090\,2 & 0.104\,4 \\
-0.091\,3 & 0.292\,2 & 0.267\,1 & 0.261\,5 & 1.000\,0 & 0.839\,2 & -0.231\,6 & -0.280\,4 & 0.233\,6 & -0.278\,7 & 0.212\,8 & 0.161\,8 \\
-0.053\,6 & 0.471\,0 & 0.242\,7 & 0.357\,8 & 0.839\,2 & 1.000\,0 & -0.292\,7 & -0.298\,2 & 0.340\,8 & -0.320\,8 & 0.191\,0 & 0.173\,2 \\
-0.222\,5 & -0.573\,9 & -0.152\,3 & -0.470\,7 & -0.231\,6 & -0.292\,7 & 1.000\,0 & 0.716\,3 & -0.681\,1 & 0.793\,4 & -0.146\,6 & -0.434\,3 \\
-0.143\,8 & -0.432\,7 & -0.281\,4 & -0.450\,5 & -0.280\,4 & -0.298\,2 & 0.716\,3 & 1.000\,0 & -0.526\,1 & 0.699\,6 & -0.697\,0 & -0.471\,5 \\
0.202\,7 & 0.563\,6 & 0.238\,1 & 0.406\,4 & 0.233\,6 & 0.340\,8 & -0.681\,1 & -0.526\,1 & 1.000\,0 & -0.568\,1 & 0.172\,8 & 0.352\,5 \\
-0.192\,7 & -0.525\,9 & -0.289\,1 & -0.328\,4 & -0.278\,7 & -0.320\,8 & 0.793\,4 & 0.699\,6 & -0.568\,1 & 1.000\,0 & -0.331\,6 & -0.705\,5 \\
0.078\,3 & 0.151\,5 & 0.251\,8 & 0.090\,2 & 0.212\,8 & 0.191\,0 & -0.146\,6 & -0.697\,0 & 0.172\,8 & -0.331\,6 & 1.000\,0 & 0.357\,4 \\
0.001\,8 & 0.333\,8 & 0.206\,2 & 0.104\,4 & 0.161\,8 & 0.173\,2 & -0.434\,3 & -0.471\,5 & 0.352\,5 & -0.705\,5 & 0.357\,4 & 1.000\,0
\end{bmatrix}
$$

（3）求相关矩阵 $\boldsymbol{R}$ 的特征根系 $\boldsymbol{\lambda}$。

$\boldsymbol{\lambda} = (4.821\,5, 1.609\,7, 1.316\,1, 0.977\,9, 0.891\,1, 0.731\,8, 0.567\,8, 0.402\,5, 0.370\,7, 0.134\,4, 0.118\,9, 0.057\,6)^{\mathrm{T}}$

（4）求各主成分（特征根）对应的特征向量矩阵 $\boldsymbol{v}$。

$$
\boldsymbol{v} = \begin{bmatrix}
-0.0796 & 0.3402 & 0.1333 & -0.7927 & -0.0753 & -0.3709 & 0.1901 & 0.2028 & 0.0629 & 0.0678 & 0.0381 & -0.0344 \\
-0.3163 & -0.0577 & 0.2679 & 0.0623 & 0.1943 & -0.1530 & -0.6584 & 0.4756 & -0.2337 & 0.1823 & -0.1059 & -0.0318 \\
-0.1718 & -0.1054 & -0.3933 & -0.4147 & 0.3611 & 0.6790 & -0.0125 & 0.1538 & -0.1051 & 0.0325 & 0.0553 & 0.0474 \\
-0.2446 & -0.1173 & 0.3573 & 0.1019 & -0.5180 & 0.3949 & 0.3296 & 0.4572 & 0.1676 & 0.0268 & -0.1060 & 0.0799 \\
-0.2336 & -0.5944 & -0.0952 & -0.1165 & 0.0197 & -0.2327 & 0.2273 & -0.2229 & -0.0230 & 0.5318 & -0.3610 & -0.0073 \\
-0.2679 & -0.5745 & 0.0320 & -0.1125 & 0.0251 & -0.2308 & 0.0249 & 0.0416 & 0.0551 & -0.5578 & 0.4624 & -0.0160 \\
0.3764 & -0.1996 & -0.2725 & -0.0485 & -0.0330 & -0.0562 & -0.1165 & 0.3593 & 0.3899 & -0.1479 & -0.3195 & -0.5648 \\
0.3808 & -0.1682 & 0.2020 & -0.0554 & 0.3682 & -0.0653 & 0.0565 & 0.1897 & 0.2346 & -0.1506 & -0.2747 & 0.6713 \\
-0.3387 & 0.0988 & 0.2627 & -0.1003 & 0.1076 & 0.1745 & -0.2946 & -0.4199 & 0.6887 & -0.0360 & -0.1089 & -0.0624 \\
0.3896 & -0.2067 & 0.0294 & -0.1101 & -0.2192 & 0.0779 & -0.2721 & 0.0340 & 0.2418 & 0.5016 & 0.5827 & 0.1168 \\
-0.2168 & 0.0857 & -0.6018 & -0.0101 & -0.4674 & -0.1564 & -0.2950 & 0.0417 & 0.1332 & -0.1044 & -0.1467 & 0.4490 \\
-0.2789 & 0.2115 & -0.2662 & 0.3625 & 0.3768 & -0.2152 & 0.3236 & 0.3229 & 0.3758 & 0.2412 & 0.2802 & 0.0125
\end{bmatrix}
$$

（5）计算各主成分的贡献率，并求出各指标的权重系数。

各主成分占总方差的贡献率见表 3-3-7。

表 3-3-7　各主成分总方差的贡献率

指标序号	1	2	3	4	5	6	8	9	10	11	12	13
贡献率（%）	40.2	13.4	11.0	8.1	7.4	6.1	4.7	3.4	3.1	1.1	1.0	0.5

由表 3-3-7 可知，前 3 个主成分占总方差的相对贡献为 64.6%，前 4 个主成分占总方差的相对贡献为 72.7%。一般而言，当前 p 个主成分的方差占总方差的比例高于 0.7 时，即可选用前 p 个主成分代替原有的 n 个变量，因此本次选择前 4 个主成分作为公共因子。

各指标在上述 4 个公共因子上的荷载向量分别为

$$
\begin{aligned}
a_1 &= \sqrt{\lambda_1} \times \boldsymbol{v}^{(1)} \\
&= (-0.175 \quad -0.695 \quad -0.377 \quad -0.537 \quad -0.513 \quad -0.588 \quad 0.826 \quad 0.836 \\
&\quad -0.744 \quad 0.855 \quad -0.476 \quad -0.612)^{\mathrm{T}}
\end{aligned}
$$

$$a_2 = \sqrt{\lambda_2} \times v^{(2)}$$
$$= (0.432 \quad -0.073 \quad -0.134 \quad -0.149 \quad -0.754 \quad -0.729 \quad -0.253$$
$$-0.213 \quad 0.125 \quad -0.262 \quad 0.109 \quad 0.268)^T$$

$$a_3 = \sqrt{\lambda_3} \times v^{(3)}$$
$$= (0.153 \quad 0.307 \quad -0.451 \quad 0.410 \quad -0.109 \quad 0.037 \quad -0.313 \quad 0.232 \quad 0.301$$
$$0.034 \quad -0.690 \quad -0.305)^T$$

$$a_4 = \sqrt{\lambda_4} \times v^{(4)}$$
$$= (-0.784 \quad 0.062 \quad -0.410 \quad 0.101 \quad -0.115 \quad -0.111 \quad -0.048 \quad -0.055$$
$$-0.099 \quad -0.109 \quad -0.010 \quad 0.358)^T$$

根据上述 4 个公共因子上的荷载向量,即可计算各指标的权重系数,结果见表 3-3-8。

表 3-3-8　洪水风险区划指标体系权重(主成分分析法)

目标层	准则层	因素层	指标层
洪水风险程度 A	危险源危险性 B_1 (0.490)	防洪工程安全性 C_1 (0.306)	防洪标准 D_1(0.091)
			筑堤材料 D_2(0.075)
			地质条件 D_3(0.071)
			弯曲率 D_4(0.069)
		致灾因子危险性 C_2 (0.184)	期望水深 D_5(0.091)
			期望历时 D_6(0.093)
			期望流速 D_7(—)
	承灾体易损性 B_2 (0.510)	承灾体暴露性 C_3 (0.347)	人口密度 D_8(0.090)
			经济密度 D_9(0.088)
			耕地密度 D_{10}(0.080)
			路网密度 D_{11}(0.089)
		应对恢复能力 C_4 (0.163)	人均 GDP D_{12}(0.083)
			外部交通条件 D_{13}(0.080)

由表 3-3-8 可以看出:采用主成分分析法计算的各指标权重相差较小,权重最小的指标为河道弯曲率,占总权重的 6.9%,权重最大的指标为期望淹没历时,占总权重的 9.3%。本次主成分分析选取了前 4 个主成分,其方差占总方差的相对贡献为 72.7%,因此基本可以反映出各指标对总体的贡献。各指标权重系数相差较小表明它们在前 4 个主成分中所保留的原始信息比例相差不大。

为了比较选取不同公共因子数目对指标层权重计算结果的影响,分别计算选取 3 个主成分(贡献率 64.6%)和 5 个主成分(贡献率 80.1%)作为公共因子时的指标层权重,计算结果见表 3-3-9。

表 3-3-9 不同公共因子数目权重计算成果

指标序号	1	2	3	4	5	6	7	8	9	10	11	12
3 因子权重	0.052	0.080	0.063	0.073	0.097	0.099	0.097	0.094	0.085	0.094	0.089	0.077
4 因子权重	0.091	0.075	0.071	0.069	0.091	0.093	0.090	0.088	0.080	0.089	0.083	0.080
5 因子权重	0.086	0.073	0.075	0.080	0.086	0.088	0.086	0.090	0.077	0.086	0.089	0.083

由表 3-3-9 可以看出,当选取的公共因子数目不同时,权重计算结果也不相同,随着公共因子数目的增加(主分量贡献率增大),各指标权重系数趋于均化。

总体而言,主成分分析法计算的各指标权重较为平均,无法得出各项指标的重要程度,且计算结果受主成分数目(贡献率)影响较大,不适宜用于计算洪水风险评价指标体系中各项指标的权重系数。

3.熵权法权重计算

熵权法是一种客观的权重计算方法,其计算结果同样取决于样本数据的分布情况。本例以乡镇行政区划为评价单元的数据为基础,采用熵权法直接求得指标层各项指标相对于目标层的权重,因素层与准则层的权重则通过其所属的指标或因子的权重直接相加求得。熵权法计算过程相对简单,此处不再赘述,权重计算结果见表 3-3-10。

表 3-3-10 洪水风险区划指标体系权重(熵权法)

目标层	准则层	因素层	指标层
洪水风险程度 A	危险源危险性 B_1 (0.604)	防洪工程安全性 C_1 (0.224)	防洪标准 D_1(0.078)
			筑堤材料 D_2(0.030)
			地质条件 D_3(0.021)
			弯曲率 D_4(0.095)
		致灾因子危险性 C_2 (0.380)	期望水深 D_5(0.222)
			期望历时 D_6(0.158)
			期望流速 D_7(—)
	承灾体易损性 B_2 (0.396)	承灾体暴露性 C_3 (0.189)	人口密度 D_8(0.042)
			经济密度 D_9(0.048)
			耕地密度 D_{10}(0.064)
			路网密度 D_{11}(0.035)
		应对恢复能力 C_4 (0.207)	人均 GDP D_{12}(0.066)
			外部交通条件 D_{13}(0.141)

由熵权法计算结果可知,除期望洪水流速由于没有基础数据无法计算权重外,指标权重系数最大的 3 项指标依次为期望水深、期望历时和外部交通条件,权重均超过了 0.10,筑堤材料、地质条件、人口密度、经济密度、路网密度等指标的权重均小于 0.05,其中地质条件指

标的权重仅为0.021。出现上述结果的原因在于熵权法的权重计算主要依据评价指标数值的变异程度,指标数值变异程度越大,权重越大,指标数值变异程度越小,权重也越小,筑堤材料等指标在评价区域内变化相对较小,因此其权重也相应地较小。由此可见,熵权法仅能表征评价区域内各项指标的变异程度,而无法得出各项指标的重要程度,不适宜计算洪水风险评价指标体系中各项指标的权重系数。

4. 权重计算成果的采用

由上述分析可知,层次分析法可以判别各评价指标的相对重要程度,且计算结果与评价区域指标数值之间没有因果关系,主成分分析法无法确定各评价指标的相对重要程度,计算结果不仅受主成分数目(贡献率)影响较大,而且与评价区域指标数值息息相关,熵权法同样无法得出各评价指标的相对重要程度,其计算结果仅能反映评价区域内各项指标的变异程度。因此,洪水风险评价指标体系宜采用层次分析法的权重分析成果。

(四)因素层、准则层及目标层风险评价

根据前文计算的评价单元各指标的标准化数值和层次分析法计算的指标权重,采用适当的风险综合评价方法,即可计算因素层、准则层及目标层的评价结果。由于模糊综合评判法一般用于由各项指标直接计算目标函数,指数法虽可由指标层逐级计算至目标层,但当评价单元中有一项指标数值为零时,其相应的因素层、准则层和目标层计算结果也均为零,与实际情况不符,本案例首先采用线性模型逐级计算出各评价单元因素层的防洪工程安全性、致灾因子危险性、承灾体暴露性、应对恢复能力4个因素以及准则层的风险源危险性指数、承灾体易损性指数,然后采用线性模型和指数模型由准则层数值计算目标层的洪水风险度指数,最后采用模糊综合评判法由指标层各指标数值直接计算目标层的洪水风险度指数。

1. 因素层与准则层计算

采用线性加权综合评价法计算因素层各因素与准则层各准则数值,各指标及要素的权重采用层次分析法计算结果,具体计算公式如下:

$$C_1 = 0.375 \times D_1 + 0.250 \times D_2 + 0.250 \times D_3 + 0.125 \times D_4 \tag{3-3-13}$$

$$C_2 = 0.625 \times D_6 + 0.239 \times D_7 + 0.136 \times D_8 \tag{3-3-14}$$

$$C_3 = 0.483 \times D_9 + 0.272 \times D_{10} + 0.157 \times D_{11} + 0.088 \times D_{12} \tag{3-3-15}$$

$$C_4 = 0.750 \times D_{13} + 0.250 \times D_{14} \tag{3-3-16}$$

$$B_1 = 0.459 \times C_1 + 0.541 \times C_2 \tag{3-3-17}$$

$$B_2 \doteq 0.721 \times C_3 + 0.279 \times C_4 \tag{3-3-18}$$

式中　B_i——准则层第 i 个准则;

　　　C_i——因素层第 i 个因素;

　　　D_i——指标层第 i 个指标。

由于防洪工程安全性、承灾体暴露性以及应对恢复能力3因子所对应的评价指标均以乡镇行政区划为基本单元进行统计,在本案例中其评价结果不受评价单元类型的影响;致灾因子危险性对应的评价指标则以计算网格为基本统计单元,当评价单元为乡镇行政区划时,由于涉及由点至面的数值转换过程,计算结果与实际情况有一定的偏差。

辽浑、浑太防洪保护区洪水风险评价指标体系中防洪工程安全性、致灾因子危险性(包括以乡镇为评价单元)、承灾体暴露性、应对恢复能力的评价结果见表3-3-11。

表 3-3-11 因素层与准则层评价结果

序号	县(市)	乡镇(区)	防洪工程安全性	致灾因子危险性	承灾体暴露性	应对恢复能力	危险源危险性	承灾体易损性
1	铁岭市	开发区	0.51	0.00	0.50	0.09	0.24	0.39
2		银州区	0.51	0.41	0.74	0.72	0.45	0.73
3	铁岭县	凡河镇	0.57	1.00	0.49	0.34	0.80	0.45
4		新台子镇	0.51	0.00	0.45	0.34	0.23	0.42
5		腰堡镇	0.57	0.00	0.45	0.34	0.26	0.42
6	沈阳市	光辉街道	0.58	0.06	0.70	0.21	0.30	0.56
7		于洪区(蒲)	0.60	0.06	0.70	0.21	0.31	0.56
8		苏家屯区	0.55	0.13	0.59	0.34	0.32	0.52
9		于洪区(浑)	0.60	0.06	0.70	0.21	0.31	0.56
10		黄家街道	0.39	0.00	0.54	0.11	0.18	0.42
11		石佛寺街道	0.39	0.00	0.54	0.11	0.18	0.42
12		兴隆台街道	0.39	0.00	0.54	0.11	0.18	0.42
13		大东区	0.19	0.02	0.80	0.34	0.10	0.67
14		东陵区	0.32	0.02	0.54	0.13	0.16	0.43
15		和平区	0.19	0.24	0.84	0.20	0.22	0.66
16		皇姑区	0.19	0.01	0.84	0.49	0.09	0.74
17		沈河区	0.19	0.15	0.83	0.19	0.17	0.65
18		铁西区	0.19	0.24	0.75	0.17	0.22	0.59
19	新民市	法哈牛镇	0.59	0.07	0.50	0.45	0.31	0.49
20		湖台镇	0.59	0.00	0.54	0.39	0.27	0.50
21		兴隆堡镇(蒲)	0.60	0.33	0.49	0.45	0.46	0.48
22		张家屯镇	0.59	0.43	0.49	0.45	0.50	0.48
23		大民屯镇	0.46	0.40	0.53	0.45	0.43	0.51
24		罗家房镇	0.43	0.31	0.49	0.58	0.36	0.51
25		前当堡镇	0.47	0.42	0.50	0.52	0.44	0.50
26		三道岗子镇	0.47	0.49	0.48	0.58	0.48	0.50
27		兴隆堡镇(辽)	0.48	0.33	0.49	0.45	0.40	0.48
28		兴隆镇	0.49	0.48	0.50	0.39	0.48	0.47

续表 3-3-11

序号	县(市)	乡镇(区)	防洪工程安全性	致灾因子危险性	承灾体暴露性	应对恢复能力	危险源危险性	承灾体易损性
29	辽中县	城郊镇	0.65	0.86	0.53	0.24	0.76	0.45
30		冷子堡镇	0.64	0.40	0.46	0.62	0.51	0.51
31		辽中镇	0.58	0.93	0.53	0.64	0.77	0.56
32		刘二堡镇	0.58	0.02	0.39	0.86	0.27	0.52
33		六间房镇	0.58	0.88	0.38	0.77	0.74	0.49
34		潘家堡镇	0.58	0.02	0.53	0.22	0.28	0.44
35		肖寨门镇	0.70	1.00	0.52	0.73	0.86	0.58
36		杨士岗镇	0.55	0.00	0.57	0.20	0.25	0.46
37		养士堡镇	0.64	0.61	0.50	0.35	0.62	0.46
38		朱家房镇	0.65	0.79	0.41	0.84	0.73	0.53
39		茨榆坨镇	0.51	0.36	0.61	0.52	0.43	0.59
40	辽中县	四方台镇	0.47	0.00	0.48	0.36	0.22	0.45
41		新民屯镇	0.47	0.00	0.49	0.42	0.22	0.47
42		于家房镇	0.52	0.95	0.55	0.75	0.75	0.60
43		长滩镇	0.53	0.00	0.41	0.42	0.24	0.42
44	台安县	高力镇	0.61	1.00	0.56	0.39	0.82	0.51
45		黄沙镇	0.64	1.00	0.53	0.53	0.83	0.53
46		韭菜台镇	0.63	1.00	0.45	0.52	0.83	0.47
47	盘锦市	兴隆台区	0.41	0.34	0.77	0.34	0.37	0.65
48	盘山县	古城子镇	0.52	0.72	0.51	0.40	0.63	0.48
49		坝墙子镇	0.51	0.38	0.47	0.53	0.44	0.49
50		沙岭镇	0.48	0.49	0.47	0.53	0.48	0.49
51		吴家镇	0.55	0.35	0.42	0.53	0.44	0.45
52	大洼县	新开镇	0.53	0.41	0.54	0.27	0.47	0.46
53		新立镇	0.53	0.35	0.49	0.21	0.43	0.41
54	抚顺市	东洲区	0.33	0.02	0.45	0.39	0.16	0.43
55		望花区	0.33	0.00	0.71	0.54	0.15	0.66
56		新抚区	0.33	0.00	0.71	0.44	0.15	0.64

续表 3-3-11

序号	县(市)	乡镇(区)	防洪工程安全性	致灾因子危险性	承灾体暴露性	应对恢复能力	危险源危险性	承灾体易损性
57	灯塔市	大河南镇	0.58	0.06	0.53	0.48	0.30	0.52
58		柳条寨镇	0.58	0.39	0.51	0.67	0.48	0.55
59		佟二堡镇	0.55	0.39	0.54	0.61	0.46	0.56
60		西马峰镇	0.54	0.00	0.55	0.55	0.25	0.55
61		烟台街道	0.58	0.17	0.66	0.48	0.36	0.61
62		沈旦堡镇	0.58	0.24	0.50	0.67	0.39	0.55
63		五星镇	0.59	0.40	0.51	0.61	0.49	0.53
64	辽阳市	王家镇	0.60	0.36	0.53	0.67	0.47	0.57
65	辽阳县	唐马寨镇	0.66	0.73	0.37	0.90	0.70	0.52
66		小北河镇	0.69	0.69	0.41	0.77	0.69	0.51
67	海城市	高坨镇	0.68	0.84	0.45	0.82	0.77	0.55
68		温香镇	0.69	0.94	0.38	0.94	0.82	0.53

2. 目标层洪水风险度计算

鉴于防洪保护区洪水风险度与风险源危险性和承灾体易损性之间存在复杂的非线性关系,很难准确得出各准则在防洪保护区洪水风险评价中的作用,本案例分别采用线性加权综合评判法、指数加权综合评判法、模糊综合评判法 3 种方法计算防洪保护区的洪水风险度。

1)线性模型法

防洪保护区洪水风险度线性模型中各准则的权重系数采用层次分析法的权重计算结果,计算公式如下:

$$A = 0.728 \times B_1 + 0.272 \times B_2 \tag{3-3-19}$$

式中　A——目标层的洪水风险度;

　　　B_i——准则层第 i 个准则。

采用线性模型计算的以乡镇行政区划为评价单元的辽浑、浑太防洪保护区洪水风险度见表 3-3-12。

表 3-3-12　目标层评价结果

序号	县(市)	乡镇(区)	线性模型法	指数模型法	模糊综合法
1	铁岭市	开发区	0.28	0.27	4
2		银州区	0.53	0.52	1
3	铁岭县	凡河镇	0.71	0.69	1
4		新台子镇	0.28	0.27	4
5		腰堡镇	0.31	0.30	4

续表 3-3-12

序号	县(市)	乡镇(区)	线性模型法	指数模型法	模糊综合法
6	沈阳市	光辉街道	0.37	0.35	4
7		于洪区(蒲)	0.38	0.36	4
8		苏家屯区	0.38	0.37	3
9		于洪区(浑)	0.38	0.36	4
10		黄家街道	0.25	0.23	4
11		石佛寺街道	0.25	0.23	4
12		兴隆台街道	0.25	0.23	4
13		大东区	0.26	0.17	4
14		东陵区	0.23	0.21	4
15		和平区	0.34	0.29	4
16		皇姑区	0.27	0.16	4
17		沈河区	0.30	0.25	4
18		铁西区	0.32	0.29	4
19	新民市	法哈牛镇	0.36	0.35	4
20		湖台镇	0.33	0.32	4
21		兴隆堡镇(蒲)	0.46	0.46	3
22		张家屯镇	0.50	0.50	3
23		大民屯镇	0.45	0.45	3
24		罗家房镇	0.40	0.40	4
25		前当堡镇	0.46	0.46	3
26		三道岗子镇	0.49	0.49	3
27		兴隆堡镇(辽)	0.42	0.42	3
28		兴隆镇	0.48	0.48	3
29	辽中县	城郊镇	0.68	0.66	2
30		冷子堡镇	0.51	0.51	3
31		辽中镇	0.71	0.70	1
32		刘二堡镇	0.34	0.32	4
33		六间房镇	0.67	0.66	1
34		潘家堡镇	0.32	0.31	4
35		肖寨门镇	0.79	0.77	1
36		杨士岗镇	0.31	0.30	4

续表 3-3-12

序号	县（市）	乡镇（区）	线性模型法	指数模型法	模糊综合法
37	辽中县	养士堡镇	0.58	0.57	2
38		朱家房镇	0.67	0.67	2
39		茨榆坨镇	0.47	0.47	3
40		四方台镇	0.28	0.26	4
41		新民屯镇	0.28	0.27	4
42		于家房镇	0.71	0.71	1
43		长滩镇	0.29	0.28	4
44	台安县	高力镇	0.74	0.72	1
45		黄沙镇	0.75	0.74	1
46		韭菜台镇	0.73	0.71	1
47	盘锦市	兴隆台区	0.45	0.43	4
48	盘山县	古城子镇	0.59	0.58	2
49		坝墙子镇	0.45	0.45	3
50		沙岭镇	0.48	0.48	3
51		吴家镇	0.44	0.44	4
52	大洼县	新开镇	0.46	0.46	3
53		新立镇	0.43	0.43	4
54	抚顺市	东洲区	0.23	0.21	4
55		望花区	0.29	0.22	4
56		新抚区	0.28	0.22	4
57	灯塔市	大河南镇	0.36	0.34	4
58		柳条寨镇	0.50	0.50	3
59		佟二堡镇	0.49	0.49	2
60		西马峰镇	0.33	0.31	4
61		烟台街道	0.43	0.41	2
62		沈旦堡镇	0.44	0.43	4
63		五星镇	0.50	0.50	2
64	辽阳市	王家镇	0.50	0.49	2
65	辽阳县	唐马寨镇	0.65	0.65	2
66		小北河镇	0.64	0.63	2
67	海城市	高坨镇	0.71	0.70	1
68		温香镇	0.74	0.73	1

2）指数模型法

防洪保护区洪水风险度指数模型中各准则的权重系数采用层次分析法的权重计算结果，计算公式如下：

$$A = B_1^{0.728} \times B_2^{0.272} \tag{3-3-20}$$

式中　　A——目标层的洪水风险度；

B_i——准则层第 i 个准则。

采用指数模型计算的以乡镇行政区划为评价单元的辽浑、浑太防洪保护区洪水风险度见表 3-3-12。

3）模糊综合法

本书采用模糊综合评判法由指标层各指标的数值直接计算各评价单元（乡镇行政区划与计算网格两类）洪水风险度，主要步骤如下。

步骤 1：确定由辽浑、浑太防洪保护区全体评价单元各项指标数值组成的因素集 U。

$$U = \begin{bmatrix} u_{11} & u_{12} & \cdots & u_{1m} \\ u_{21} & u_{22} & \cdots & u_{2m} \\ \vdots & \vdots & & \vdots \\ u_{n1} & u_{n2} & \cdots & u_{nm} \end{bmatrix} \tag{3-3-21}$$

辽浑、浑太防洪保护区洪水风险评价分别以乡镇行政区划和洪水分析时剖分网格为基本评价单元。辽浑保护区洪水风险图编制时二维水流模型共剖分网格 109 035 个，浑太保护区剖分网格 107 906 个，沈阳市浑河左岸剖分网格 5 661 个，浑河右岸剖分网格 20 599 个，合计 243 201 个网格。由于沈阳市浑河右岸全部网格均位于辽浑保护区的网格内，为避免数据重复，在统计本区洪水要素时将沈阳市浑河右岸网格的数值内插至辽浑保护区的网格内，因此洪水风险评价共涉及 216 941 个网格，即当以网格为评价单元时，$n = 216\ 941$。本书建立的洪水风险评价指标体系中，指标层共有 13 个指标，但由于没有各频率洪水流速的相关成果，因此在进行洪水风险评价时只选取了 12 个指标，即 $m = 12$。

步骤 2：确定评语等级集 V，即风险等级评判指标体系中各分级指标不同等级值域，具体见表 3-3-13。一个定量指标的不同等级指标值域即为该指标分为 4 级时相应级的上下限值，定性指标的不同等级指标值域从数量上均统一为 $(0,25)$、$[25,50)$、$[50,75)$、$[75,100]$。

表 3-3-13　防洪保护区洪水风险等级与分级指标值域

指标	单位	风险等级			
		I 级 $[d,e]$	II 级 $[c,d)$	III 级 $[b,c)$	IV 级 (a,b)
防洪标准	年	$(10,20)$	$[20,50)$	$[50,100)$	$[100,500]$
筑堤材料		$[75,100]$	$[50,75)$	$[25,50)$	$(0,25)$
地质条件		$[75,100]$	$[50,75)$	$[25,50)$	$(0,25)$
弯曲率		$[2.0,5.0]$	$[1.5,2.0)$	$[1.25,1.5)$	$(1.0,1.25)$
期望淹没水深	m	$[0.04,0.06]$	$[0.02,0.04)$	$[0.01,0.02)$	$(0,0.01)$
期望淹没历时	h	$[1.44,3.36]$	$[0.48,1.44)$	$[0.24,0.48)$	$(0,0.24)$
人口密度	人/km²	$[1\ 000,10\ 000]$	$[500,1\ 000)$	$[100,500)$	$(0,100)$

续表 3-3-13

指标	单位	风险等级			
		I 级 $[d,e]$	II 级 $[c,d]$	III 级 $[b,c]$	IV 级 (a,b)
经济密度	万元/km²	$[5\,000, 20\,000]$	$[1\,000, 5\,000)$	$[500, 1\,000)$	$(0,500)$
耕地密度		$[0.6, 0.8]$	$[0.4, 0.6)$	$[0.2, 0.4)$	$(0,0.2)$
路网密度	km⁻¹	$[0.75, 1.5]$	$[0.5, 0.75)$	$[0.25, 0.5)$	$(0,0.25)$
人均 GDP	万元/人	$(0,4)$	$[4, 6)$	$[6, 10)$	$[10, 20]$
外部交通条件		$[75, 100]$	$[50, 75)$	$[25, 50)$	$(0, 25)$

步骤 3：根据选定隶属函数，按式（3-3-22）～式（3-3-25）计算各评价单元洪水风险分级评判矩阵 **R** 的各个元素数值。

$$r_{i1}(u_i) = \begin{cases} 1 & \left(u_i > \dfrac{d+e}{2}\right) \\[2mm] 0.5 + 0.5\dfrac{2u_i - 2d}{e-d} & \left(d < u_i \leqslant \dfrac{d+e}{2}\right) \\[2mm] 0.5\dfrac{2u_i - c - d}{d-c} & \left(\dfrac{c+d}{2} < u_i \leqslant d\right) \\[2mm] 0 & \left(u_i \leqslant \dfrac{c+d}{2}\right) \end{cases} \tag{3-3-22}$$

$$r_{i2}(u_i) = \begin{cases} 0 & \left(u_i > \dfrac{d+e}{2}\right) \\[2mm] 0.5 - 0.5\dfrac{2u_i - 2d}{e-d} & \left(d < u_i \leqslant \dfrac{d+e}{2}\right) \\[2mm] 1 - 0.5\dfrac{|2u_i - c - d|}{d-c} & \left(c < u_i \leqslant d\right) \\[2mm] 0.5\dfrac{2u_i - b - c}{c-b} & \left(\dfrac{b+c}{2} < u_i \leqslant c\right) \\[2mm] 0 & \left(u_i \leqslant \dfrac{b+c}{2}\right) \end{cases} \tag{3-3-23}$$

$$r_{i3}(u_i) = \begin{cases} 0 & \left(u_i > \dfrac{c+d}{2}\right) \\[2mm] 0.5 - 0.5\dfrac{2u_i - 2c}{d-c} & \left(c < u_i \leqslant \dfrac{c+d}{2}\right) \\[2mm] 1 - 0.5\dfrac{|2u_i - b - c|}{c-b} & \left(b < u_i \leqslant c\right) \\[2mm] 0.5\dfrac{2u_i - a - b}{b-a} & \left(\dfrac{a+b}{2} < u_i \leqslant b\right) \\[2mm] 0 & \left(u_i \leqslant \dfrac{a+b}{2}\right) \end{cases} \tag{3-3-24}$$

$$r_{i4}(u_i) = \begin{cases} 0 & \left(u_i > \dfrac{b+c}{2}\right) \\[2mm] 0.5 - 0.5\dfrac{2u_i - 2b}{c - b} & \left(b < u_i \leqslant \dfrac{b+c}{2}\right) \\[2mm] 1 - 0.5\dfrac{2u_i - a - b}{b - a} & \left(\dfrac{a+b}{2} < u_i \leqslant b\right) \\[2mm] 0 & \left(u_i \leqslant \dfrac{a+b}{2}\right) \end{cases} \qquad (3\text{-}3\text{-}25)$$

$$\boldsymbol{R} = \begin{bmatrix} r_{11} & r_{12} & \cdots & r_{14} \\ r_{21} & r_{22} & \cdots & r_{24} \\ \vdots & \vdots & & \vdots \\ r_{m1} & r_{m2} & \cdots & r_{m4} \end{bmatrix} \qquad (3\text{-}3\text{-}26)$$

式中　　u_i——评价单元第 i 项指标数值；

　　　　a、b、c、d、e——评价单元第 i 项指标各风险等级的界值；

　　　　m——指标数目，$m = 12$。

步骤 4：确定评价因素的权重模糊集 A，本例采用层次分析法权重计算结果作为各评价指标的权重系数。各指标的权重由指标层权重与因素层权重相乘而来，由于辽浑、浑太防洪保护区洪水风险评价缺少期望流速指标，其权重由期望淹没水深和期望淹没历时按比例分摊。各指标权重系数见表 3-3-14。

表 3-3-14　辽浑、浑太防洪保护区洪水风险评价指标权重

指标	防洪标准	筑堤材料	地质条件	弯曲率	期望淹没水深	期望淹没历时
权重	0.125	0.084	0.083	0.042	0.285	0.109
指标	人口密度	经济密度	耕地密度	路网密度	人均 GDP	外部交通条件
权重	0.095	0.053	0.031	0.017	0.057	0.019

步骤 5：根据确定的权重模糊集 A 和计算得到的各评价单元评判矩阵 $\boldsymbol{R}$，采用线性变换方法得到各评价单元洪水风险分级综合决策向量 $\boldsymbol{B}$：

$$\boldsymbol{B} = \boldsymbol{A} \times \boldsymbol{R} \qquad (3\text{-}3\text{-}27)$$

$$[B_1, B_2, B_3, B_4] = [a_1, a_2, \cdots, a_n] \times \begin{bmatrix} r_{11} & r_{12} & \cdots & r_{14} \\ r_{21} & r_{22} & \cdots & r_{24} \\ \vdots & \vdots & & \vdots \\ r_{n1} & r_{n2} & \cdots & r_{n4} \end{bmatrix} \qquad (3\text{-}3\text{-}28)$$

步骤 6：根据综合决策向量 $\boldsymbol{B}$ 各分量的大小，按照最大隶属度原则确定评价单元的洪水风险等级。

$$G = i \qquad (B_i = \max(B_1, B_2, B_3, B_4)) \qquad (3\text{-}3\text{-}29)$$

式中　　G——评价单元的洪水风险等级。

当向量 $\boldsymbol{B}$ 中出现两个相等的最大分量 B_i、B_j 时，有

$$B_i = B_j = \max(B_1, B_2, B_3, B_4) \qquad (j > i) \qquad (3\text{-}3\text{-}30)$$

则取 $G=i$。

采用模糊综合评判法计算的以乡镇行政区划为评价单元的辽浑、浑太防洪保护区洪水风险度见表3-3-12。

三、洪水风险区划

洪水风险区划主要涵盖两方面内容:一是按照风险的大小对洪水风险度进行合理分级,二是对处于面积较小的零星区域进行归并处理。从提高洪水风险区划图实用性的角度出发,本案例分别对洪水风险评价指标体系的因素层、准则层和目标层进行了风险评价和区划,并对各层级的区划结果进行了合理性分析。

(一)洪水风险等级划分

为了对洪水风险进行有效评估,需要首先对其进行风险等级划分。不同学者对风险等级的划分也不大相同。周成虎等(2000)以降雨、地形和社会经济易损性为指标,将辽河流域划分为5级洪灾风险区。姜付仁等(2002)以河道洪水发生频率为指标,将长江等流域受洪水威胁地区划分为5级风险区。刘敏等(2002)以风险指数为指标,将湖北省雨涝灾害分为轻度、中度、重度和极重度4级风险区。何报寅等(2002)根据降水、地形、河网及历史洪灾发生频次将湖北省洪水危险性划分为5个等级。陈华丽等(2003)从洪水危险性与易损性两个角度出发,将湖北省洪灾风险划分为4个等级。谭徐明等(2004)根据自然特性、社会经济、洪水灾害和减灾能力4类指标,将全国洪水风险一级区划分为4个等级。可见国内多将洪水相关的风险等级划分为4~5级。

洪水风险等级划分既不宜过多,也不宜过少。等级划分过多,对基础资料精度的要求也相应提高,且对评价指标体系的有效性也提出了更高的要求,在实际操作时很难满足;等级划分过少,则不利于风险区划成果的实际应用。参考上述洪水(灾)风险等级划分成果,本书将防洪保护区洪水风险评价指标体系的因素层、准则层和目标层各因子的风险等级划分为4个等级,分别为极高风险、高风险、中风险、低风险。风险等级与风险度值的对应关系见表3-3-15。

表3-3-15　防洪保护区风险等级及其赋值

风险等级	Ⅰ级	Ⅱ级	Ⅲ级	Ⅳ级
因子评价值	0.75~1.0	0.5~0.75	0.25~0.5	0~0.25
表征状态	极高风险	高风险	中风险	低风险

(二)零星区域归并处理

区划方法分为"自上而下"和"自下而上"两种,针对具体的防洪保护区进行洪水风险区划宜采用"自下而上"的方法。"自下而上"的区划方法采用的基本评价单元一般面积较小,需要进行归并处理。本案例采用了乡镇行政区划与计算网格两种基本风险评价单元,对于前者,评价区域内有68个基本评价单元,且基本评价单元面积一般都较大,区划结果不需要进行归并处理;对于后者,评价区域内有近22万个基本评价单元,区划图中会出现数量众多的斑块,考虑到洪水风险区划图主要用于宏观决策和管理,对成果精度要求不高,为了保持行政区划的相对完整性,需要对图中斑块进行归并和整合。经多次尝试,依据以下原则对斑块进行归并处理:①将面积小于1 km² 的斑块直接合并至邻接的最大面积斑块中;②将面在 1～10 km²,周长面积比大于 5 km⁻¹ 的斑块合并到邻接的风险等级相对较高的斑块中；③参照道路等线性阻水建筑物、分水岭和乡镇行政界线对不同风险等级斑块之间的界线进行平滑处理。斑块归并前与归并后的区划成果见图 3-3-7。

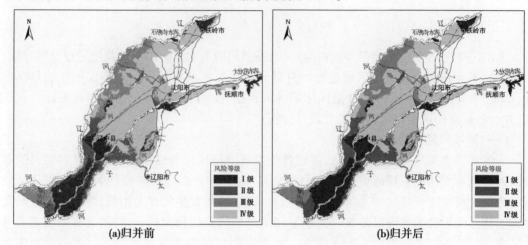

图 3-3-7　洪水风险区划归并效果对比

(三)区划成果分析

采用上述风险等级划分方法,可将防洪保护区洪水风险评价指标体系因素层的防洪工程安全性指数、致灾因子危险性指数、承灾体暴露性指数、应对恢复能力指数,准则层的危险源危险性指数和承灾体易损性指数以及目标层的洪水风险程度指数按极高危险区、高危险区、中危险区、低危险区 4 个等级进行分区划分,然后对以计算网格为基本评价单元的致灾因子危险性指数、危险源危险性指数和洪水风险程度指数进行归并处理,结果见图 3-3-8、图 3-3-9。

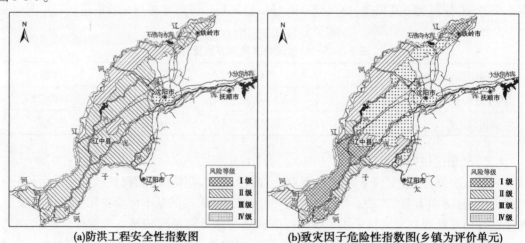

图 3-3-8　因素层与准则层风险区划成果

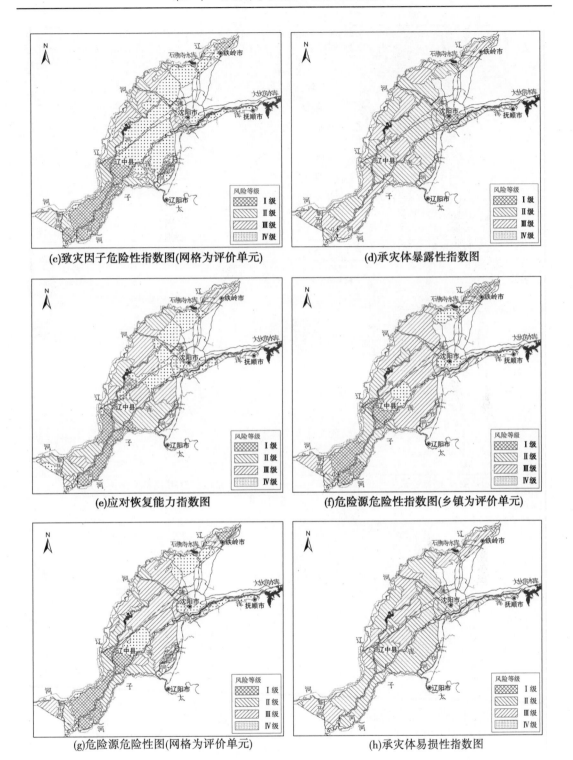

(c)致灾因子危险性指数图(网格为评价单元)

(d)承灾体暴露性指数图

(e)应对恢复能力指数图

(f)危险源危险性指数图(乡镇为评价单元)

(g)危险源危险性图(网格为评价单元)

(h)承灾体易损性指数图

续图 3-3-8

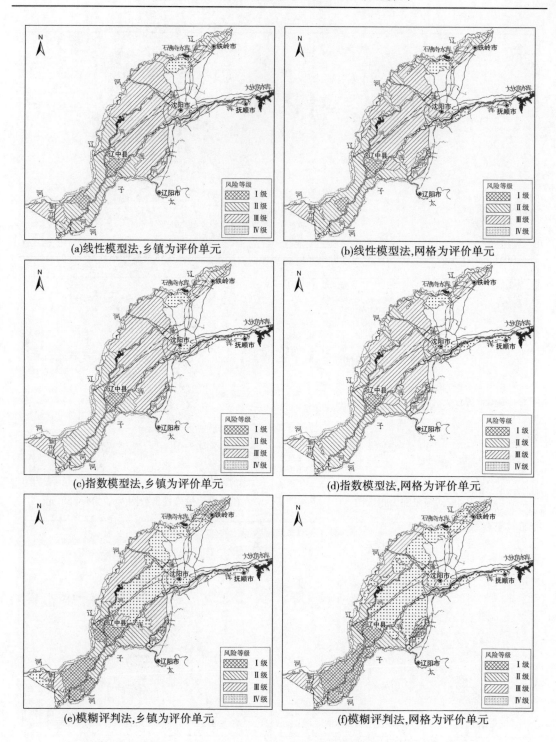

(a)线性模型法,乡镇为评价单元　　　　　　　(b)线性模型法,网格为评价单元

(c)指数模型法,乡镇为评价单元　　　　　　　(d)指数模型法,网格为评价单元

(e)模糊评判法,乡镇为评价单元　　　　　　　(f)模糊评判法,网格为评价单元

图 3-3-9　目标层洪水风险区划成果

1. 因素层与准则层区划成果分析

1)防洪工程安全性

由图 3-3-8(a)可以看出,辽浑、浑太防洪保护区内多数地区防洪工程的风险等级处于Ⅱ

级和Ⅲ级之间,为中度风险或高度风险区域,仅沈阳市的中心城区处于Ⅳ级风险区,风险等级较低,全区内未出现Ⅰ级极高风险区域。

沈阳市防洪工程风险等级较低的主要原因是浑河沈阳市城区段两岸堤防防洪标准较高,达到了100～300年一遇,且堤防的材料与地质条件相对较好,河道也较为顺直。

2)致灾因子危险性

由图3-3-8(b)与图3-3-8(c)可以看出,辽浑、浑太防洪保护区致灾因子危险性最高的Ⅰ级风险区多出现在蒲河河口附近及其下游的辽河、浑河、太子河三条河之间狭长地带,危险性最低的Ⅳ级风险区则主要分布在保护区的中上游地区,Ⅱ～Ⅲ级风险区多分布在辽河左岸沿线地区。

当评价单元不同时,致灾因子危险性的评价结果会相差较大,以乡镇行政区划为评价单元时,保护区内的Ⅳ级低风险区仅占总面积的2/5,以网格为评价单元时,保护区内Ⅳ级低风险区约占总面积的1/2,这是因为洪水风险图编制时洪水分析是以计算网格为基础进行的,当将其计算结果转换至乡镇单元时,受插值方法影响,计算结果不可避免地存在一定的均化与偏差。由于以网格为评价单元的致灾因子危险性评价结果可以更为精细地反映溃、漫堤洪水发生时保护区的洪水风险程度,建议在下一步的研究中采用以网格为评价单元进行防洪保护区洪水风险分析。

3)承灾体暴露性

洪水风险评价体系中损失因子的暴露性包括人口密度、经济密度等社会经济指标,主要用来表征评价区域的人口密集程度和经济发展水平。由图3-3-8(d)可知,沈阳市中心城区承灾体暴露性最高,风险程度为Ⅰ级,保护区承灾体暴露性中等的区域多出现在辽河沿岸及辽河、浑河、太子河下游地区,其风险等级为Ⅲ级,保护区内未出现暴露性最低的Ⅳ级风险区。

4)应对恢复能力

防洪保护区的应对恢复能力因子包括人均GDP和外部交通条件两个指标,主要用来表征保护区的抗洪能力和灾后的恢复重建能力。从图3-3-8(e)可以看出,辽浑、浑太防洪保护区内应对恢复能力的总体分布趋势为上游强、下游弱,应对恢复能力最强的区域为沈阳市,其风险等级为最低的Ⅳ级,应对恢复能力最弱的区域则主要集中在"浑太胡同"与蒲河下游河段与辽河之间,其风险等级为最高的Ⅰ级。

5)危险源危险性

危险源的危险性由防洪工程安全性与致灾因子危险性两方面组成。图3-3-8(f)与图3-3-8(g)分别为以乡镇为评价单元和以网格为评价单元的防洪保护区洪水危险源危险性区划图。由图可知,辽浑、浑太防洪保护区洪水危险源危险性最高的区域主要分布在保护区下游的辽河、蒲河、浑河、太子河四条河之间,风险等级为Ⅰ级,危险性最低的Ⅳ级风险区域则多分布在沈阳市中心城区与浑河中下游两侧的柳条寨、沈旦堡、长滩、新民屯、四方台等地。评价单元的选取对洪水危险源的危险性评价结果有一定的影响,以网格为基本单元进行危险性评价可以更为准确地描述和表达评价区域危险性的空间分布情况。

6)承灾体易损性

承灾体易损性由承灾体暴露性与应对恢复能力两方面组成。从图3-3-8(h)可以看出,辽浑、浑太防洪保护区内各地区的承灾体易损性相差不大,风险等级多处于Ⅱ级与Ⅲ级之间,其中浑太保护区的承灾体易损性相对较大,风险等级均为Ⅱ级。

2. 洪水风险综合评价方法分析

(1)线性模型法与指数模型法的评价结果较为接近,指数模型法洪水风险度计算结果略低于线性模型法的计算结果。两者计算结果比较接近的原因在于这两种方法均根据准则层的因子值计算洪水风险度,计算基础完全一致,区别仅在于前者为线性加权,后者为指数加权。指数模型法计算成果略低于线性模型法计算成果则是由两个计算公式的内在差异造成的。

(2)线性模型法与指数模型法的评价结果出现"两头小、中间大"的分布趋势,多数评价区域风险等级处于Ⅱ~Ⅲ级,风险等级为Ⅰ级与Ⅳ级的区域相对较少,而模糊综合评判法的评价结果中不同风险等级的区域所占比例相对均衡。由此可见,线性模型法与指数模型法对评价区域洪水风险等级的区分度低于模糊综合评判法的区分度,原因主要在于无论是线性模型法的线性加权还是指数模型法的指数加权都是采用准则层的两个因子直接计算而得,其评价结果中已无法反映出各指标层指标对目标层单独的影响作用,而模糊综合评判法是直接根据指标层的各项指标进行洪水风险综合评判,评价结果中已反映了各指标对目标层的单独影响作用。

(3)从定性角度考虑,辽浑、浑太防洪保护区的中上游地区由于辽河左岸石佛寺以下河段堤防防洪标准已达100年一遇,且该区域地势较高,导致不同频率溃堤洪水的淹没水深很小,因此该地区洪水风险等级应该较低,而指数模型法与线性模型法的评价结果显示其风险等级均为Ⅲ级。此外,辽浑、浑太防洪保护区下游的浑河、太子河两岸堤防的防洪标准仅为50年一遇,堤防多为沙基沙堤,蒲河堤防防洪标准为20年一遇,且该区地势低洼,洪水溃堤后淹没水深较大,因此该地区洪水风险等级应该较高,而指数模型法与线性模型法的评价结果显示其风险等级多为Ⅱ级。所以,相对而言,模糊综合评判法的洪水风险评价结果更为合理。

3. 洪水风险区划成果分析

1)防洪工程安全性分析

防洪保护区防洪工程安全性主要取决于能防御洪水、保护防洪保护区免受洪水肆虐的堤防工程的安全性,可用堤防的防洪标准、堤身与堤基的材质等指标衡量。

辽浑、浑太防洪保护区内浑河沈阳市城区以下段与太子河辽阳市城区以下段堤防的防洪标准均为50年一遇,且堤防多为沙基沙堤,安全性相对较差,所以防洪工程的风险等级多为Ⅱ级,此外蒲河两侧堤防的防洪标准为20年一遇,防洪标准相对较低,因此防洪工程的风险等级也为Ⅱ级;辽河石佛寺以下段堤防防洪标准为100年一遇,相对较高,但多处出现沙基沙堤,所以安全性一般,防洪工程风险等级为Ⅲ级;浑河北岸沈阳市中心城区段堤防防洪标准达300年一遇,且堤防的质量相对较好,安全性很高,因此防洪工程风险等级为Ⅳ级。

2)致灾因子危险性分析

致灾因子危险性主要用来反映防洪保护区在堤防溃决或洪水漫溢后保护区内洪水的危险程度,可以用洪水的期望淹没水深、淹没历时、洪水流速等指标来表征。

辽浑、浑太防洪保护区地域广阔,保护区内地形变化较大,不同河段堤防的防洪标准也相差较大,因此致灾因子危险性差别也较大。保护区下游的浑太胡同及其右侧的辽河、浑河两河之间由于地势低洼,且堤防的防洪标准仅为50年,因此期望淹没水深较大,多数地区在

0.05 m 以上,致灾因子的危险性为Ⅰ级;辽河左岸沿线地区期望淹没水深相对较小,所以致灾因子危险性处于Ⅱ～Ⅲ级,蒲河左岸与浑河黄蜡坨以上区域地势相对较高,期望淹没水深很小,故而致灾因子危险性多为Ⅳ级。

3)承灾体暴露性分析

防洪保护区承灾体暴露性可以从人口密度、经济密度、耕地密度等方面来表征,主要用来反映防洪保护区在遭受洪涝灾害后的损失程度。

辽浑、浑太防洪保护区地处辽河流域的中下游,属于辽宁省人口密集、经济发达的中心区域,发生洪涝灾害后可能造成巨大的经济损失和严重的社会问题,因此该区域损失因子的暴露性较高,风险等级处在Ⅰ～Ⅲ级间。沈阳市的大东、和平等中心城区作为辽宁省的政治、经济、文化中心,人口密度超过 5 000 人/km²,经济密度也超过了 5 000 万元/km²,因此承灾体暴露性极高,风险等级为Ⅰ级;沈阳市、辽阳市、辽中县及台安县黄沙坨镇的周边区域与保护区的其他区域相比,社会经济发展相对较快,因此承灾体暴露性也很高,风险等级为Ⅱ级;其他地区的社会经济发展速度相对较慢,因此承灾体暴露性相对较低,风险等级为Ⅲ级。

4)应对恢复能力分析

防洪保护区的应对恢复能力用来反映防洪保护区在遭受特大洪水时的抗洪防洪能力和遭受洪灾后的恢复重建能力,主要与地方政府的财政能力有关,可以从人均 GDP 与外部交通条件两方面来表征。

辽浑、浑太防洪保护区应对恢复能力最强的区域当属沈阳市及其周边区域,风险等级为Ⅳ级,其次为铁岭、新民等地,风险等级为Ⅲ级,应对恢复能力最差的区域为浑太胡同及其右岸的朱家房与六间房等地区,该区受地域条件限制,经济发展缓慢,交通条件相对较差,风险等级为Ⅰ级。

5)危险源危险性分析

危险源的危险性主要取决于防洪工程安全性与致灾因子危险性两个方面,防洪工程安全性越低、致灾因子危险性越高,则防洪保护区危险源的危险性也越高。

辽浑、浑太防洪保护区危险源危险性最高的区域处于辽中环线下游的辽、浑、太三条河流之间的狭长地带,其危险等级为Ⅰ级,危险源危险性最低的区域则主要分布在沈阳市中心城区和浑河两侧的沈旦堡、柳条寨和长滩、新民屯、四方台等地,危险等级为Ⅳ级。

6)承灾体易损性分析

承灾体易损性主要包括损失因子的暴露性和应对恢复能力两个方面。从评价结果可以看出,辽浑、浑太防洪保护区承灾体易损性处于Ⅱ～Ⅲ级。其中沈山铁路沿线与浑河以南地区的易损性相对较大,风险等级多为Ⅱ级,铁岭市、新民市以及盘山市的易损性相对较小,风险等级多为Ⅲ级。

7)洪水风险度分析

由模糊综合评判法的评价结果可以看出,辽浑、浑太防洪保护区洪水风险度的整体分布趋势为上游低、下游高。洪水风险度最高的区域主要集中在蒲河河口及其下游辽河、浑河、太子河三条河流之间的狭长区域,风险等级多为Ⅰ级,此外铁岭市及沈阳市浑河以南局部区域的风险等级亦为Ⅰ级;保护区内风险等级处于Ⅱ级的区域相对较少,主要分布在辽河左岸的养士堡、六间房,太子河右岸的王家镇、佟二堡和大辽河右岸的古城子镇等地;Ⅲ级风险区则主要分布在辽河石佛寺下游左岸的新民市和盘山市境内;风险程度最低的Ⅳ级区分布最为广泛,主要集中在辽中县城以上、蒲河以南的广大区域。

四、洪水风险区划图绘制

根据上述洪水风险度等级划分及不同方法洪水风险度计算结果,在以行政区划、河流水系、防洪工程、交通道路、居民地等图层为基础的工作底图上,选用国家防总公布的《重点地区洪水风险图编制项目软件名录》中由中国水利水电科学研究院开发的洪水风险图绘制系统,绘制辽浑、浑太防洪保护区洪水风险区划图。绘制流程主要包括用户输入、数据检测、风险度图层处理、制图表达、确定成图范围与版面、用户输出等部分。

(一)用户输入

用户输入就是图层加载,加载内容主要包括评价区域底图及风险程度专题图层。在加载图层时可直接根据显示的比例尺将对应符号库中的符号应用于图形展示。

(二)数据检测

检测用户输入的图层数据,主要检测内容有以下几项:

(1)数据内容;

(2)图层格式;

(3)图层投影方式及坐标系统。

(三)风险度图层处理

风险度图层处理包括相关图层的数据检测、空间插值等。

1.相关图层数据检测

检测洪水风险度专题图层属性表内容是否完整并符合要求。洪水风险度专题图层主要为目标层的洪水风险度指标。为了进行下一步的空间插值,必须提供绘制范围图层,如果绘制范围内有堤防,须同时加载堤防图层,做硬断线处理。

2.空间插值

当以乡镇为评价单元进行洪水风险评价时,由于辽浑、浑太防洪保护区仅涉及 60 余个乡(镇、区),因此评价结果不需要进行插值处理。如果以洪水分析时二维数学模型的剖分网格为评价单元,因为辽浑、浑太保护区内网格数多达 210 000 多个,部分相邻区域的网格可能出现评价结果相差较大的现象,导致局部区域出现洪水风险度剧烈变化的不合理情况,因此需要将以格网为单位输出的风险度计算成果进行空间插值,得到风险度要素呈自然过渡的晕渲图。

(四)制图表达

制图表达包括基础制图表达与高级制图表达两部分内容。基础制图表达是指根据比例尺选择对应的符号库对图形数据进行展示;高级制图表达是指根据生成洪水风险区划图的需要,进行例如河流渐变、注记修改、测站与河流垂直等处理。

(五)确定成图范围与版面

以洪水风险评价范围作为成图范围,将其位于图版中间,同时根据成图需求拉框选择,确定成图范围。

版面的内容及布局参照《洪水风险图编制技术细则》的规定,布局合理;编辑图的标题、制图信息、说明等文本,并放置合理位置。

（六）用户输出

用户输出包括 mxd 地图文件、pdf 或 jpg 格式文件以及既定数据模型三部分内容,这三部分内容均是需要提交业主的成果。

（1）mxd 地图文件。用来生成地图服务。如果用户需要继续对区划图进行美化、加工、编辑,可在桌面平台打开、编辑和保存文件。

（2）pdf 或 jpg 等格式成果图。

（3）自动将图形及属性表数据输出到既定的数据模型。

辽浑、浑太防洪保护区洪水风险区划成果见附图 6 ~ 附图 13。

采用模糊综合评判法的评价结果绘制的辽浑、浑太防洪保护区洪水风险区划图见附图 12、附图 13。

第四节　洪水风险区划图推广应用

防洪工程措施虽然可以在一定程度上减轻洪水风险,但是并不能完全消除洪水风险,而且还存在资金投入过高、洪水风险转移、可能造成安全错觉和若失事会造成更大危害等一系列问题,而防洪非工程措施的存在则在一定程度上弥补了防洪工程措施的缺点,在某些情况下成为避免和降低洪水风险的有效措施。编制洪水风险区划图则是防洪非工程措施的主要内容之一。

一、辅助制定防洪标准

防洪标准的确定方法可分为确定性方法与随机方法两种,目前常用的方法是根据防护对象的规模确定防洪标准,但近年来风险分析等随机性方法开始受到重视。随机性方法的基本原则是使提高防洪工程的安全度从而减少风险所带来的效益与由此增加的工程投资两者之间保持一定的比例,即把工程失事所带来的风险损失限制在可接受的水平,而确定洪水风险(洪灾期望损失)的大小正是洪水风险评估的主要目的之一。

二、为土地利用规划管理提供支持

随着社会发展、人口增加及耕地相对减少,洪泛区土地的合理利用和开发是不可避免的。在制定区域土地利用和开发规划时,应首先确定各地块受洪水淹没的可能性,把脆弱性较高的产业(如医院、有害垃圾处理场所)规划在洪水风险较低的地方,将脆弱性较低的景观绿地、户外运动场地等设施安置在洪水风险相对较高的区域。洪水风险图与区划图中的洪水风险评价成果均可作为确定各区域洪水风险大小的参考和依据。

三、促进洪水保险制度的建立及推行

洪水保险对减低洪水风险的作用主要体现在两个方面:①化解由洪水所再来的金融风险。洪水保险虽然无法阻止洪水发生,但可以分担经济损失风险并集中救灾储备,从而成为灾后恢复筹资的有效手段。②通过洪水风险评估和鼓励采取应对措施减少风险和损失。投保人为了降低保费,不得不采取有效的措施来降低洪水风险。不同国家和地区的自然灾害保险覆盖率相差甚大,英国建筑物的保险覆盖率高达 95%,台湾地区则低于 1% 。

　　洪水保险的关键是确定保险费率。一般而言,保险费率可根据下式确定:

$$保险费率 = 纯费率 + 附加费率 + 利润率$$

　　从上式可以看出,保险费率由纯费率、附加费率、利润率三部分组成。其中,附加费率和利润率均较易确定,难点在于确定保险的纯费率。

　　纯费率是指年洪灾损失期望值,不同地区年洪灾损失期望值差异很大。通过洪水风险分析可以确定不同频率洪水可能的淹没范围和水深的相关参数,估算相应的洪灾损失,并计算年洪灾损失期望值,从而为制定不同分区的洪水保险费率提供依据。

四、提高和普及公众的风险意识

　　所有旨在降低洪涝灾害影响措施的实施都有赖于利益相关者对这些措施的必要性与迫切性的深刻认识。提高公众的洪水风险意识可以推动公众自发的减灾行动和更好的应急准备,进而减轻洪水风险。洪水风险图与区划图的绘制为普及洪水风险、提供防灾减灾应对措施提供了素材和依据。

附 图

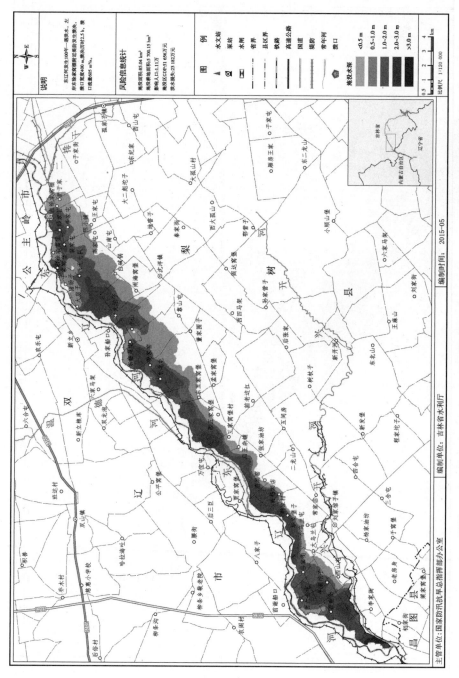

附图1 东辽河二龙山水库以下左岸防洪保护区C区100年一遇洪水东徐家窝棚溃口淹没水深图

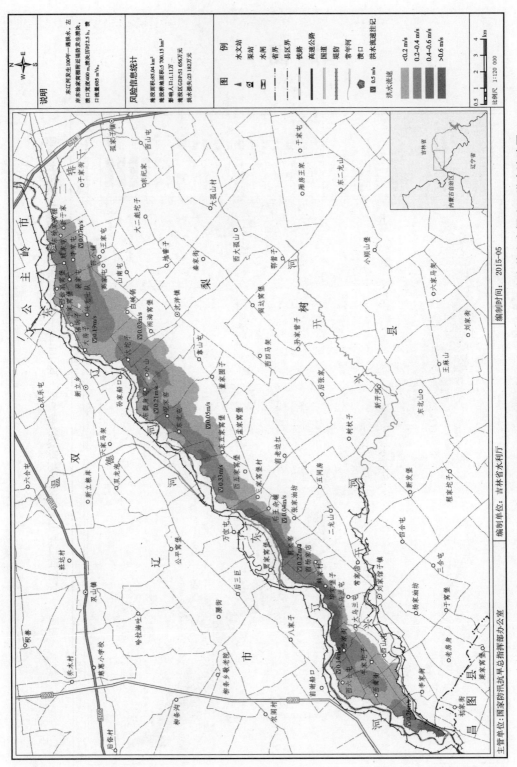

附图 2 东辽河二龙山水库以下左岸防洪保护区 C 区 100 年一遇洪水东徐家窝棚溃口洪水流速图

主管单位：国家防汛抗旱总指挥部办公室   编制单位：吉林省水利厅   编制时间：2015-05

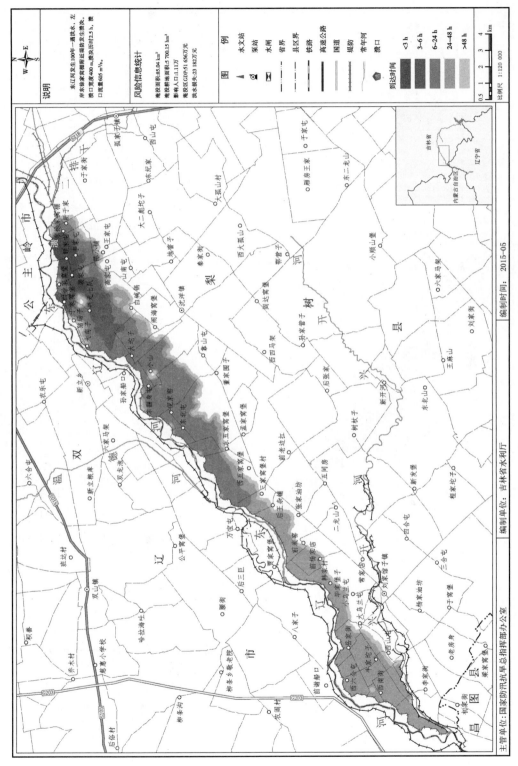

附图 3 东辽河二龙山水库以下左岸防洪保护区 C 区 100 年一遇洪水东徐家窝棚溃口到达时间图

主管单位：国家防汛抗旱总指挥部办公室　　　编制单位：吉林省水利厅　　　编制时间：2015-05

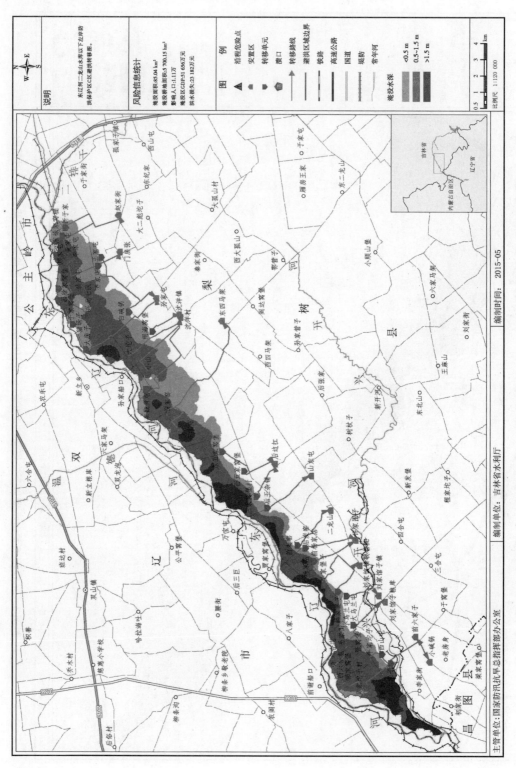

附图 4　东辽河二龙山水库以下左岸防洪保护区 C 区 100 年一遇洪水避洪转移图（方案一）

主管单位：国家防汛抗旱总指挥部办公室　　编制单位：吉林省水利厅　　编制时间：2015-05

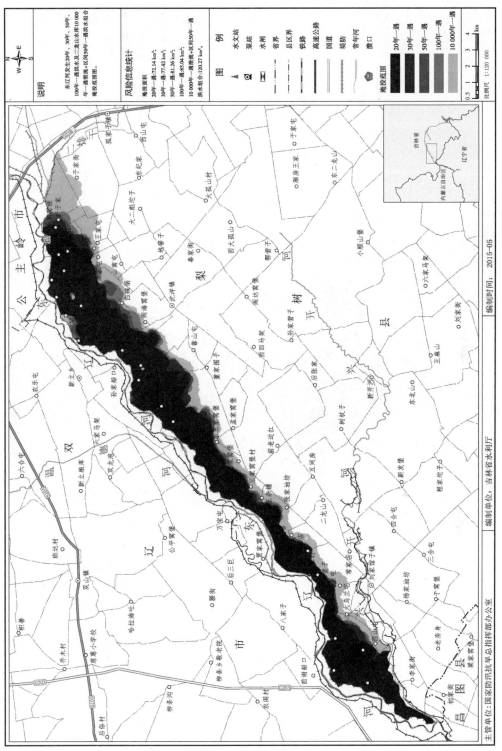

附图5　东辽河二龙山水库以下左岸防洪保护区C区淹没范围图

主管单位：国家防汛抗旱总指挥部办公室　　编制单位：吉林省水利厅　　编制时间：2015—05

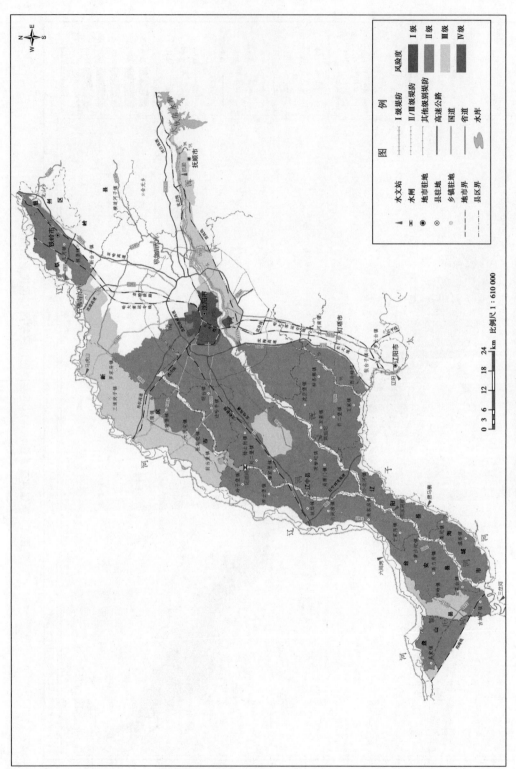

附图 6 辽浑太防洪保护区工程安全性区划图

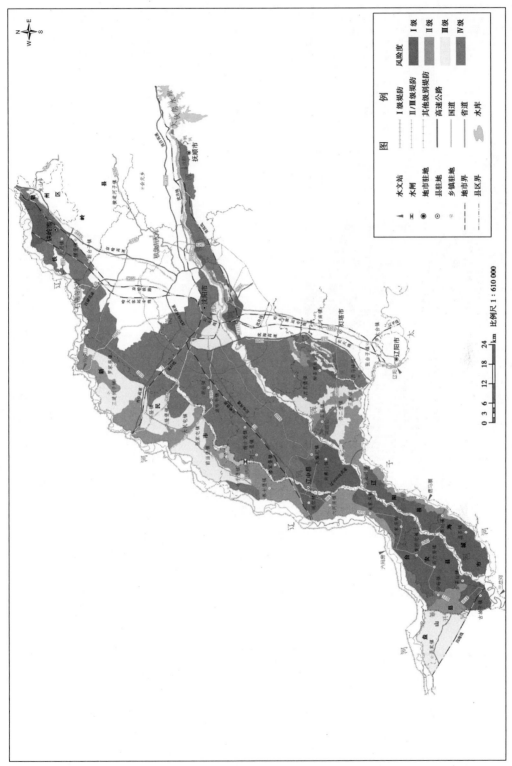

附图 7　辽浑、浑太防洪保护区致灾因子危险性区划图

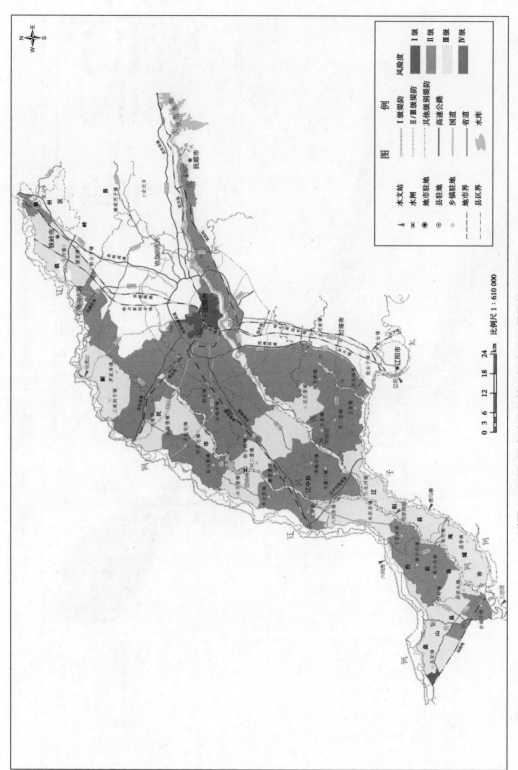

附图 8　辽浑、浑太防洪保护区损失因子暴露性区划图

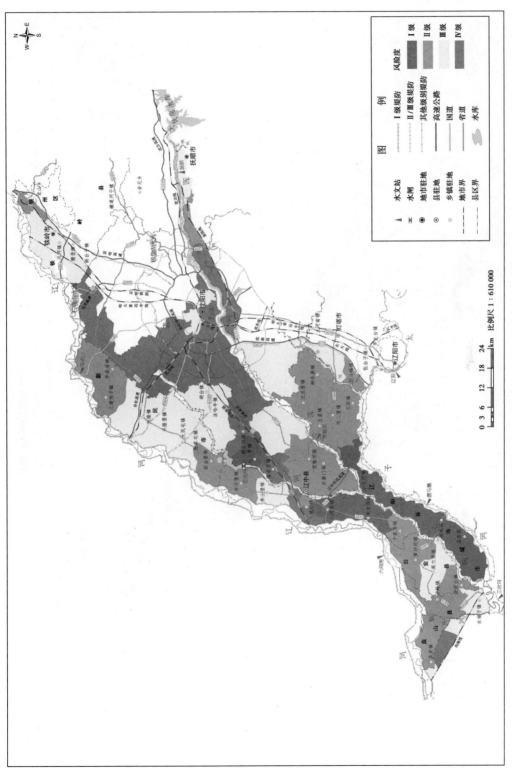

附图 9　辽浑太防洪保护区应对恢复能力区划图

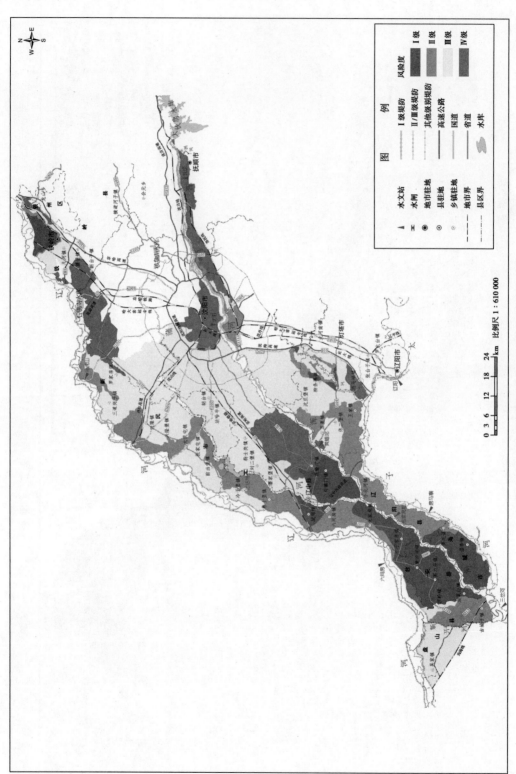

附图 10 辽浑太防洪保护区危险源危险性区划图

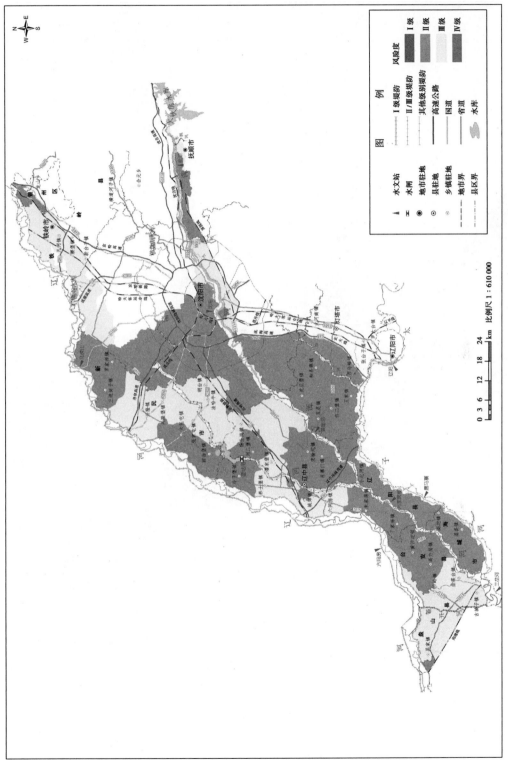

附图 11 辽浑、浑太防洪保护区承灾体易损性区划图

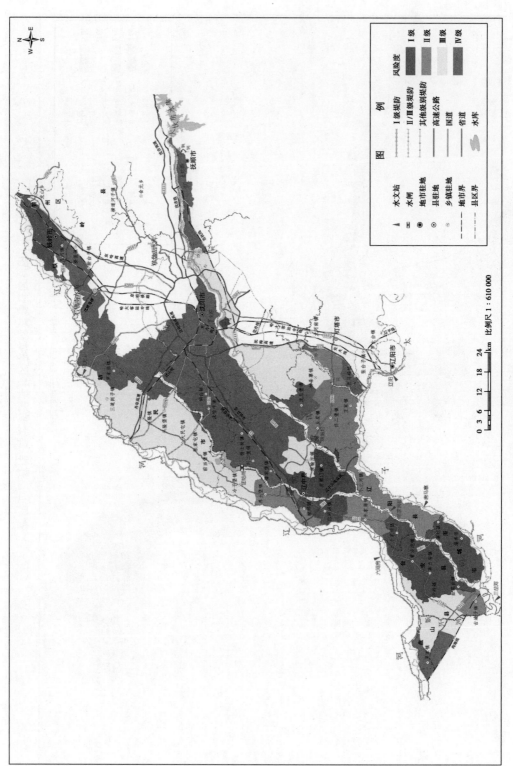

附图 12 辽浑太防洪保护区洪水风险区划图（以乡镇为评价单位）

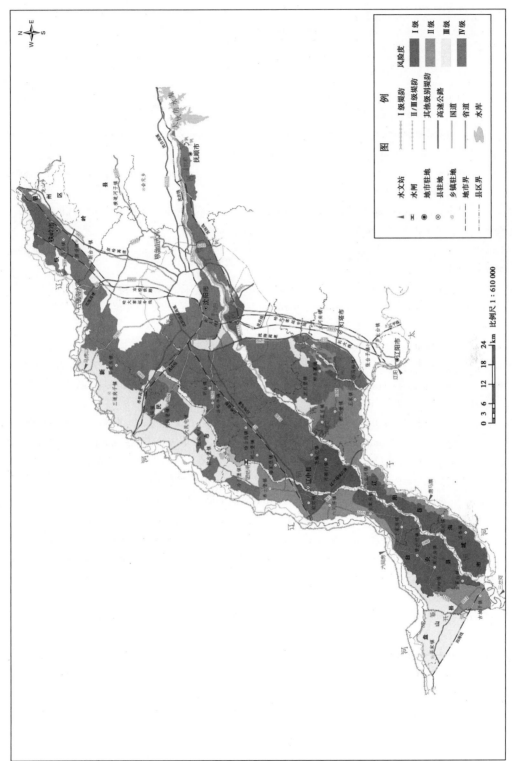

附图 13　辽浑、浑太防洪保护区洪水风险区划图（以网格为评价单位）

参 考 文 献

[1] Aven E, Aven T. On how to understand and express enterprise risk[J]. International Journal of Business Continuity and Risk Management, 2011, 2(1): 20-34.

[2] Aven T. A unified framework for risk and vulnerability analysis and management covering both safety and security[J]. Reliability Engineering and System Safety, 2011, 92(6): 745-754.

[3] Aven T. On how to define, understand and describe risk[J]. Reliability Engineering and System Safety, 2010, 95(6): 623-631.

[4] Bessler D A. Aggregated personalistic beliefs on yields of selected crops estimated using ARIMA processes[J]. American Journal of Agricultural Economics, 1980, 62 (4): 666-674.

[5] Blaikie P, Cannon T, Davis I, et al. At Risk, Natural Hazards, People's Vulnerability and Disasters[M]. London: Routledge, 1994.

[6] Campbell S. Determining overall risk[J]. Journal of Risk Research, 2005, 8(7-8): 569-581.

[7] Davidson R A, Lamber K B. Comparing the hurricane disaster risk of U. S. coastal counties[J]. Natural Hazards Review, 2001, 2 (3): 132-142.

[8] Hardy C O. Risk and Risk Bearing[M]. Chicago: University of Chicago, 1923.

[9] Haynes J. Risk as an economic factor[J]. The Quarterly Journal of Economics, 1895, 9(4): 409-449.

[10] Just R E, Weninger Q. Are crop yields normally distributed? [J]. American Journal of Agricultural Economics, 1999, 81(2): 287-304.

[11] Kaplan S, Garrick B J. On the quantitative definition of risk[J]. Risk Analysis, 1981, 1(1): 11-27.

[12] Kirchsteiger C. Preface. International workshop on promotion of technical harmonisation on risk based decision-making[J]. Safety Science, 2002, 40: 1-15.

[13] Knight F H. Risk, Uncertainty, and Profit[M]. Boston: Houghton Mifflin Co., 1921.

[14] Magee J H. General Insurance[M]. Homewood, Illinois: Richard D. Irwin, 1961.

[15] Maskrey A. Disaster Mitigation: a community based approach[M]. Oxford: Oxfam, 1989.

[16] Mehr R I. Cammack E. Principles of Insurance[M]. Homewood, Illinois: Richard D. Irwin, 1953.

[17] Ramirez O A, Misra S, Field J. Crop-yield distributions revisited[J]. American Journal of Agricultural Economics, 2003, 85(1) : 108-120.

[18] Smith K. Environmental Hazards: Assessing Risk and Reducing Disaster[M]. London: Routledge, 1996.

[19] Tobin GA, Montz BE. Natural Hazards: Explanation and Integration[J]. Economic Geography, 1999, 75 (1):102-104.

[20] Verma M, Verter V. Railroad transportation of dangerous goods: Population exposure to airborne toxins[J]. Computers and Operations Research, 2007, 34: 1287-1303.

[21] Wang H H,Zhang H. On the possibility of a private crop insurance market: a spatial statistics approach[J]. Journal of Risk and Insurance, 2003, 70 (1): 111-124.

[22] Ye T, Nie J L, Wang J, et al. Performance of detrending models for crop yield risk assessment: evaluation with real and hypothetical yield data[J]. Stochastic Environmental Research Risk Assessment, 2015, 29 (1): 109-117.

[23] Willis H H. Guiding resource allocations based on terrorism risk[J]. Risk Analysis, 2007, 27(3): 597-

606.

[24] 陈玲玲.马圩东大堤安全性态分析研究[D].扬州:扬州大学,2014.

[25] 程晓陶,吴玉成,王艳艳.洪水管理新理念与防洪安全保障体系的研究[M].北京:中国水利水电出版社,2004.

[26] 丁丽,顾冲时,孙杰,等.未确知数学在堤防工程安全评价中的应用[J].水电能源科学,2005,23(4):29-32.

[27] 樊杰.中国主体功能区划方案[J].地理学报,2015,70(2):186-201.

[28] 方建,李梦婕,王静爱,等.全球暴雨洪水灾害风险评估与制图[J].自然灾害学报,2015,24(1):1-8.

[29] 冯峰,倪广恒,何宏谋.基于逆向扩散和分层赋权的黄河堤防工程安全评价[J].水利学报,2014,45(9):1048-1056.

[30] 葛全胜,邹铭,郑景云,等.中国自然灾害风险综合评估初步研究[M].北京:科学出版社,2008.

[31] 郭强,陈兴民,张立汉.灾害大百科[M].太原:山西人民出版社,1996.

[32] 何晓洁,赵二峰.基于AHP—熵权法的黄河下游堤防安全模糊评价[J].三峡大学学报(自然科学版),2015,37(1):38-42.

[33] 黄崇福,张俊香,陈志芬,等.自然灾害风险区划图的一个潜在发展方向[J].自然灾害学报,2004,13(2):9-15.

[34] 黄崇福.自然灾害风险分析与管理[M].北京:科学出版社,2012.[35] 姜付仁,向立云.洪水风险区划方法与典型流域洪水风险区划实例[J].水利发展研究,2002,2(7):27-30.

[36] 康业渊,苏怀智,马文丽.基于遗传—层次分析法的堤防安全综合评价[J].人民黄河,2014,36(2):9-12,19.

[37] 雷鹏,肖峰,张贵金.基于AHP的堤防安全评价系统研究[J].人民黄河,2013,35(2):108-110,113.

[38] 李奥典,唐德善,王海华,等.基于ANP-LVQ方法的城市洪灾风险评价[J].水电能源科学,2015,33(2):46-49.

[39] 李汉浸,王运行,张相梅,等.濮阳高新区洪灾城市经济损失评估[J].气象,2009,35(1):97-101.

[40] 李娜,向立云,程晓陶.国外洪水风险图制作比较及对我国洪水风险图制作的建议[J].水利发展研究,2005,5(6):29-33.

[41] 李世奎.中国农业气候区划[J].自然资源学报,1987(1):71-83.

[42] 李香颜,刘忠阳,李彤霄.淹水对夏玉米性状及产量的影响试验研究[J].气象科学,2011,31(1):79-82.

[43] 刘敏,杨宏青,向玉春.湖北省雨涝灾害的风险评估与区划[J].长江流域资源与环境,2002,11(5):476-781.

[44] 刘娜.南京市主城区暴雨内涝灾害风险评估[D].南京:南京信息工程大学,2013.

[45] 刘耀龙,陈振楼,王军,等.经常性暴雨内涝区域房屋财(资)产脆弱性研究[J].灾害学,2011,26(2):66-71.

[46] 聂建亮.基于产量统计模型的水稻多灾种产量险精算研究[D].北京:北京师范大学,2012.

[47] 谭徐明,张伟兵,马建明,等.全国区域洪水风险评价与区划图绘制研究[J].中国水利水电科学研究院学报,2004,2(1):50-60.

[48] 王建华.基于模糊综合评判法的洪水灾害风险评估[J].水利科技与经济,2009,15(4):338-340.

[49] 王劲峰.自然灾害的综合分类分级和危险度评价方法研究[M].北京:中国科学技术出版社,1993.

[50] 王敏,熊丽君,黄沈发.上海市主体功能区划分技术方法研究[J].环境科学研究,2008,(4):205-209.

[51] 王平,史培军.自下而上进行区域自然灾害综合区划的方法研究——以湖南省为案例[J].自然灾害学报,1999(3):54-60.

[52] 王亚军,吴昌瑜,任大春.堤防工程风险评价体系研究[J].岩土工程技术,2006,20(1):1-8.

[53] 王亚梅. 基于 GIS 的洞庭湖区洪水灾害风险评价[D]. 长沙:湖南大学,2009.

[54] 吴威,郭兴文,王德信,等. 荆江大堤安全度模糊综合评判方法研究[J]. 河海大学学报(自然科学版),2008,6(2):224-228.

[55] 吴征镒. 中国植被[M]. 北京:科学出版社,1980.

[56] 夏秀芳. 基于 GIS 的嘉陵江沙坪坝段洪水灾害风险评价[D]. 重庆:西南大学,2012.

[57] 熊怡. 中国水文区划[M]. 北京:科学出版社,1995.

[58] 严伟,蔡新,李益,等. 灰色理论在堤防安全评价中的应用[J]. 现代水利水电工程抗震防灾研究与进展,2011:346-350.

[59] 杨小玲. 多属性决策分析及其在洪灾风险评价中的应用研究[D]. 武汉:华中科技大学,2012.

[60] 叶涛,史培军,王俊,等. 综合风险防范:农业自然灾害保险区划[M]. 北京:科学出版社,2017.

[61] 张念强,黄海雷,徐美,等. 英国洪水风险图编制应用及对我国的借鉴[J]. 中国防汛抗旱,2018,28(3):62-67.

[62] 张先起,张宏洋,李亚敏,等. 黄河下游滩区洪水淹没损失评估研究[J]. 系统工程理论与实践,2015,35(6):1625-1632.

[63] 张行南,罗健,陈雷,等. 中国洪水灾害危险程度区划[J]. 水利学报,2000(3):1-7.

[64] 赵士鹏. 山洪灾情评估的系统集成方法研究[D]. 北京:中国科学院,1995.

[65] 赵松乔,陈传康,牛文元. 近三十年来我国综合自然地理学的进展[J]. 地理学报,1979,34(3):187-199.

[66] 郑度,葛全胜,张雪芹,等. 中国区划工作的回顾与展望. 地理研究[J].2005,24(3):330-344.

[67] 周成虎,万庆,黄诗峰,等. 基于 GIS 的洪水灾害风险区划研究[J]. 地理学报,2000,55(1):15-24.

[68] 周立三. 中国综合农业区划[M]. 北京:农业出版社,1981.

[69] 邹洁云,陈苏婷. 基于样条插值法与 GIS 的江苏省暴雨洪涝风险评估[J]. 电脑知识与技术,2014,10(22):5380-5384.